大人的 數學教室

透過 *114* 項定律奠立數學基礎

涌井良幸／著

陳識中／譯

前言

只需一本書，搞定所有數學公式和定理！

　　本書網羅國高中數學教過的公式和定理，以及所有數學上的重要觀念。透過本書，您將可以毫無遺漏地學到所有日本高中程度的公式、定理和觀念。而在高中時對於數學感到苦惱的人，肯定也能藉由閱讀本書得到新的發現，或是重新體驗到數學的樂趣。

　　本書介紹的公式、定理和觀念，大多是「數學的公式、定理」中堪稱「古典中的古典」。其歷史之悠久，更非《萬葉集》和《古事記》所能比擬。不少公式和定理更早在2000多年之前，甚至在西元前就已經被人們發現。即使從現代的角度來看，也不禁為古人們對「思考」的執著感到驚訝。尤其是在古希臘的自由城邦活躍發展的數學之美，更令人油然產生敬畏之情。

　　透過學習這些歷經2000年以上的漫長考驗，時至今日仍活躍於現代的公式和定理，我們將能用數學之眼，洞察日常所見的各種現象和事物。就像是音樂家用音樂家的耳朵聆聽聲音，畫家用畫家的眼睛觀看風景。雖然也有人認為「高中所學的數學跟日常生活毫無關係」，但那麼想就太可惜了。請各位讀者務必透過本書，重新學習數學之美。

話雖如此，數學是一門不斷累積的學問，如果基礎的部分沒有弄清楚，將很難理解建立在基礎之上的部分。然而，若要獨立地介紹所有的部分，本書的篇幅恐將異常膨脹，而且充斥著重複的內容。

　　因此本書將各種公式、定理和數學上的重要觀念整合成數個分野，循序漸進地加以解說。這麼一來，讀者們只需依序讀完重要的分野（章節），不僅容易理解，也可以像辭典一樣回頭查閱對照，相信將能建立起數學的自信。

　　最後，筆者想藉此篇幅，對從本書企劃階段便一路提供指導的 Beret 出版社的坂東一郎先生，以及編集工房シラクサ的畑中隆先生兩位致上感謝之意。

2015年秋

著者筆

Contents

第 1 章

證明與邏輯

第 2 章

數與式

第 3 章

圖形和方程式

第 4 章

複數、向量與矩陣

第 5 章

函數

第10章
機率、統計

大人的數學教室
透過114項定律奠立數學基礎

MATHEMATICS

FORMULA
THEOREM
LAW

命題與集合

「$p \Rightarrow q$ 為真」與「$P \subset Q$」同義

解說！是否滿足某條件

可以判斷「正確或錯誤」的文句或數學式，稱之為**命題**。而該命題正確時稱為**真**，錯誤時則叫**偽**。

另外，「$x^2=1$」這個命題在 $x=1$ 的時候是正確的，但 $x=2$ 時就不正確。這種含有變數的數學式或文句中，代入特定值後可決定真偽的數學式或語句稱之為**條件**。

而本節 §1，我們將從集合的觀點來介紹「若 $x=1$ 則 $x^2=1$」這種「若 p 則 q」的命題。

● 所謂的集合就是「滿足條件之物」的集合

聽到集合一詞，有些人可能會直接聯想到「某些東西的聚集體」，但「某些東西」這個定義太模糊不清了。在數學上，**集合**就是「滿足條件之物的集合」。例如「正整數的集合」的條件就是「正整數（1，2，3，4…）」。如果把這個集合命名為 A 的話，則 A 可表示如下。

$A = \{x \mid x > 0 , x 為整數\}$

而集合一般會寫成下面的形式。

$P = \{x \mid p(x)\}$

其中，$\{x \mid p(x)\}$ 的「x」是集合的「組成分子」，稱之為**元素**。而直線「$\mid$」右邊的「$p(x)$」則是元素 x 必須滿足的「條件」。

● 「若 p 則 q」跟「$\Rightarrow$」

接著來看包含兩個條件式 p、q 的命題「若 p 則 q」。這個邏輯式中，p 稱之為**前提**，q 則是**結論**。例如命題「若 $x=1$ 則 $x^2=1$」中「$x=1$」是前提，「$x^2=1$」則是結論。此外，命題「若 p 則 q」可以用符號 $\Rightarrow$ 代替，寫成「$p \Rightarrow q$」。例如命題「若 $x=1$ 則 $x^2=1$」可寫成「$x=1 \Rightarrow$

$x^2=1$」。

● 「$P \subset Q$」和「$P=Q$」

「$p \Rightarrow q$」為真的意思，就是當條件 p 滿足時，也一定滿足條件 q。因此，滿足條件 p 的集合 P 包含在滿足條件 q 的集合 Q 之內。所以，當「$p \Rightarrow q$」為真時，也可以說「P 為 Q 的子集」，寫成「$P \subset Q$」。

此外，當「$p \Rightarrow q$ 且 $q \Rightarrow p$」（此時寫成「$p \Leftrightarrow q$」）為真時，「$P \subset Q$ 且 $Q \subset P$」，故可寫成「$P=Q$」。

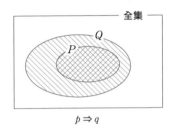

$p \Rightarrow q$

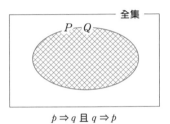

$p \Rightarrow q$ 且 $q \Rightarrow p$

（注）全集就是所考慮範圍全體的集合，其中的一部分稱為子集。

〔例題〕請判斷命題「$-1<x<1$　⇒　$x<2$」的真偽。

[解答] 此題即是在問「當 $-1<x<1$ 時，x 小於 2」這句話的真偽。因滿足 $-1<x<1$ 的集合（區間）包含在 $x<2$ 的集合（區間）內，故可知本命題為真。

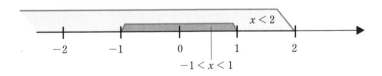

德摩根定律

$$\overline{p \wedge q} = \overline{p} \vee \overline{q} \qquad \overline{p \vee q} = \overline{p} \wedge \overline{q}$$

解說！交集與聯集的差別

　　要討論某項理論時，使用專用的符號來表示會簡潔且方便得多。而本節我們用英文小寫 p、q……來代表條件，並用符號 ⁻、∧、∨ 來表達下面的意思。

　　　　$\overline{p}$……非 p，$p \wedge q$……p 且 q，$p \vee q$……p 或 q

● 條件 $p \wedge q$、$p \vee q$、$\overline{p}$ 與集合 $P \cap Q$、$P \cup Q$、$\overline{P}$

　　假設 P 為滿足條件 p 的集合，Q 為滿足條件 q 的集合。此時，滿足條件 $p \wedge q$（即同時滿足 p 和 q）的集合寫為 $P \cap Q$，稱作 P 和 Q 的交集。而滿足條件 $p \vee q$（即至少滿足 p 或 q 其中一方）的集合寫為 $P \cup Q$，稱為 P 和 Q 的聯集。而「滿足 $\overline{p}$」的意思，就是「不滿足 p」，即是從全集扣除 P 的集合後所剩的集合。這個集合寫成 $\overline{P}$，稱為 P 的差集。

● 從文氏圖來理解集合的關係

　　P 的差集 $\overline{P}$，P 和 Q 的交集 $P \cap Q$、以及 P 和 Q 的聯集 $P \cup Q$ 可以如以下的圖般，用視覺方式呈現。

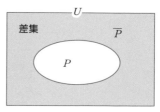

P 的差集 $\overline{P}$

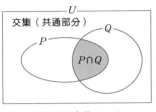
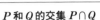
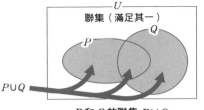

P 和 Q 的交集 $P \cap Q$　　　　　　　P 和 Q 的聯集 $P \cup Q$

為何會成立？

德摩根定律成立的原因，從結論來說，是因為下述的集合中，①和②
（集合的德摩根定律）皆成立的緣故。

$$\overline{P \cap Q} = \overline{P} \cup \overline{Q} \quad \cdots ① \qquad \overline{P \cup Q} = \overline{P} \cap \overline{Q} \quad \cdots ②$$

這兩個命題的正確性，只要畫圖就能得知。簡單來說，①就是左下圖
的兩個集合的藍色部分，而②則是右下圖的兩個集合的藍色部分。

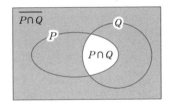
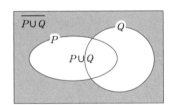

〔例題〕請寫出下面兩個命題「條件的否定」。
　　①「男性且未成年」　　②「男性或未成年」

[解答]　①「男性且未成年」＝「既是男性又未成年」的否定句，根據德摩
根定律，應是「不是男性，或者不是未成年」，也就是「女性或成年」。

　　②「男性或未成年」＝「是男性，或者仍未成年」的否定句，根據德
摩根定律，應是「不是男性，而且不是未成年」，換言之即是「女性且成
年」。要注意「且」和「或」的差別。

全稱命題·特稱命題與否定

> 「對所有 x，$p(x)$ 成立」的否定是「存在 x，$\overline{p(x)}$ 成立」……①
>
> 「存在一個 x，$p(x)$ 成立」的否定是「所有 x，$\overline{p(x)}$ 成立」……②

解說！「所有⋯」還是「存在⋯」？

「對所有 x，$p(x)$ 成立」這類套用範圍內所有對象的命題，稱之為**全稱命題**。而「存在一個 x，$p(x)$ 成立」這種套用至少一個對象的命題，則叫**特稱命題**。

●經常混淆的全稱和特稱命題之否定

對一般人而言，邏輯是一門很困難的學問。尤其是全稱命題和特稱命題的否定句，常常會搞錯。被問到「『所有人都是男人』的否定句？」時，很多人會直覺地回答「所有人都不是男人」。只把「是」改成「不是」而已。還有，被問到「『有的人是女性』的否定句？」時，也常常有人錯誤地回答「有的人不是女性」。如果不能正確地判斷這些邏輯問題，將會對工作和日常生活產生影響，請務必注意。

所有……的否定是？

「所有人都是男人」的意思，就是每一個人都是男的，毫無例外。所以這個命題的否定不是「所有人都不是男人」，只需要找出一個「例外」即可，也就是「有的人不是男人」。而本節開頭的公式①就是這句話的一般化表述。

至於「有的人是女人」的意思，就是「至少有一個人是女的」，所以這句命題的否定為「沒有任何一個女人」，換言之就是「所有人都不是女人」。這句話的一般化表述即為開頭的公式②。

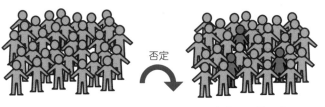

所有人都是男的 ← 否定 → 有的人不是男的

有的人是女的 ← 否定 → 所有人都不是女的

全稱命題·特稱命題與否定

第1章 證明與邏輯

〔例題〕請回答下列①～④的問題。

① 請問「a、b、c、d 全都不是0」的否定句為何？

② 請問「a、b、c、d 之一為0」的否定句為何？

③ 請問「所有日本人都很勤勞又溫柔」的否定句為何？

④ 請問「有的日本人很高，腿又很長」的否定句為何？

[解答] ①「a、b、c、d 中至少有一個是0」。

②「a、b、c、d 全都不是0」。

③「有的日本人不勤勞或不溫柔」。

④「所有日本人不是長得矮，就是腿很短」。

必要條件與充分條件

> 當「$p \Rightarrow q$」為真時
>
> p 是 q 的充分條件
>
> q 是 p 的必要條件
>
> 當「$p \Rightarrow q$　且　$q \Rightarrow p$」為真時
>
> p 是 q 的充分必要條件
>
> q 是 p 的充分必要條件
>
>   此時，p 和 q 稱為等價，寫成「$p \Leftrightarrow q$」

解說！「充分、必要」的區分方式

　　「充分」和「必要」這些詞在日常生活中也經常用到，但真要嚴格定義的時候卻常常使人困惑。遇到那種情形，大家可以參考下面的命題來判斷。

　　「若 x 是人類，則 x 是動物」（簡單來說「若是人，則是動物」）

　　根據此命題，可得知「身為人類，是身為動物的充分條件」。因為只要是人類，就一定是動物。此外，也能得知身為動物，是身為人類的最低限度，也就是必要的條件。因為一個存在在身為人類之前，一定也要是動物才行。

● 「$p \Rightarrow q$」為真時 $P \subset Q$

　　當「$p \Rightarrow q$」成立的時候，從集合的觀點來看就是 $P \subset Q$（P 包含在 Q 裡面）。而 P 是滿足條件 p，Q 是滿足條件 q 的集合。聽到這裡，或許有的人會開始對「充分」和「必要」的用法感到彆扭。

　　因為在日常生活的語感中，充分的範圍感覺比較大，而必要則有限定

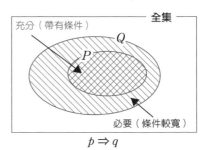

$p \Rightarrow q$

的感覺。然而，在邏輯上「充分」就是帶有特定條件的意思，而「必要」則還有其他的可能性，所以條件比較寬鬆。

● 「$p \Rightarrow q$　且　$q \Rightarrow p$」為真時，$P=Q$

　　「$p \Rightarrow q$　且　$q \Rightarrow p$」成立的時候，從集合的觀點來看即是 $P=Q$。這代表不論如何改變條件 p 和條件 q 的表述方式，兩者包含的部分都完全相同，此時 p 和 q 稱之為**等價**，寫成「$p \Leftrightarrow q$」。「等價」在數學上是非常重要的詞彙，在很多場合都會用到。

$p \Leftrightarrow q$（$\Leftrightarrow$ 是等價符號）

一定要分清楚這2種條件

(1) 因「$x=1$　$\Rightarrow$　$x^2=1$」為真，故「$x=1$」是「$x^2=1$」的充分條件，「$x^2=1$」是「$x=1$」的必要條件。

(2) 因「$x=\pm1$　$\Leftrightarrow$　$x^2=1$」為真，故「$x=\pm1$」是「$x^2=1$」的充分必要條件，「$x^2=1$」也是「$x=\pm1$」的充分必要條件。

(3) 因「$x=1$　$\Rightarrow$　$x^2=4$」為偽，故「$x=1$」和「$x^2=4$」不是彼此的充分條件也不是必要條件。

§5

換質換位律

(1) **換質換位律**

對於命題 $p \Rightarrow q$

　逆命題　　：$q \Rightarrow p$

　否命題　　：$\overline{p} \Rightarrow \overline{q}$

　否逆命題：$\overline{q} \Rightarrow \overline{p}$

(2) 「$p \Rightarrow q$」$\Leftrightarrow$「$\overline{q} \Rightarrow \overline{p}$」

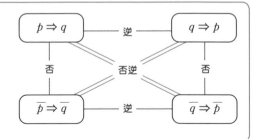

解說！4種命題的關係

對於命題「$p \Rightarrow q$」，命題「$q \Rightarrow p$」為該命題的**逆命題**，命題「$\overline{p} \Rightarrow \overline{q}$」為該命題的**否命題**，而命題「$\overline{q} \Rightarrow \overline{p}$」則稱為**否逆命題**。這4種命題的關係是相對的。換句話說，「$p \Rightarrow q$」跟「$q \Rightarrow p$」互為彼此的逆命題。否命題和否逆命題也一樣。

（注）對於條件 p，$\overline{p}$ 代表「非 p」。其他同理。

● 「換質換位律」及各命題的真偽

即使原命題為真，逆命題也不一定同樣為真。這個關係在日本甚至存在一句諺語，即「**反之不見得亦然**」。而否命題也一樣，即「**否之不見得亦然**」。

然而，否逆命題的真假值一定與原命題一致。換句話說，「$p \Rightarrow q$」和「$\overline{q} \Rightarrow \overline{p}$」是等價的。因此，當「$p \Rightarrow q$」為真時，其否逆命題「$\overline{q} \Rightarrow \overline{p}$」也為真。這個關係在數學的證明上經常用到。

如何理解？

接著讓我們來看看為何命題「$p \Rightarrow q$」跟否逆命題「$\overline{q} \Rightarrow \overline{p}$」是等價的。這個關係換成集合的話，就是「$P \subset Q$」與「$\overline{Q} \subset \overline{P}$」等價。$P$ 為滿足條件 p 的集合，Q 為滿足條件 q 的集合。而這個關係畫成文氏圖的話，馬上就一目瞭然。也就是說，若「$P \subset Q$」，那麼「$\overline{Q} \subset \overline{P}$」也成立（右頁

左圖）；若「$\overline{Q} \subset \overline{P}$」成立，那麼「$P \subset Q$」也成立（右下圖）。

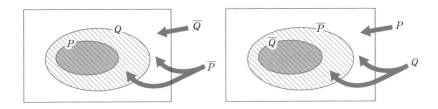

　　另外，即使「$P \subset Q$」成立，「$Q \subset P$」也不一定成立的原因，只要看看左上圖就會明白。因此「反之不見得亦然」。而「$P \subset Q$」成立「$\overline{P} \subset \overline{Q}$」也不一定成立的原因，同樣看左上圖就能明白。因此，「否之也不見得亦然」。

試試看！逆命題、否命題與否逆命題

(1)　命題「若 $x = y$ 則 $x^2 = y^2$」的逆命題、否命題、否逆命題依序如下。

　　　逆命題「若 $x^2 = y^2$ 則 $x = y$」

　　　否命題「若 $x \neq y$ 則 $x^2 \neq y^2$」

　　否逆命題「若 $x^2 \neq y^2$ 則 $x \neq y$」

(2)　命題「若馬路沒有溼，則沒有下雨」的真偽雖然不容易馬上判斷，但其否逆命題「若有下雨的話，馬路會是溼的」很顯然是真的。因此，我們可知道原命題也是真的。

§6

反證法

> 假設「非 p」會導致不合理（矛盾）的結論。故可證明「p」為真的證明方法，就叫**反證法**。

解說！利用矛盾

　　為了證明「p」的正確性，故意假定「非 p」，然後從這個假設導出不合理的結果。而因為產生了不合理的結論，所以我們可以判定「非 p」是錯的。因此，可以間接得到「p」是正確的結論，這種證明方法就叫**反證法**（歸謬法）。另外，這裡說的不合理，意思是難以兩立的結論，也就是「**既是 r 又不是 r**」。在數學上，這種情形稱之為**矛盾**。例如「x 是人類，且 x 不是人類」，或是「x 是正數，且 x 不是正數」等不可能存在的情形。

　　反證法是一種間接證明，當無法直接證明「p」的時候，或者直接證明相當困難的時候，反證法就可以派上用場。

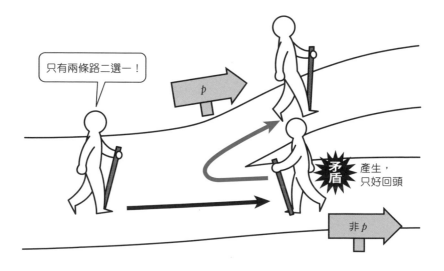

只有兩條路二選一！

p

矛盾

產生，
只好回頭

非 p

理解反證法的思維

反證法的根本前提是矛盾，也就是「既是 r，又不是 r」這種情況不可能存在。因此，當某種假設會引起矛盾，就能判定該假設是錯誤的。

試試看！反證法

請用反證法證明下列各命題。

(1) 三角形的 3 個內角中，至少有一內角大於等於 $60°$。

〔證明〕假設 3 個內角都小於 $60°$。此時，內角總和將不滿 $180°$。而這與三角形內角和 $180°$ 的定理互相矛盾。因此，三角形至少有一內角大於等於 $60°$。

(注)「至少有一內角大於等於 $60°$」的否定為「全部小於 $60°$」。

(2) 若自然數 x、y 的積 xy 為奇數，則 x 和 y 皆為奇數。

〔證明〕假設 x 或 y 至少其中之一不是奇數，也就是偶數。例如假設 x 為偶數。此時，不論 y 為偶數或奇數，xy 都會是偶數。此結果與 xy 為奇數矛盾。

最早想出反證法的哲學家泰利斯

古希臘時代的泰利斯（西元前約 625 年～約 547 年的自然哲學家）在遊歷埃及時，將埃及的學問帶回了希臘。他不滿足於只是解決埃及的數學問題，嘗試對這些問題進行更根本的探究。他所生活的古代愛奧尼亞地區，是個已形成自由平等政治文化的社會，非常適合孕育各種思想。泰利斯曾挑戰過證明如「圓可被其直徑 2 等分」等幾乎是不證自明的數學定理。而他當時使用的論證方法，就是以「假如圓不被直徑 2 等分……」為出發點，據說正是反證法的起點。

§7

簡單倍數判別法

(1) 2 的倍數……末 1 位為 2 的倍數

(2) 4 的倍數……末 2 位為 4 的倍數

(3) 8 的倍數……末 3 位為 8 的倍數

(4) 3 的倍數……各個數字和為 3 的倍數

(5) 9 的倍數……各個數字和為 9 的倍數

解說！倍數的判斷法

在多人聚餐，需要分攤結帳的時候，計算總金額能否被人數整除時常常會令人小傷腦筋。這種時候，只要運用上面的公式，就能簡單地判斷能否均分（只有 7 的倍數比較棘手一點）。另外，要判斷是否為 6 的倍數，只要看是否既是 2 的倍數，又是 3 的倍數即可。而 5 的倍數只須看最後一位是否為 0 或 5。

為何會如此？

(1) 若最末位為 2 的倍數，則該數為 2 的倍數（下圖）

(2) 若末 2 位為 4 的倍數，則該數為 4 的倍數（下圖）

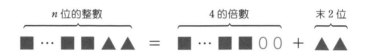

(3) 若末3位為8的倍數，則該數為8的倍數（下圖）

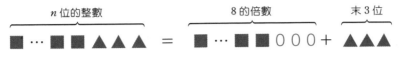

（注）1000可被8整除。

(4)、(5) 若各個數字和為3的倍數，則該數為3的倍數；若各個數字和為
9的倍數，則該數為9的倍數（下圖）

$$= \blacklozenge \times 10\cdots00 + \cdots + \blacktriangle \times 100 + \blacktriangledown \times 10 + \blacksquare$$
$$= \blacklozenge \times (9\cdots99 + 1) + \cdots + \blacktriangle \times (99 + 1) + \blacktriangledown \times (9 + 1) + \blacksquare$$
$$= \blacklozenge \times 9\cdots99 + \cdots + \blacktriangle \times 99 + \blacktriangledown \times 9 + (\blacklozenge + \cdots + \blacktriangle + \blacktriangledown + \blacksquare)$$

9（或3）的倍數　　　　　　各個數字和

試試看！倍數判別法

(1) 432的末1位為2，是2的倍數，所以是「2的倍數」
(2) 724的末2位為24，是4的倍數，所以是「4的倍數」
(3) 53128的末3位為128，是8的倍數，所以是「8的倍數」
(4) 53124的各個數字和為$5+3+1+2+4=15$，為3的倍數，所以是「3的倍數」
(5) 53127的各個數字和為$5+3+1+2+7=18$，為9的倍數，所以是「9的倍數」

參考

可用於驗算的去九法

　　利用「各個數字和若為9的倍數，則該數為9的倍數」這個性質的驗算方法稱為**去九法**，是種非常好用的方法。

剩餘類與同餘

(1) **剩餘類**

　　將整數除以正整數 m 時的餘數為 0、1、2、3、……、$m-1$。若除以 m 時的餘數整數 r 的集合為 C_r，則 C_0、C_1、C_2、……、C_{m-1} 是對於模 m 的剩餘類。

(2) **同餘**

　　$a-b$ 可被 m 整除（a、b 除以 m 的餘數相等）時，則稱 a 和 b 對於模 m 同餘，寫成「$a \equiv b(\mathrm{mod}\ m)$」。另外，$m$ 稱為模（modulus）。此時，假設 a、b 為整數，且 m 為正整數。

(甲)　$a \equiv a(\mathrm{mod}\ m)$

(乙)　$a \equiv b(\mathrm{mod}\ m)$、$b \equiv c(\mathrm{mod}\ m)$　則　$a \equiv c(\mathrm{mod}\ m)$

(丙)　$a \equiv b(\mathrm{mod}\ m)$、$c \equiv d(\mathrm{mod}\ m)$　則　$a \pm c \equiv b \pm d(\mathrm{mod}\ m)$

　　　　　　　　　　　　　　　　　其中，正負號同順

　　　$a \equiv b(\mathrm{mod}\ m)$、$c \equiv d(\mathrm{mod}\ m)$　則　$ac \equiv bd(\mathrm{mod}\ m)$

　　　$a \equiv b(\mathrm{mod}\ m)$　則　$a^k \equiv b^k(\mathrm{mod}\ m)$

　　　　　　　　　　　　　　　　　其中，k 為自然數

解說！餘數才是重點

　　對於整數 a 和正整數 b，$a = bq + r$。假設 $0 \leq r < b$。

　　此時，q 為 a 除以 b 的「商」，而 r 稱為「餘數（剩餘）」。

　　很多人以為餘數沒什麼價值，但在本節，餘數才是最重要的。

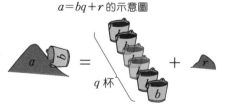

$a = bq + r$ 的示意圖

●用餘數分類的剩餘類

聽到剩餘類這三個字，可能很多人會以為這是什麼很難的東西。但所謂的剩餘類，其實就是以某數除以特定整數後，「將所有整數用該除數的餘數（剩餘）分類」而成的「剩餘類」。例如偶數和奇數的分類就是最典型的剩餘類。能被2整除的即是偶數，餘1的即是奇數。

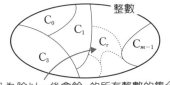

C_r為除以m後會餘r的所有整數的集合
（例如C_0就是餘數＝0，C_1即餘數＝1）

為何會如此？

$a \equiv b \pmod{m}$ 的意思，就是 $a-b$ 可被 m 整除，假設存在一整數 k，則可寫成 $a-b=mk$

(甲) 由 $a-a=0=m\times 0$ 可得 $a \equiv a \pmod{m}$

(乙) 由 $a \equiv b \pmod{m}$ 可得 $a-b=mk_1$ ……①

由 $b \equiv c \pmod{m}$ 可得 $b-c=mk_2$ ……②

將①、②相加可得 $a-c=mk_1+mk_2=m(k_1+k_2)$

故，$a \equiv c \pmod{m}$

(丙) 由 $a \equiv b \pmod{m}$ 可得 $a-b=mk_1$ ……①

由 $c \equiv d \pmod{m}$ 可得 $c-d=mk_2$ ……②

將①、②相加可得 $(a+c)-(b+d)=mk_1+mk_2=m(k_1+k_2)$

故，$a+c \equiv b+d \pmod{m}$

其他性質的證明方法也一樣。

試試看！計算生肖

我們日常生活所用的「十二生肖」也跟剩餘類有關。所謂的生肖就是將西元的生日除以12後，其餘數的分類。

十二生肖	鼠	牛	虎	兔	龍	蛇	馬	羊	猴	雞	狗	豬
西曆誕生年除以12的餘數	4	5	6	7	8	9	10	11	0	1	2	3

輾轉相除法

> 假設自然數 A 除以自然數 B（$B<A$）的商為 Q，餘數為 R，則「A 和 B 的最大公因數＝B 和 R 的最大公因數」。反覆運用這個原理，計算兩自然數 A、B 的最大公因數的方法，就是**輾轉相除法**。
>
>
>
> 最大公因數＝最大公因數

解說！輕鬆算出最大公因數

11除以 2 的商為 5 餘 1，寫成 $11=5\times2+1$。同理，假設自然數 A 除以自然數 B（$B<A$）的商為 Q，餘數為 R 時，寫成

$$A=B\times Q+R \quad 前提為 R<B$$

而所謂的**輾轉相除法**，就是主張在這條數學式中 $\{A,B\}$ 的最大公因數等於 $\{B,R\}$ 最大公因數。此處的重點在於「前提為 $R<B$」。在這個條件下，$\{B,R\}$ 必然可比 $\{A,B\}$ 換成更小的組合。因此，有限次數地重複此過程後，就能使餘數為 0，算出最大公因數。

為何會如此？

A 除以 B 的商為 Q 餘 R，可寫成 $A=BQ+R$。假設 A 和 B 的最大公因數為 G，因 $R=A-BQ$，所以 R 也可以被 G 整除。換言之，G 也是 R 和 B 的因數。所以，$R=GR'$、$B=GB'$。此時，R' 和 B' 互質，也就是沒有共同因數。這是因為 R' 和 B' 若有共同的因數 C 的話，就會變成 $R'=CR''$、$B'=CB''$，

可寫成 $R=GR'=GCR''$、$B=GB'=GCB''$。整理之後即為

$$A=BQ+R=GCB''Q+GCR''=GC(B''Q+R'')$$

此時，A、B 的最大公因數為 GC，與 G 為最大公因數的前提矛盾。因此，A 和 B 的最大公因數 G 也是 R 和 B 的最大公因數。

〔例題〕請求出217和63的最大公因數。

[解答] 217除以63，可得商為3，餘為28。

$$217 = 63 \times 3 + 28$$

因此，要計算217和63的最大公因數，只需求出「63和28的最大公因數」即可。這樣就變簡單了。

然後，再把63除以28，可得商為2，餘數為7。

$$63 = 28 \times 2 + 7$$

因此，要求63和28的最大公因數，只需尋找「28和7的最大公因數」。

接著，再用28除以7，可得商為4，餘數為0。

$$28 = 7 \times 4 + 0$$

因此，28和7的最大公因數就是7。

（答）217和63的最大公因數為7

(注) 求217和63的最大公因數，就等於在計算「將邊長217和63的長方形切割成多個大小相等的正方形小塊時，請問該正方形的邊長最大可為多少」。

217 和 63 的最大公因數是？

可剛好填滿該長方形的最大正方形邊長即是最大公因數

輾轉相除法是最古老的演算法？

所謂的**演算法**，就是用來解決問題的一系列手續和步驟，英文為「algorithm」。輾轉相除法最早記載於西元前300年前後由歐幾里得編撰的《幾何原本》上。可說是人類創造最古老的演算法。

§10

二項式定理

若 n 為正整數，則

$$(a+b)^n = {}_nC_n a^n + {}_nC_{n-1} a^{n-1} b + \cdots + {}_nC_{n-r} a^{n-r} b^r + \cdots + {}_nC_0 b^n$$

前提是 ${}_nC_r = \dfrac{n!}{(n-r)!r!}$

解說！如何計算展開式

所謂的**二項式定理**，就是將二項式 $(a+b)$ 的和的平方、三次方、四次方、……時，將展開式整理成 n 次方程式的定理。在這項定理中，會用到表示**組合總數**的符號 ${}_nC_r$（參照 §102）。

(注) 展開式的係數 ${}_nC_r$ 也可以寫成 $\binom{n}{r}$ 或 C_r^n。

● 用帕斯卡三角形輕鬆算出係數

將 $(a+b)^n$ 的 n 代入 0、1、2、3、……時，此二項式展開後的形式如下。

$(a+b)^n$ 的展開式是？

$$(a+b)^0 = 1$$
$$(a+b)^1 = a+b$$
$$(a+b)^2 = a^2 + 2ab + b^2$$
$$(a+b)^3 = a^3 + 3a^2b + 3ab^2 + b^3$$
$$(a+b)^4 = a^4 + 4a^3b + 6a^2b^2 + 4ab^3 + b^4$$

著眼於這個展開式的係數，可畫出右頁的三角形。這個三角形具有左右對稱，兩端為 1，且將上層的兩數相加即為下層的數的性質。這個三角形最早是由波斯人發現，而在歐洲是由帕斯卡所發現的，故在西方俗稱「**帕斯卡三角形**」。

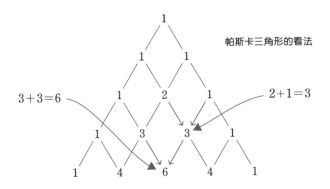

帕斯卡三角形的看法

$3+3=6$

$2+1=3$

　　帕斯卡三角形看起來雖然神奇，但只要分別將 0、1、2、3、……代入二項式定理的 n，將展開式的係數 $_nC_r$ 寫成下面的三角形，比較之後就能明白箇中原由。簡而言之，帕斯卡三角形其實就是下面的 $_nC_r$ 的性質（§102）本身。

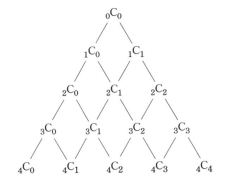

$_nC_r = {_nC_{n-r}}$ …對稱性

$_nC_0 = {_nC_n} = 1$ …兩端為 1

$_nC_r = {_{n-1}C_{r-1}} + {_{n-1}C_r}$
…上層兩數相加即下層的數

為什麼二項式定理會成立？

　　以 $(a+b)^5$ 的展開式為例。計算這個二項式的方法，其實就是從下面數學式的每個括號中，各挑一個 a 或 b 分別兩兩相乘。

$$(a+b)^5 = (a+b)(a+b)(a+b)(a+b)(a+b)$$

　　每個（　）的選擇只有 a 或 b 兩種，而（　）總共有 5 個，所以展開後一共會有 $2^5 = 32$ 項。而這 32 項中，例如 a^3b^2 的項一共有幾個呢？算法就是

各個（　）前加上①②③④⑤的標號，然後計算從任 3 個（　）中選取 a 的方法一共有幾種。換言之，即是 $_5C_3$。

$$(a+b)^5 = (a+b)\ (a+b)\ (a+b)\ (a+b)\ (a+b)$$
$$\qquad\quad ①\qquad\ ②\qquad\ ③\qquad\ ④\qquad\ ⑤$$

　　這就是展開式中 a^3b^2 的係數是 $_5C_3$ 的原因。將這個例子一般化，就能很容易理解為什麼將 $(a+b)^n$ 展開整理後，$a^{n-r}b^r$ 的係數會是 $_nC_{n-r}$ 了。

試試看！二項式定理

(1)　$(a+b)^5 = {}_5C_0a^5 + {}_5C_1a^4b + {}_5C_2a^3b^2 + {}_5C_3a^2b^3 + {}_5C_4ab^4 + {}_5C_5b^5$
$\qquad\qquad = a^5 + 5a^4b + 10a^3b^2 + 10a^2b^3 + 5ab^4 + b^5$

(2)　$(a-b)^5 = {}_5C_0a^5 - {}_5C_1a^4b + {}_5C_2a^3b^2 - {}_5C_3a^2b^3 + {}_5C_4ab^4 - {}_5C_5b^5$
$\qquad\qquad = a^5 - 5a^4b + 10a^3b^2 - 10a^2b^3 + 5ab^4 - b^5$

　　　提示　把 $(a-b)^5$ 當成 $(a+(-b))^5$ 後，套用 (1)。

(3)　$(3x+y)^5 = {}_5C_0(3x)^5 + {}_5C_1(3x)^4y + {}_5C_2(3x)^3y^2$
$\qquad\qquad\qquad + {}_5C_3(3x)^2y^3 + {}_5C_4(3x)y^4 + {}_5C_5y^5$
$\qquad\qquad = 243x^5 + 405x^4y + 270x^3y^2 + 90x^2y^3 + 15xy^4 + y^5$

(4)　$(3x-y)^5 = {}_5C_0(3x)^5 + {}_5C_1(3x)^4(-y) + {}_5C_2(3x)^3(-y)^2$
$\qquad\qquad\qquad + {}_5C_3(3x)^2(-y)^3 + {}_5C_4(3x)(-y)^4 + {}_5C_5(-y)^5$
$\qquad\qquad = 243x^5 - 405x^4y + 270x^3y^2 - 90x^2y^3 + 15xy^4 - y^5$

從二項式定理到多項式定理

一般而言，$(a+b+c+\cdots+l)^n$ 的展開式中，$a^p b^q c^r \cdots l^t$ 的係數為 $\dfrac{n!}{p!q!r!\cdots t!}$。前提是 $p+q+r+\cdots+t=n$

其原因如下。

$$(a+b+c+\cdots+l)^n$$
$$=(a+b+c+\cdots+l)(a+b+c+\cdots+l)\cdots(a+b+c+\cdots+l)$$

將其展開時，$a^p b^q c^r \cdots l^t$ 的係數就是從 n 個（ ）中取 p 個（ ），然後從這些（ ）中取出 a 後，再從剩下 $(n-p)$ 個（ ）中選擇 q 個的（ ）並取出 b，接著再從剩下的 $(n-p-q)$ 個（ ）中選擇 r 個（ ）取出 c，……，直到從剩下 $(n-p-q-r-\cdots=t)$ 個（ ）中選擇 t 個（ ）取出 l。而根據集合之積的定律（§99），這個數就是

$$_nC_p \times {}_{n-p}C_q \times {}_{n-p-q}C_r \times \cdots \times {}_{n-p-q-r-\cdots}C_t$$
$$= \frac{n!}{p!(n-p)!} \times \frac{(n-p)!}{q!(n-p-q)!} \times \frac{(n-p-q)!}{r!(n-p-q-r)!} \times$$
$$\cdots \times \frac{(n-p-q-r-\cdots)!}{t!}$$

$$= \frac{n!}{p!q!r!\cdots t!}$$

例如 $(a+b+c)^9$ 的展開式中的 $a^2 b^3 c^4$ 的係數就是

$$\frac{9!}{2!3!4!} = 1260$$

此外，二項式定理用同樣的形式表現後就像下面這樣。

$(a+b)^n$ 的展開式中 $a^p b^q$ 的係數為 $\dfrac{n!}{p!\,q!}$。

前提為 $p+q=n$

p 進制與十進制的變換公式

(1) 欲將 p 進制換成十進制，可使用 p 進制的定義。

(例) $1101_{(2)} = 1 \times 2^3 + 1 \times 2^2 + 0 \times 2^1 + 1 \times 2^0$
$= 8 + 4 + 0 + 1 = 13_{(10)}$

(2) 欲將十進制換成 p 進制，可將原數除以 p 後，再反覆將商除以 p，直到商小於 p。

(例) $11_{(10)} = 1011_{(2)}$

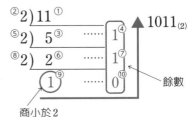

(注1) 右圖的①、②……⑩為計算的步驟。
(注2) 數字 $1011_{(2)}$ 右下的（ ）內的數字 2，代表該數為二進制。其餘同理。
(注3) $a^0 = 1$ （§55）。

商小於2

解說！什麼是「○○進制」

　　如果不知道數量的話，右圖的蘋果在一般人眼中就只是「一堆蘋果」。

　　現在，我們準備分別可放入 $10^0 (=1)$ 顆、10^1 顆、10^2 顆、10^3 顆、……等不同蘋果數量的籃子，然後將上面的蘋果按籃子大小從最大的籃子開始依序裝滿。但同樣大小的籃子最多只能放 9 顆蘋果。

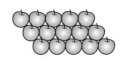

$1 \times$ 　　　　　　　　　　　　$+ 5 \times$

　　此時，將同樣大小的籃子數，依照籃子的容量由大至小依序從左往右排列後，就是用十進制表示的蘋果數量。在這個例子中，因為我們用了 1 個容量 10^1 的籃子，5 個 $10^0 (=1)$ 的籃子，所以蘋果的數量是 $15_{(10)}$。

$$15_{(10)} = 1 \times 10^1 + 5 \times 10^0$$

那麼，如果把同一堆蘋果換用二進制來表示，又會怎麼樣呢？要換成二進制，這次我們要準備 $2^0 (=1)$ 顆、2^1 顆、2^2 顆、2^3 顆……等容量的籃子，同樣按容量大小盡可能從最大的籃子依序裝滿。但同容量的籃子在二進制下最多只能裝入 $2-1$ 等於 1 顆蘋果。

此時，將同樣大小的籃子數，依照籃子的容量由大至小依序從左往右排列，就是二進制的表示法了。此例的結果是 $1111_{(2)}$。也就是

$$1111_{(2)} = 1 \times 2^3 + 1 \times 2^2 + 1 \times 2^1 + 1 \times 2^0$$

●為什麼用十進制？

據說是因為人類的手指左右加起來正好10根，所以才「自然而然地使用十進制」。如果，某天人類的手指全部都消失，只剩下兩隻手的話，也許我們又會自然而然地改用二進制。實際上，像電腦的邏輯運算就只有通電和未通電2種，所以是用二進制進行運算。

●十六進制的表示法會用到特殊的數字

十進制只使用0、1、2、3、4、5、6、7、8、9等10個數字來表現所有的數。因此，要表示在計算機領域經常用到的十六進制，就必須再增加6種數字。然而，因為阿拉伯數字只有0～9，所以電腦科學中是用 A、B、C、D、E、F這6個字母來當成新的「數字」。這6個字母從左到右依序等於十進制的10、11、12、13、14、15，例如十六進制的 $A20BF4_{(16)}$ 就是

$$A \times 16^5 + 2 \times 16^4 + 0 \times 16^3 + B \times 16^2 + F \times 16^1 + 4 \times 16^0$$

作為參考，下一頁列出了十進制、二進制、十六進制的對應表。

十進制	0	1	2	3	4	5	6	7	8	9	10	11	12	13	14	15	16
二進制	0	1	10	11	100	101	110	111	1000	1001	1010	1011	1100	1101	1110	1111	10000
十六進制	0	1	2	3	4	5	6	7	8	9	A	B	C	D	E	F	10

p 進制與十進制的變換公式

以下分別介紹兩種變換的方法。

(1) 將 p 進制換成十進制

欲將二進制或三進制等數字換成十進制，其實方法意外地簡單。例如將二進制的 1101，七進制的 4306 換成十進制就是：

$$1101_{(2)} = 1 \times 2^3 + 1 \times 2^2 + 0 \times 2^1 + 1 \times 2^0 = 8 + 4 + 0 + 1 = 13_{(10)}$$

$$4306_{(7)} = 4 \times 7^3 + 3 \times 7^2 + 0 \times 7^1 + 6 \times 7^0 = 4 \times 343 + 3 \times 49 + 6$$

$$= 1525_{(10)}$$

(2) 將十進制換成 p 進制

想把平常使用的十進制數字換成其他進制（例如 p 進制），只需將原數除以 p 後，用商和餘數去求即可。反覆將商除以 p，直到商小於 p。最後所得的商和反覆相除過程中所得的餘數，以逆序排列後即是要換算的數字。例如右圖即是 $11_{(10)}$ 換算成 $1011_{(2)}$ 的過程。

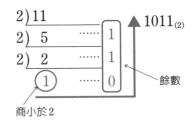

這個方法的原理，只要將相除過程依序寫成橫式即可一目瞭然。

第1次除式　　　第2次除式　　　　第3次除式

$$11 = 2 \times 5 + 1 = 2(2 \times 2 + 1) + 1 = 2(2 \times (2 \times 1 + 0) + 1) + 1$$

$$= 1 \times 2^3 + 0 \times 2^2 + 1 \times 2^1 + 1 \times 2^0$$

〔例題〕①請將十進制的 45 寫成二進制，②將十進制的 30707 寫成五進制。

[解答] 運用以下方法，即可得出①為 $101101_{(2)}$、②為 $1440312_{(5)}$。

參考

p 進制的小數怎麼看

例如，二進制的1011.101是什麼意思呢？首先，我們要先理解十進制，例如365.24這個數字的意思。

$$365.24_{(10)} = 3 \times 10^2 + 6 \times 10^1 + 5 \times 10^0 + 2 \times 10^{-1} + 4 \times 10^{-2}$$

此處，由於 $a^{-n} = \dfrac{1}{a^n}$ （§55）。所以同理，

$1011.101_{(2)}$
$$= 1 \times 2^3 + 0 \times 2^2 + 1 \times 2^1 + 1 \times 2^0 + 1 \times 2^{-1} + 0 \times 2^{-2} + 1 \times 2^{-3}$$

§12

方程式 $f(x)=0$ 的實數解和圖形

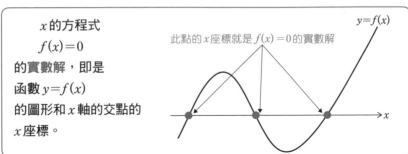

x 的方程式

$f(x)=0$

的**實數解**，即是

函數 $y=f(x)$

的圖形和 x 軸的交點的

x 座標。

此點的 x 座標就是 $f(x)=0$ 的實數解

$y=f(x)$

解說！實數解和圖形

假設實數 α 為方程式 $f(x)=0$ 的解，則寫作 $f(\alpha)=0$。這代表在函數 $y=f(x)$ 的圖形上，存在 $(\alpha, 0)$ 這個點。換言之 α 是函數 $y=f(x)$ 的圖形與 x 軸交點的 x 座標。

實際畫畫看就明白了！

將方程式 $x+2=0$ 跟方程式 $x^2-2x-3=0$ 的解以圖形表示後，分別如下。

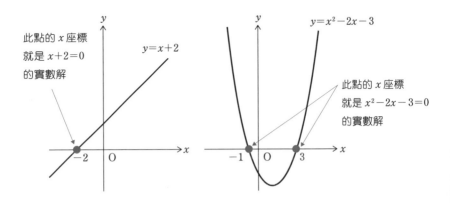

此點的 x 座標就是 $x+2=0$ 的實數解

$y=x+2$

$y=x^2-2x-3$

此點的 x 座標就是 $x^2-2x-3=0$ 的實數解

方程式 $f(x)=0$ 的虛數解跟圖形

　　在 xy 座標平面上，圖形 $y=f(x)$ 的 x 和 y 皆為實數。因此，在這個平面上是找不到方程式 $f(x)=0$ 的虛數解。所以，我們要利用複數 z，求複數 $f(z)$ 的絕對值 $|f(z)|$ 對應的 y 座標 $y=|f(z)|$ 的圖形。換言之，z 是一個位於複數平面上的點，該平面垂直於 y 軸（右圖），而曲面 S 則是由 $z=a+bi$ 在複數平面上移動的點 $(a,\ b,\ y)$ 畫成的曲面。此時，因為 $|f(z)|\geqq 0$，曲面 S 會與複數平面相交，或者是在複數平面上方。而曲面 S 跟複數平面（ab 平面）的交點 z 就是方程式 $f(z)=0$ 的解。如果該點在實軸上，則點 z 就是方程式 $f(z)=0$ 的實數解；如果該點不在實軸上，則點 z 就是方程式 $f(z)=0$ 的虛數解。

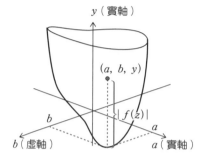

　　右圖是為了找出方程式 $z^3-1=0$ 的解而畫的 $y=|z^3-1|$ 的圖形。三個解分別位在 1 和 $\dfrac{-1\pm\sqrt{3}\,i}{2}$ 這三隻腳上。

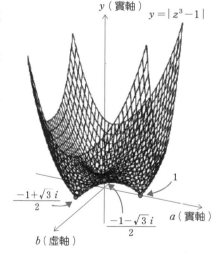

§13

餘式定理和因式定理

(1) **餘式定理**
整式 $f(x)$ 除以 $x-a$ 的餘為 $f(a)$

整式 $f(x)$ 除以 $ax-b$ 的餘為 $f\left(\dfrac{b}{a}\right)$

(2) **因式定理**
整式 $f(x)$ 可被 $x-a$ 整除 ⇔ $f(a)=0$
（$x-a$ 為 $f(x)$ 的因式）
整式 $f(x)$ 可被 $ax-b$ 整除 ⇔ $f\left(\dfrac{b}{a}\right)=0$
（$ax-b$ 為 $f(x)$ 的因式）

解說！用一次方程式去除更方便

　　整式的除法直接硬算非常麻煩。不過，若是除以一次方程式的話，只要運用上述的定理，就算不實際去除，只要看看餘數，就能判斷能不能被整除。

●對於整式 $f(x)$，若 $f\left(\dfrac{b}{a}\right)=0$ 則 a、b 為？

　　若 x 的 n 次整式

$$p_n x^n + p_{n-1} x^{n-1} + \cdots + p_2 x^2 + p_1 x + p_0 \cdots\cdots ① 跟$$
$$(ax-b)(q_{n-1} x^{n-1} + \cdots + q_2 x^2 + q_1 x + q_0) \cdots\cdots ②$$

可以**因式分解**的話，則 a 是 p_n 的因數，而 b 是 p_0 的因數。前提是 p_n、p_{n-1}、$\cdots\cdots$、p_2、p_1、p_0、q_{n-1}、$\cdots\cdots$、q_2、q_1、q_0、a、b 為整數。

　　這件事可以從展開②得到的 x^n 的係數跟常數項相等，以及①的 x^n 的係數跟常數項相等得知。也就是 $p_n = aq_{n-1}$、$p_0 = -bq_0$

另外，關於餘式定理和因式定理中的 $f(\alpha)$ 和 $f\left(\dfrac{b}{a}\right)$ 的值，只要運用下一節§14介紹的「綜合除法」就能輕鬆算出。

如何導出餘式定理和因式定理

只要利用「整式 $f(x)$ 除以一次方程式的餘為常數」這個事實，就能輕鬆導出餘式定理和因式定理。

$$f(x)=(ax-b)\,g(x)+\boxed{R} \quad \cdots \text{ 餘（常數）}$$

$R \neq 0$ 時為餘式定理

$R=0$ 時為因式定理

算算看就懂了！

(1)　$f(x)=x^3+6x^2+9x+2$　除以 $x+3$ 的餘式為
$$f(-3)=(-3)^3+6\times(-3)^2+9\times(-3)+2=2$$

(2)　$f(x)=x^3+6x^2+9x+2$　除以 $2x-3$ 的餘式為
$$f\left(\dfrac{3}{2}\right)=\left(\dfrac{3}{2}\right)^3+6\left(\dfrac{3}{2}\right)^2+9\left(\dfrac{3}{2}\right)+2=\dfrac{259}{8}$$

(3)　當 $f(x)=3x^3-x^2-8x-4$　時，　$f(2)=3\times2^3-2^2-8\times2-4=0$
故 $f(x)$ 可被 $x-2$ 整除。

(4)　當 $f(x)=3x^3-x^2-8x-4$　時，
$$f\left(-\dfrac{2}{3}\right)=3\times\left(-\dfrac{2}{3}\right)^3-\left(-\dfrac{2}{3}\right)^2-8\times\left(-\dfrac{2}{3}\right)-4=0$$

故 $f(x)$ 可被 $3x+2$ 整除。

（注）根據(3)、(4)，可知 $(x-2)(3x+2)$ 為 $f(x)=3x^3-x^2-8x-4$ 的因式。

綜合除法

$a_3x^3+a_2x^2+a_1x+a_0$ 除以 $(x-p)$ 可用下面的方式計算。

此時，商為 $b_2x^2+b_1x+b_0$　餘為　a_0+pb_0

解說！綜合除法的思維

用整式除以一次方程式時，我們可以用餘式定理迅速找出餘式，以及用因式定理迅速判斷該一次方程式是否為整式的因式。然而，這兩種定理都沒辦法解出整式除以一次方程式的商。而要解出商，就只能實際進行除法。

不過，只要利用本節介紹的「**綜合除法**」，就能輕鬆地進行計算。首先就直接用具體的例子來說明吧。

（例）請計算 $f(x)=x^3-2x^2-5x+6$ 除以 $x-2$ 的商和餘式。

●套用形式

這種除法需要將 $f(x)$ 各項的係數和 $x-2$ 的 2 列成下面的形式。

$$2\,)\ \underline{\quad 1 \quad -2 \quad -5 \quad \ 6 \quad\quad}$$

●只需乘以 p 後上下相加

　　將 $f(x)$ 的最高次項的係數 1 寫在橫線下（①），然後將之乘以 2 所得的 2，寫在 -2 的正下方（②），接著把上下相加後的和 0 寫在橫線下。然後再把這個 0 乘以 2 後所得的 0 抄到 -5 下方……重複這個過程。

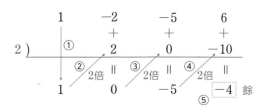

　　最後剩下的 -4 就是餘數，而商就是 $x^2-0x-5=x^2-5$。這個過程一般化後的形式便是本節開頭的計算。

為何會如此？

　　若用普通除法直接計算整式 $f(x)=a_3x^3+a_2x^2+a_1x+a_0$ 除以 $x-p$ 的商和餘式，過程如下，就跟開頭所用的計算是一樣的。

$$
\begin{array}{r}
b_2x^2+b_1x+b_0 \\
x-p\,\overline{)\,a_3x^3+\ a_2x^2\ +a_1x+a_0\ } \\
\underline{b_2x^3-pb_2x^2\quad\quad} \\
(a_2+pb_2)x^2+a_1x \\
\underline{b_1x^2-pb_1x\quad} \\
(a_1+pb_1)x+a_0 \\
\underline{b_0x-pb_0} \\
a_0+pb_0
\end{array}
$$

前提
$$b_2=a_3$$
$$b_1=a_2+pb_2$$
$$b_0=a_1+pb_1$$

　　接下來，讓我們用綜合除法來算算看前一節的餘式定理和因式定理介紹過的例題吧。

(1)　請求 $f(x)=x^3+6x^2+9x+2$　除以 $x+3$ 的商和餘。

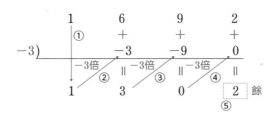

由上式可得商為 x^2+3x，餘為 2。

(2)　請求 $f(x)=x^3+6x^2+9x+2$　除以 $2x-3$ 的商和餘。

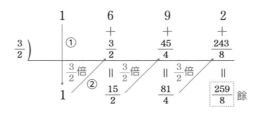

由上式可得商為 $\dfrac{1}{2}\left(x^2+\dfrac{15}{2}x+\dfrac{81}{4}\right)=\dfrac{1}{2}x^2+\dfrac{15}{4}x+\dfrac{81}{8}$　，餘為 $\dfrac{259}{8}$。

此例中，我們在計算時把除式 $2x-3$ 轉換成 $2\left(x-\dfrac{3}{2}\right)$，然後先算出

$f(x)=x^3+6x^2+9x+2$ 除以 $\left(x-\dfrac{3}{2}\right)$ 的商 $x^2+\dfrac{15}{2}x+\dfrac{81}{4}$ 和餘 $\dfrac{259}{8}$ 後，

再在商前面乘上 $\dfrac{1}{2}$。而餘數則不變。只要看看下面的算式即可明白。

$$
\begin{aligned}
x^3+6x^2+9x+2 &= \left(x-\frac{3}{2}\right)\left(x^2+\frac{15}{2}x+\frac{81}{4}\right)+\frac{259}{8}\\
&= (2x-3)\frac{1}{2}\left(x^2+\frac{15}{2}x+\frac{81}{4}\right)+\frac{259}{8}\\
&= (2x-3)\left(\frac{1}{2}x^2+\frac{15}{4}x+\frac{81}{8}\right)+\frac{259}{8}
\end{aligned}
$$

(3) 請求 $f(x)=3x^3-x^2-8x-4$ 除以 $x-2$ 的商和餘。

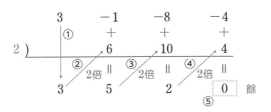

由上式可得商為 $3x^2+5x+2$，餘為 0。

📑 **參考**

綜合除法的各種書寫方式

　　綜合除法的書寫方式有很多種。例如上面的例(3)也可以寫成下面這樣。

$$
\begin{array}{r|rrrr}
2 & 3 & -1 & -8 & -4\\
+) & & 6 & 10 & 4\\
\hline
 & 3 & 5 & 2 & 0
\end{array}
$$

第2章 數與式

綜合除法

§15

解與係數的關係

對於二次方程式 $ax^2+bx+c=0$ 的兩個解 α、β，

$$\alpha+\beta=-\frac{b}{a} \text{、} \alpha\beta=\frac{c}{a}$$

解說！具有特定關係的「解和係數」

二次方程式的「解和係數」之間具有某種特定關係。那就是上述的「解和係數的關係」。這個關係可以一般化套用至 n 次方程式（參照下頁的＜參考＞）。

為何會如此？

假設二次方程式 $ax^2+bx+c=0$ 有兩個解 α、β，根據因式定理，ax^2+bx+c 可分解成 $a(x-\alpha)(x-\beta)$。

換言之即是 $ax^2+bx+c=a(x-\alpha)(x-\beta)$

將右項展開後，

$$ax^2+bx+c=ax^2-a(\alpha+\beta)x+a\alpha\beta$$

比較係數後，

$$b=-a(\alpha+\beta) \text{、} c=a\alpha\beta$$

兩邊同除以 a，即可得到 $\alpha+\beta=-\dfrac{b}{a}$、$\alpha\beta=\dfrac{c}{a}$

試試看！解和係數的關係

(1) 假設二次方程式 $x^2+3x+4=0$ 有兩個解 α、β，請求 $\dfrac{1}{\alpha}+\dfrac{1}{\beta}$ 的值。

根據解和係數的關係，$\alpha+\beta=-3$、$\alpha\beta=4$

故 $\dfrac{1}{\alpha}+\dfrac{1}{\beta}=\dfrac{\alpha+\beta}{\alpha\beta}=\dfrac{-3}{4}$

(2) 「兩解之和為 m，積為 n 的二次方程式」寫成

$$a(x^2-mx+n)=0 \quad (a \neq 0)$$

這是因為若二次方程式 $ax^2+bx+c=0$ $(a \neq 0)$ 存在兩個解 α、β，則根據解和係數的關係，

$$\alpha+\beta=-\frac{b}{a} \text{、} \alpha\beta=\frac{c}{a}$$

可得 $-\dfrac{b}{a}=m$、$\dfrac{c}{a}=n$　故 $b=-am$、$c=an$

由此可算出 $ax^2+bx+c=ax^2-amx+an=a(x^2-mx+n)=0$

📑 參考

n 次方程式的解與係數的關係

假設三次方程式 $ax^3+bx^2+cx+d=0$ 的三個解為 α、β、γ，則

$$\alpha+\beta+\gamma=-\frac{b}{a} \qquad \alpha\beta+\beta\gamma+\gamma\alpha=\frac{c}{a} \qquad \alpha\beta\gamma=-\frac{d}{a}$$

且對於所有 n 次方程式

$$a_nx^n+a_{n-1}x^{n-1}+\cdots\cdots+a_2x^2+a_1x+a_0=0 \quad a_n \neq 0$$

的解若為 α_1、α_2、$\cdots$、α_n，則以下的關係式成立。

$$\alpha_1+\alpha_2+\cdots\cdots+\alpha_n=-\frac{a_{n-1}}{a_n}$$

$$\alpha_1\alpha_2+\alpha_1\alpha_3+\cdots\cdots+\alpha_{n-1}\alpha_n=\frac{a_{n-2}}{a_n}$$

$$\cdots\cdots\cdots\cdots\cdots\cdots\cdots\cdots\cdots$$

$$\alpha_1\alpha_2\cdots\cdots\alpha_n=(-1)^n\frac{a_0}{a_n}$$

解與係數的關係

§16

二次方程式的公式解

二次方程式　$ax^2+bx+c=0$　$(a\neq0)$ 的解為

$$x=\frac{-b\pm\sqrt{b^2-4ac}}{2a}\quad\cdots\cdots\text{①}\quad\text{前提 }a、b、c\text{為常數}$$

解說！二次方程式的解不一定是實數

二次方程式的公式解，可說是所有數學公式中最有名的公式之一。

一次方程式　$ax+b=0$　$(a\neq0)$ 的解為 $x=-\dfrac{b}{a}$，且 $a、b$ 不論是哪個實數，都一定存在實數解。然而，對於二次方程式，根據 $a、b、c$ 的值，$\sqrt{}$ 內（上述公式）的數有可能是負數，因此 x 不一定是實數。

● 將二次方程式的解分類

若上面公式中的 $\sqrt{}$ 內的數為負，則方程式的解為虛數（§32）。所以，假如①的 $\sqrt{}$ 內的公式為 $D=b^2-4ac$，則二次方程式的解為

$D>0$ 時　方程式有兩個不同的實數解

$D=0$ 時　方程式有重解（兩個解重疊）

$D<0$ 時　方程式有兩個不同的虛數解

由於可用這種方式判別，故 $D=b^2-4ac$ 又叫判別式。

（注）$\sqrt{-1}=i$（i 為虛數單位，$i^2=-1$）　　例如 $\sqrt{-3}=\sqrt{3}\,i$

● 二次方程式的係數為複數的情況

上述的方程式公式解，即使 $a、b、c$ 不是實數，就算是複數的情況也同樣適用。不過，此時由於 b^2-4ac 也會變成複數，所以就需要理解 $\sqrt{}$ 複數（同樣是複數）的意義。另外，$a、b、c$ 是複數的時候，用 $D=b^2-4ac$ 的正負來分類解是沒有意義的。

$$ax^2+bx+c=a\left(x^2+\frac{b}{a}x\right)+c=a\left\{x^2+\frac{b}{a}x+\left(\frac{b}{2a}\right)^2\right\}-a\left(\frac{b}{2a}\right)^2+c$$

$$=a\left(x+\frac{b}{2a}\right)^2-\frac{b^2-4ac}{4a}\quad\cdots\text{這種變形叫做「配方法」}$$

因為 $ax^2+bx+c=0$ 故 $\left\{2a\left(x+\frac{b}{2a}\right)\right\}^2=b^2-4ac$

所以，$2a\left(x+\frac{b}{2a}\right)=\pm\sqrt{b^2-4ac}$

兩邊同除以 $2a$，將 $\frac{b}{2a}$ 移項，

$$\therefore\quad x=\frac{-b\pm\sqrt{b^2-4ac}}{2a}$$

〔例題〕請求下列二次方程式的解。

(1) $x^2+5x+2=0$ (2) $x^2+x+1=0$

(3) $(2-3i)x^2-2(2+i)x+i=0$

[解答]

(1) 將 $a=1$、$b=5$、$c=2$ 代入公式解①，

$$x=\frac{-5\pm\sqrt{25-8}}{2\times1}=\frac{-5\pm\sqrt{17}}{2}$$

(2) 將 $a=1$、$b=1$、$c=1$ 代入公式解①，

$$x=\frac{-1\pm\sqrt{1-4}}{2\times1}=\frac{-1\pm\sqrt{3}\,i}{2}$$

(3) 將 $a=2-3i$、$b=-2(2+i)$、$c=i$ 代入公式解①，

$$x=\frac{2(2+i)\pm\sqrt{4(2+i)^2-4i(2-3i)}}{2(2-3i)}$$

$$=\frac{2+i\pm\sqrt{(2+i)^2-i(2-3i)}}{2-3i}=\frac{2+i\pm\sqrt{2i}}{2-3i}$$

這時問題來了，$\sqrt{2i}$ 是什麼樣的複數呢？為了確認這點，我們需要假設下面的式子

$$\sqrt{2i} = p + qi \quad (p \cdot q \text{為實數})$$

然後將等號兩邊一起平方，即可得到下面的結果。

$$2i = p^2 - q^2 + 2pqi$$

由於左邊和右邊的實數和虛數彼此相等（§32），

$$p^2 + q^2 = 0 \quad \cdots\cdots ②$$

$$pq = 1 \quad \cdots\cdots ③$$

由②可得 $(p+q)(p-q) = 0$，故 $p = \pm q$

由③可知 p 和 q 的正負號相同

故 $\quad p = q \quad \cdots\cdots ④$

綜合此結果和③ $\quad p^2 = 1 \quad$ 故 $\quad p = \pm 1$

綜合此結果和④ $\quad p = q = \pm 1$

故，$\sqrt{2i} = \pm(1+i)$

因此，$x = \dfrac{2+i \pm \sqrt{2i}}{2-3i} = \dfrac{2+i \pm (1+i)}{2-3i}$

正負號為＋的時候，

$$x = \frac{2+i+1+i}{2-3i} = \frac{3+2i}{2-3i} = \frac{(3+2i)(2+3i)}{(2-3i)(2+3i)} = \frac{13i}{13} = i$$

正負號為－的時候，

$$x = \frac{2+i-1-i}{2-3i} = \frac{1}{2-3i} = \frac{(2+3i)}{(2-3i)(2+3i)} = \frac{2+3i}{13}$$

因此本方程式的解為 $\quad x = i, \dfrac{2+3i}{13}$

接下來要介紹的定理則是堪稱「**代數基本定理**」的重要定理。這個定理是由高斯（$1777 \sim 1855$）證明的。

若 n 為任意自然數，$a_n \cdot a_{n-1} \cdot \cdots \cdot a_2 \cdot a_1 \cdot a_0$ 為複數，則

n**次方程式**　$a_n x^n + a_{n-1} x^{n-1} + \cdots + a_2 x^2 + a_1 x + a_0 = 0$　……⑤

至少有一個複數解（根）。

根據此定理，「**複數係數（複數的係數）的 n 次方程式具有 n 個複數解**」。這是因為，在⑤的左邊加上 $f(x)$，且⑤的一個複數解為 α_1 時，根據因式定理，

$$f(x) = (x - \alpha_1) g(x)$$

此時，由於 $g(x)$ 為複數係數 x 的 $(n-1)$ 次方程式，所以至少有一個複數解 α_2。而根據因式定理，

$$g(x) = (x - \alpha_2) h(x)$$

重複上面的步驟，則可得

$$f(x) = a_n (x - \alpha_1)(x - \alpha_2) \cdots (x - \alpha_n)$$

可知⑤有 n 個解 $\alpha_1 \cdot \alpha_2 \cdot \cdots \cdot \alpha_n$。

三次方程式的公式解

三次方程式 $x^3+ax^2+bx+c=0$ 的解為

$$x=\sqrt[3]{-\frac{q}{2}+\sqrt{r}}+\sqrt[3]{-\frac{q}{2}-\sqrt{r}}-\frac{a}{3} \quad\cdots\cdots①$$

$$x=\omega\sqrt[3]{-\frac{q}{2}+\sqrt{r}}+\omega^2\sqrt[3]{-\frac{q}{2}-\sqrt{r}}-\frac{a}{3} \quad\cdots\cdots②$$

$$x=\omega^2\sqrt[3]{-\frac{q}{2}+\sqrt{r}}+\omega\sqrt[3]{-\frac{q}{2}-\sqrt{r}}-\frac{a}{3} \quad\cdots\cdots③$$

前提是 $q=\frac{2}{27}a^3-\frac{ab}{3}+c$,

$$r=\frac{1}{4}\left(\frac{2}{27}a^3-\frac{1}{3}ab+c\right)^2+\frac{1}{27}\left(b-\frac{1}{3}a^2\right)^3$$

$$\omega=\frac{-1+\sqrt{3}\,i}{2}$$

（注）ω 為三次方程式 $x^3=1$ 的虛數解之一。此時，$x^3=1$ 的解有 1、ω、ω^2。

解說！卡爾達諾公式

這個三次方程式的公式解，是由義大利數學家卡爾達諾（1501～1576）發現的，故又稱「**卡爾達諾公式**」。

不過，要使用這個公式，必須先理解複數的平方根、立方根的概念。此外，四次方程式的公式解，則是由卡爾達諾的學生費拉里（1522～1565）發現的。

試試看！三次方程式的公式解

推導三次方程式的「公式解」非常麻煩。所以，這裡我們只進行計算的練習。

對於三次方程式 $x^3-x^2-x-2=0$，$a=-1$、$b=-1$、$c=-2$

因此，$q=-\dfrac{65}{27}$、$r=\dfrac{49}{36}$ 將兩者依序代入前頁的①～③後，三個

解依序是 $x=2$、$x=\dfrac{-1+\sqrt{3}\,i}{2}$、$x=\dfrac{-1-\sqrt{3}\,i}{2}$。

五次以上的方程式存在公式解嗎？阿貝爾和伽羅瓦的世界

n 為任意自然數，a_n、a_{n-1}、$\cdots$、a_2、a_1、a_0 為複數時，

方程式　　$a_n x^n + a_{n-1} x^{n-1} + \cdots + a_2 x^2 + a_1 x + a_0 = 0$

稱為 n 次代數方程式。

當 n 為 4 以下，也就是對於四次以下的代數方程式，都存在著公式解。然而，數學家們已證明了「五次以上的代數方程式不存在公式解」。這裡說的 n 次的代數方程式不存在公式解的意思，是指不存在一個公式，可以只從方程式的係數透過四則運算（＋、－、×、÷）和根號的演算（$\sqrt{}$、$\sqrt[3]{}$、$\sqrt[4]{}$、$\cdots$），在有限步驟內算出該方程式的解。

三次方程式、四次方程式的「公式解」是由卡爾達諾和費拉里分別發現的；但五次以上的代數方程式的「公式解」，卻有很長一段時間（約 300 年）一直沒被發現。

然後直到1825年，挪威數學家阿貝爾（1802～1829）證明了「五次以上的代數方程式不存在公式解」；緊接著法國數學家伽羅瓦（1811～1832）也發明了「**群論**」這個劃時代的理論，證明了這件事。。

（注）$a>0$ 時，$\sqrt[n]{a}$ 為 n 次方等於 a 的正數。

§18

畢氏定理

直角三角形的斜邊長平方,等於另兩邊邊長的平方和。

$$a^2 = b^2 + c^2$$

(注)反之亦成立。即「若三角形其中兩邊
長的平方和等於第三邊的邊長平方,則該
三角形為直角三角形」。

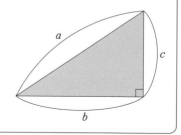

解說!利用網格和輔助線

　　畢氏定理(商高定理)據傳是古希臘數學家畢達哥拉斯(B.C.580前
後～B.C.500前後)本人,或是畢達哥拉斯學派的門生,在觀察鋪在地板
上的地磚時發現的。

　　在鋪有正方形地磚的地板上畫對角線(右下圖),會發現藍色的正方
形A的面積,與兩個藍色三角形B的面積和相等;而灰色的正方形C的面
積,與灰色的兩個三角形D的面積和相等。因此,四個三角形合成的大正
方形面積(斜邊平方),等於藍色和灰色的小正方形的面積(非斜邊的邊
長平方)和。

　　根據此結果可知對於任意直角三角形,以其斜邊(最長的邊)畫出的

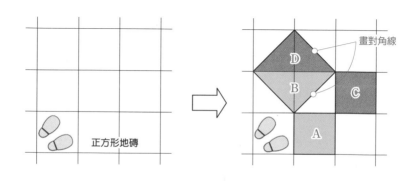

畫對角線

正方形地磚

正方形面積 S_1，與用剩下兩邊畫出的正方形面積 S_2 和 S_3 的和相等。換言之，

$$S_1 = S_2 + S_3$$

若以直角三角形的斜邊為 a，其他兩邊分別為 b、c，以邊長代入上面的式子就是「$a^2 = b^2 + c^2$」，也就是畢氏定理了。

(注) 畢氏定理最早在西元前2000年左右就已被巴比倫人發現和使用。

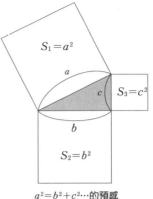

$a^2 = b^2 + c^2$…的預感

● 數學中最重要的定理

畢氏定理是許多數學理論的基礎，可說是非常重要的定理。例如距離的公式等等。若沒有「畢氏定理」，許多數學理論將無從討論。

為何畢氏定理會成立？

畢氏定理有很多不同的證明方法，而本書將介紹一種不使用算式，可以更直觀理解的證明途徑。

首先，畫一個斜邊長為 a，另兩邊長為 b、c 的直角三角形（下圖1），然後把這個三角形放在邊長為 $b+c$ 的正方形四邊上（下圖2）。

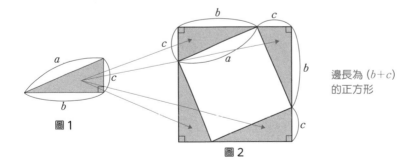

圖1

圖2

邊長為 $(b+c)$ 的正方形

接著，在相同大小的正方形框框內，將同樣的直角三角形如下圖般放置。

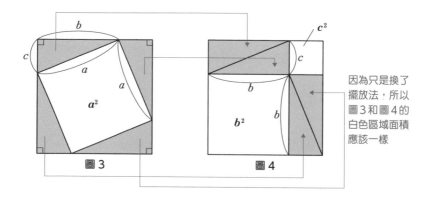

因為只是換了擺放法，所以圖3和圖4的白色區域面積應該一樣

此時，圖3和圖4的白色部分面積應該相等。因此，「圖3的白色正方形面積＝圖4的2塊白色正方形面積和」。而將這句話用數學式表達，就是 $a^2 = b^2 + c^2$

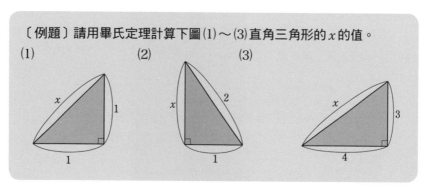

〔例題〕請用畢氏定理計算下圖(1)～(3)直角三角形的 x 的值。

[解答]

(1) 因 $x^2 = 1^2 + 1^2 = 2$　故　$x = \sqrt{2}$　$(x > 0)$

(2) 由 $x^2 + 1^2 = 2^2$　可得　$x^2 = 2^2 - 1^2 = 3$　故　$x = \sqrt{3}$　$(x > 0)$

(3) 由 $x^2 = 3^2 + 4^2 = 25$　可得　$x = 5$　$(x > 0)$

相信世界是「由整數和分數構成」的畢達哥拉斯

畢達哥拉斯是活躍於西元前 6 世紀的古希臘（相當於日本彌生時代）。畢達哥拉斯因為直角三角形的性質等各種發現，相信所有現象的背後都存在著「數的秩序」，成立了信奉「**萬物皆由數構成**」、崇拜「數」的宗教——畢達哥拉斯教團。

畢達哥拉斯教團主張「這世界的一切皆由整數和整數比（分數）構成，維持著秩序」，但諷刺的是，由畢達哥拉斯本人發現的「畢氏定理」，反而揭示了既非整數亦非分數的數的存在。

例如兩邊長為 1，斜邊為 x 的直角三角形。滿足此條件的斜邊長 x，就無法用整數或分數來表達（參照前頁）。而畢達哥拉斯也吩咐自己的門生「絕對不可將這種數的存在公諸於世」，隱藏了起來。

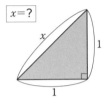

📑 參考

畢達哥拉斯數與費馬大定理

滿足 $x^2+y^2=z^2$ 的自然數 x、y、z 俗稱**畢達哥拉斯數**，例如 $(x=3 、 y=4 、 z=5)$、$(x=5 、 y=12 、 z=13)$、$(x=8 、 y=15 、 z=17)$ 等等。

對於一奇數 m，m、$\dfrac{m^2-1}{2}$、$\dfrac{m^2+1}{2}$ 皆為畢達哥拉斯數，因此可知畢達哥拉斯數有無限多個。

然而，如果換成滿足 $x^3+y^3=z^3$ 的自然數 x、y、z，結果就大不相同了。這是因為「對於 3 以上的自然數 n，滿足 $x^n+y^n=z^n$ 的自然數 x、y、z 的組合不存在（**費馬大定理**）」這個定理於1995年才由數學家安德魯・懷爾斯（1953～）證明。

§19

三角形的五心

三角形擁有下面的 5 種心。

(1) **重心**：三條中線的交點。

(2) **外心**：各邊的垂直平分線交點（外接圓的中心）。

(3) **內心**：各內角的角平分線交點（內接圓的中心）。

(4) **垂心**：各頂點連至對邊的垂直線的交點。

(5) **旁心**：一內角與其他兩個外角的平分線交點。

（注）旁心是旁接圓的中心，每個三角形可對應到三個旁心。

解說！三角形的五種心

三角形是各種多邊形中最基本的形狀。因此，自從文明誕生以來，人類就一直在研究各種與三角形有關的公式和定理。本節，我們將介紹作為這些公式和定理基礎的三角形的五「心」。

●從圖示看五心

三角形的五心，光看本節開頭的描述，恐怕很難理解那是什麼意思。所以下面就讓我們用圖片實際看看這五心長得怎樣吧。

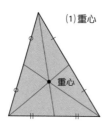
(1)重心

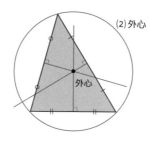
(2)外心

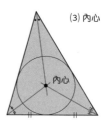
(3) 內心

（注）重心是將中線，也就是三角形頂點與對邊中點連成的線分成 2：1 的點。

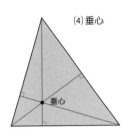

(4) 垂心

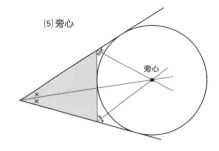

(5) 旁心

旁心

(注) 每個三角形的重心、外心、內心、垂心各只有一個，但旁心則是三個內角的平分線上
各有一個，共有三個。

用兩種途徑證明為何有五心

要證明 (1)～(5) 中描述的三條直線為何會交於一點，有兩種方法。分別是利用圖形基本性質的❶**初等幾何方法**，以及用座標平面圖形計算的❷**解析幾何方法**(笛卡兒以後)。這裡我們以(1)重心為例，介紹這兩種途徑。

❶初等幾何方法

將三角形 ABC 各邊的中點，如下圖所示分別命名為 M、N、L，並用輔助線相連。

(i) 兩條中線 **AL** 和 **BM** 的交點

假設兩條中線 AL 和 BM 的交點為 G。

L、M 分別為 BC、CA 的中點，故

$$ML \parallel AB、2ML = AB$$

(中點定理)。因此，

$$AG : GL = AB : ML = 2 : 1$$

換言之，G 是將線段 AL 分為 2:1 的內分點。……①

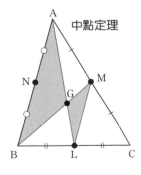

中點定理

(ii) 兩條中線 **AL** 和 **CN** 的交點

假設兩條中線 AL 和 CN 的交點為 G′。

一如前述的(i)，可知

$$AG' : G'L = AC : NL = 2 : 1$$

換言之，G′為將線段 AL 分為 2：1 的內分
點。……②

根據①、②，由於 G 和 G′ 皆為將線段
分為 2：1 的內分點，故 2 點重合。因此，三
條中線交於一點。

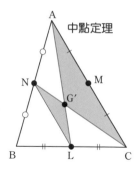

中點定理

❷解析幾何方法

將三角形 ABC 如下圖般設定座標。

三個角的頂點座標分別為

$$A(2a, 2b) \cdot B(0, 0) \cdot C(2c, 0)$$

則中點座標可寫為

$$L(c, 0) \cdot M(a+c, b) \cdot N(a, b)$$

假設三條中線 AL、BM、CN
分別為 l_1、l_2、l_3，則三條直線的方
程式如下。

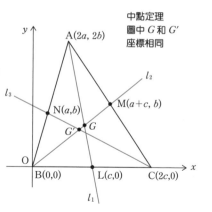

中點定理
圖中 G 和 G'
座標相同

$$l_1: y = \frac{2b}{2a-c}(x-c) \quad \text{……③}$$

$$l_2: y = \frac{b}{a+c}x \quad \text{……④}$$

$$l_3: y = \frac{-b}{2c-a}(x-2c) \quad \text{……⑤}$$

l_1 和 l_2 的交點 G 的座標為聯立方程式③、④的解

$$G\left(\frac{2(a+c)}{3}, \frac{2b}{3}\right)$$

l_2 和 l_3 的交點 G′ 的座標為聯立方程式④、⑤的解

$$G'\left(\frac{2(a+c)}{3}, \frac{2b}{3}\right)$$

G 和 G′的座標相同，故兩點重合。這證明了三條中線交於一點。

畫畫看就懂了！

三角形的五心全部都可以用直尺和圓規畫出來。此外，一個三角形的外心 O、重心 G、垂心 H 畫出來後會在同一條直線上，且 OG：GH ＝ 1：2。

令人感動的美麗！九點圓

三角形擁有五心，早在古希臘就已經為人所知。歐幾里得的《幾何原本》上也有記載。而在那之後，數學家們又陸續發現各種「三角形的心」。

例如下面介紹的**九點圓**。三角形的各邊中點（共有三個）、三角形各頂點與對邊垂直線的垂足（共有三個）、三條垂線的交點（垂心）及三角形各頂點連成的線段中點（共有三個）等合計九個點，無論是什麼樣的三角形，都一定可以畫在一個圓的圓周上。這個圓就稱為**九點圓**。大家只要自己畫一次，肯定會被其美麗所感動。當然，只需要準備一支直尺和一支圓規就夠了。

另外，九點圓的中心就是由重心和外心連成的線段中點，半徑則是外接圓半徑的一半。

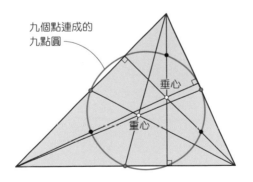

九個點連成的九點圓

垂心

重心

§20

三角形面積公式

若三角形 ABC 的面積為 S

(1) $S = \dfrac{\text{底邊} \times \text{高}}{2}$

高 h

底邊 l

(2) $S = \dfrac{1}{2} lm \sin \theta$

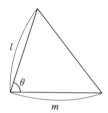

l

θ

m

(3) $S = \sqrt{s(s-a)(s-b)(s-c)}$

且 $s = \dfrac{a+b+c}{2}$

（海龍公式）

高和角度
皆未知

a c

b

(4) $S = \dfrac{1}{2} r (a+b+c)$

r 為內接圓的半徑

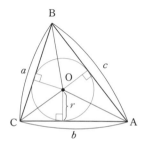

B

a O c

r

C b A

(5) $S = \dfrac{abc}{4R}$

R 為外接圓的半徑

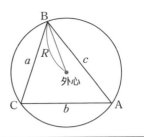

解說！三角形面積公式的基本

不論何種圖形，像是15邊形或20邊形，其圖形面積的基礎都是「三角形面積」。因此，從以前開始，數學家們便為三角形面積創造了各種公式。這裡提到的五種公式是當中的典型，其中的(1)更是基本中的基本。因為，其他公式都是由這個公式導出來的。

為何會如此？

(1) 這個公式著眼於「三角形的面積等於長方形面積的一半」。

右圖的三角形面積 S 為
$$S = S_1 + S_2$$
此處，$2S_1 + 2S_2 = lh$

故，$S_1 + S_2 = \dfrac{lh}{2}$

所以，$S = \dfrac{lh}{2} = \dfrac{底邊 \times 高}{2}$

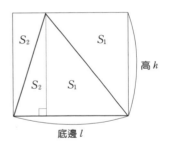

(2) 這個公式的意思，是三角形的高 h 可以寫成 $l\sin\theta$（§52）。

(3) 這個公式俗稱**海龍公式**是「只要知道三邊長即可知道三角形面積」的好用公式。

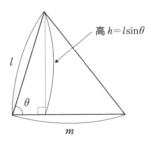

第3章 圖形和方程式

20

三角形面積公式

對於右圖的三角形，

$$\cos A = \frac{b^2+c^2-a^2}{2bc} \quad \cdots\cdots①$$

（根據餘弦定理（§24））

$$\sin^2 A + \cos^2 A = 1 \quad \cdots\cdots②$$

（根據§52）

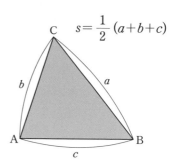

$$s = \frac{1}{2}(a+b+c)$$

根據①、②

$$\sin^2 A = 1 - \cos^2 A = 1 - \frac{(b^2+c^2-a^2)^2}{4b^2c^2}$$

$$= \cdots = \frac{(b+c-a)(b+c+a)(a-b+c)(a+b-c)}{4b^2c^2}$$

$$= \frac{(2s-2a)(2s)(2s-2b)(2s-2c)}{4b^2c^2}$$

因為 $\sin A > 0$　故 $\sin A = \dfrac{2\sqrt{s(s-a)(s-b)(s-c)}}{bc}$

根據(2)的公式 $S = \dfrac{1}{2}lm\sin\theta$ 可知

$$S = \frac{1}{2}bc\sin A = \frac{1}{2}bc \times \frac{2\sqrt{s(s-a)(s-b)(s-c)}}{bc} = \sqrt{s(s-a)(s-b)(s-c)}$$

⑷　這個公式的意思是內接圓的半徑 r 等於以三角形各邊為底邊的高。也就是，

根據 $\triangle ABC = \triangle OBC + \triangle OCA + \triangle OAB$ 和(1) 可知

$$面積\ S = \frac{1}{2}ra + \frac{1}{2}rb + \frac{1}{2}rc = \frac{1}{2}r(a+b+c)$$

同時，若使用(3)的 s，則這個算式可以簡化成

$$S = rs$$

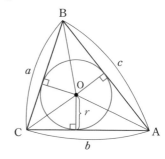

(5) 這個公式可從正弦定理（§23）得出。

根據正弦定理 $\dfrac{a}{\sin A} = 2R$（R 為外接圓半徑）。變形之後即是 $\sin A = \dfrac{a}{2R}$

而根據⑵的公式，

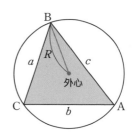

$$S = \frac{1}{2}bc\sin A = \frac{1}{2}bc\frac{a}{2R} = \frac{abc}{4R}$$

〔例題1〕請求出兩邊長分別為 4 和 7，且兩邊夾角為 30° 的三角形面積 S。

[解答] 根據⑵的公式　$S = \dfrac{1}{2} \times 4 \times 7 \times \sin 30 = \dfrac{1}{2} \times 4 \times 7 \times \dfrac{1}{2} = 7$

〔例題2〕請使用海龍公式，計算三邊長分別為 9、10、17 的三角形面積。

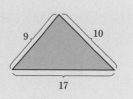

[解答] 根據 $s = \dfrac{9+10+17}{2} = 18$ 可得

$$S = \sqrt{s(s-a)(s-b)(s-c)} = \sqrt{18(18-9)(18-10)(18-17)}$$
$$= \sqrt{36^2} = 36$$

「不需要高」的海龍公式

　　海倫（即海龍）是古希臘時代的機械學家和數學家。一說認為其活躍於西元 60 年前後，但也有人認為他生活在西元前。海龍公式最早出現在海倫的著作《Metrica》中，被描述為「已知任意三角形的三邊長時，即使不知道該三角形的高，也可計算該三角形面積的一般方法」。

§21

孟氏定理

不通過三角形 ABC 頂點的直線 l，對邊 BC、CA、AB 的內分點和外分點分別為 P、Q、R 時，

$$\frac{BP}{PC} \cdot \frac{CQ}{QA} \cdot \frac{AR}{RB} = 1 \quad \cdots\cdots ①$$

（注）反之亦成立。

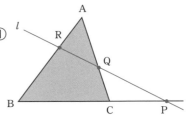

解說！孟氏定理

不通過頂點的直線，不可能同時與三角形的三邊相交。至少需要延長其中一邊才有可能全部相交。此時，各邊的線段比的積必然為 1，這就是孟氏定理。

從三角形的一個頂點，例如從下圖的 B 點開始，依照①、②、③、④、⑤、⑥的順序繞一圈後將會返回原點。這不僅適用於直線與三角形相交的情況（左下圖），也適用於直線與三角形不相交的情形（右下圖）。

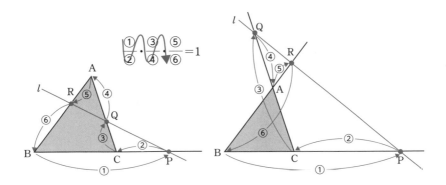

為何會如此？

與通過 C 點的直線 PQ 平行的直線，與 AB 的交點為 S。此時，假設 BR$=x$、RA$=z$、SR$=y$，則

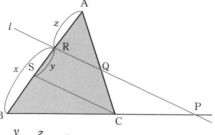

$$\frac{BP}{PC}=\frac{x}{y} \text{、} \quad \frac{CQ}{QA}=\frac{y}{z} \text{、}$$

$$\frac{AR}{RB}=\frac{z}{x}$$

因此，$\dfrac{BP}{PC} \cdot \dfrac{CQ}{QA} \cdot \dfrac{AR}{RB} = \dfrac{x}{y} \cdot \dfrac{y}{z} \cdot \dfrac{z}{x} = 1$

〔例題〕右邊的三角形 ABC 中，AD：AE$=2:3$，BD：CE$=3:1$。

請問此時 $\dfrac{BF}{CF}$ 的值是多少？

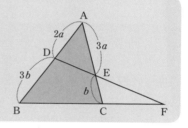

[解答] 假設 AD：AE$=2a:3a$，BD：CE$=3b:b$，則根據孟氏定理

$$\frac{BF}{FC} \cdot \frac{CE}{EA} \cdot \frac{AD}{DB} = \frac{BF}{CF} \cdot \frac{b}{3a} \cdot \frac{2a}{3b} = 1 \quad 故 \quad \frac{BF}{CF} = \frac{9}{2}$$

將「球面三角形」也考慮進去的梅涅勞斯

孟氏定理的發現者是西元前 98 年前後的數學和天文學家——梅涅勞斯。他在著作《球面三角學》中討論了球面的幾何學。他使用跟歐幾里得的平面幾何學相同的方法，證明了球面三角形的全等等定理。例如球面三角形的三邊和小於大圓（在球面上，以通過球心的平面所截出的圓），以及球面三角形的三角和大於兩直角等等。

§22

塞瓦定理

三角形 ABC 的邊 BC、CA、AB 或其延長線上存在 P、Q、R 三點，當三條直線 AP、BQ、CR 共同交於一點 L 時，

$$\frac{BP}{PC} \cdot \frac{CQ}{QA} \cdot \frac{AR}{RB} = 1 \quad \cdots\cdots ①$$

（注）反之亦成立。

解說！「比值積」為1的塞瓦定理

塞瓦定理跟孟氏定理十分相似。根據此定理，一點與三角形各角連成的直線與對邊或其延長線相交時，三個交點各邊的內分比和外分比的積等於1。

例如下圖中，以頂點 B 為起點，依照 ①、②、③、④、⑤、⑥ 的順序繞一圈返回原點，各邊內分比和外分比的積將等於1。這不僅適用於 L 點在三角形內側（左下圖）的情況，當 L 點在三角形外側（右下圖）時也同樣適用。

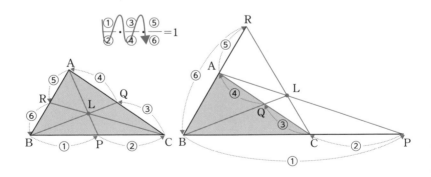

從頂點 B、C 各畫一條垂直線至直線 AP，且兩條線的垂足分別為 D、E，此時若以 AL 為底邊，則 $\triangle ABL$ 和 $\triangle ACL$ 的面積為

$$\frac{\triangle ABL}{\triangle ACL} = \frac{BD}{CE}$$

此時，因為 $BD \parallel CE$，故 $\frac{BD}{CE} = \frac{BP}{CP}$

因此　$\frac{\triangle ABL}{\triangle ACL} = \frac{BP}{CP}$

同理，$\frac{\triangle BCL}{\triangle ABL} = \frac{CQ}{QA}$，

$\frac{\triangle CAL}{\triangle BCL} = \frac{AR}{RB}$

故

$$\frac{BP}{PC} \cdot \frac{CQ}{QA} \cdot \frac{AR}{RB} = \frac{\triangle ABL}{\triangle ACL} \cdot \frac{\triangle BCL}{\triangle ABL} \cdot \frac{\triangle CAL}{\triangle BCL} = 1$$

試試看！塞瓦定理

下圖的三角形中，$AD:DB=t:1$，$AE:EC=1:t+1$ 時，若要求 $\frac{BF}{FC}$ 的值，則根據塞瓦定理，

$$\frac{BF}{FC} \cdot \frac{CE}{EA} \cdot \frac{AD}{DB}$$
$$= \frac{BF}{FC} \cdot \frac{t+1}{1} \cdot \frac{t}{1} = 1$$

所以 $\frac{BF}{FC} = \frac{1}{t(t+1)}$

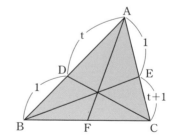

相隔1500年的塞瓦跟梅涅勞斯

義大利幾何學家兼水利工程師的塞瓦（1647～1734）初次發表這項定理，是在1678年的《直線論》這本著作中。塞瓦定理跟孟氏定理，兩者發現的時間相隔了1500年。

§23

正弦定理

對於三角形 ABC，

$$\frac{a}{\sin A} = \frac{b}{\sin B} = \frac{c}{\sin C} = 2R \quad \cdots\cdots ①$$

R 為三角形 ABC 的外接圓半徑。

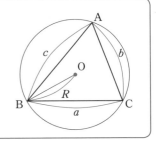

解說！三角形的「角和邊」的關係是？

　　三角形的角愈大，則該角的對邊長愈長。換言之，角跟對邊長之間具有某種關係。而精準描述了這個關係的，就是①的**正弦定理**。簡單來說，邊長的比等於對角的 sin 比「$a : b : c = \sin A : \sin B : \sin C$」。此時，比值即是外接圓的直徑。如下圖所示，正弦定理可以視為對正弦（sin）定義（§52）的延伸。

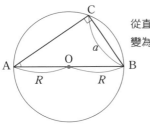

從直角三角形（左）
變為普通三角形（右）

AB為外接圓的直徑，則C＝90°

$\sin A = \dfrac{a}{2R}$ 故 $\dfrac{a}{\sin A} = 2R$

正弦定理

$$\frac{a}{\sin A} = 2R$$

另外，正弦定理雖然在11～12世紀才由阿拉伯人發現，但下一節要介紹的餘弦定理，卻早在歐幾里得的《幾何原本》（西元前3世紀）便已記載了原形。

為何會如此？

對於三角形 ABC，無論 A 的角度為何，只要 $\dfrac{a}{\sin A} = 2R$ ……②成立，便可藉 2R 證明①同樣成立。

(1) 若 A 為銳角：根據圖1，$\sin A = \sin D = \dfrac{a}{2R}$，故 $\dfrac{a}{\sin A} = 2R$

(2) 若 A 為直角：根據圖2，$2R = a$，$\sin A = 1$，故 $\dfrac{a}{\sin A} = 2R$

(3) 若 A 為鈍角：根據圖3，$\sin D = \sin(180° - A) = \sin A = \dfrac{a}{2R}$

　　故 $\dfrac{a}{\sin A} = 2R$

（注）$A + D = 180°$，$\sin(180° - A) = \sin A$

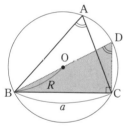

圖1 （銳角的情況）

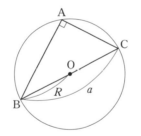

圖2 （直角的情況）

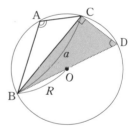

圖3 （鈍角的情況）

〔例題〕對於三角形ABC，$c = 1$、$B - 45°$、$C = 60°$時，請問 b 為多少？

[解答] 根據正弦定理 $\dfrac{b}{\sin 45°} = \dfrac{1}{\sin 60°}$　　故　$b = \dfrac{\sin 45°}{\sin 60°} = \dfrac{\sqrt{6}}{3}$

餘弦定理

對於三角形 ABC，

$$a^2=b^2+c^2-2bc\cos A \quad\cdots\cdots ①$$
$$b^2=c^2+a^2-2ca\cos B \quad\cdots\cdots ②$$
$$c^2=a^2+b^2-2ab\cos C \quad\cdots\cdots ③$$

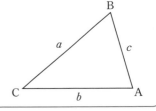

解說！餘弦定理和畢氏定理

「$a^2=b^2+c^2-2bc\cos A$」這個公式感覺是不是似曾相識呢。沒錯，就是畢氏定理（商高定理）「$a^2=b^2+c^2$」。對於任意三角形，若「$a^2=b^2+c^2$」，則 A＝90°，為直角三角形。此時根據三角比的定義（§52）$\cos A=\cos 90°=0$

換言之，餘弦定理「$a^2=b^2+c^2-2bc\cos A$」在 A＝90°時，就會變成畢氏定理。而換個角度來看，將畢氏定理延伸到非直角三角形的三角形時，就會變成餘弦定理。

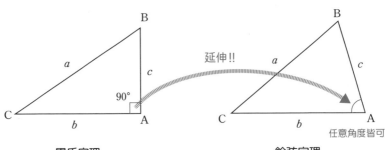

畢氏定理
$$a^2=b^2+c^2$$

餘弦定理
$$a^2=b^2+c^2-2ab\cos A$$

為何會如此？

若只看右圖的直角三角形 ABH 時，

$BH = c \sin A$、$AH = c \cos A$

故，

$CH = AC - AH = b - c \cos A$

此時，因為三角形 BHC 為直角三角形，

$BC^2 = CH^2 + HB^2$

因此，$a^2 = (b - c \cos A)^2 + (c \sin A)^2$

將此式展開整理後即可得到①。②、③也一樣。

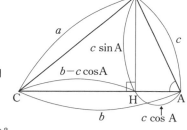

算算看就懂了！

例如觀察①就會發現，使用餘弦定理時，只需知道兩邊 b、c 的長度和夾角 A 的角度，即可算出剩下一邊 a 的邊長。同時，將餘弦定理的公式換位後，只要知道三角形的三邊 a、b、c，即可算出角 A、B、C 的餘弦（見下方）。然後就能由此算出頂角。

$$\cos A = \frac{b^2 + c^2 - a^2}{2bc} \text{、} \cos B = \frac{c^2 + a^2 - b^2}{2ca} \text{、} \cos C = \frac{a^2 + b^2 - c^2}{2ab}$$

〔例題〕請求 $a = 3$、$b = 4$、$c = 5$ 的三角形的角 A 大小。A、B、C 分別為 a、b、c 的對角。

[解答]　$\cos A = \dfrac{b^2 + c^2 - a^2}{2bc} = \dfrac{4^2 + 5^2 - 3^2}{2 \times 4 \times 5} = \dfrac{4}{5}$

由此，用教科書或網路上的三角比的表反查，便可知 A≒36.87°。另外，A 的精確值可用反三角函數（§57）寫成 $A = \cos^{-1} 0.8$

§25

平移圖形方程式

假設座標平面上一圖形 F 的方程式為 $f(x, y)=0$ ……①。將此圖形沿 x 軸方向移動 p，沿 y 軸方向移動 q 後得到的圖形 G 之方程式為

$f(x-p, y-q)=0$……②

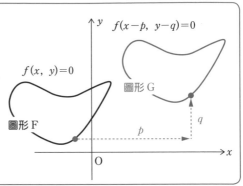

解說！用移動座標來想

只要運用①、②的算式，就能將圖形平移到容易思考的位置來計算，可以將圖形方程式變得更加簡潔，是非常方便的公式。不過，對於仍不習慣①、②這種表現的人來說，可能會有點難以理解。

①的 $f(x, y)=0$ 中的 $f(x, y)$ 就是「具有 x 和 y 的代數式」。例如 $f(x, y)=x^2+2xy+1$ 就是其中之一。而②的 $f(x-p, y-q)$，就是將 $x-p$ 代入 $f(x, y)$ 的 x，將 $y-q$ 代入 y 的意思。例如以 $f(x, y)=x^2+2xy+1$ 為例，即是

$$f(x-2, y-3)=(x-2)^2+2(x-2)(y-3)+1$$

為何會如此？

圖形 F 的方程式，就是取圖形 F 上的任意點 $P(x, y)$，使 x、y 不論代入任何值，皆使 P 點滿足在 F 上的條件式。下面就讓我們從這個定義，由①推導②看看吧。

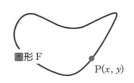

將圖形F沿x軸方向平行移動p，沿y軸方向平行移動q後所得的圖形G上的任意點為Q(X, Y)。

假設圖形F上對Q(X, Y)的點為P(x, y)，則

$$X=x+p \text{、} Y=y+q$$

根據此式，可得

$$x=X-p \quad y=Y-q \quad \cdots\cdots ③$$

此時，因為P(x, y)是圖形F上面的點，所以x和y滿足$f(x, y)=0 \quad \cdots\cdots ①$，將③代入①後，可知$X$、$Y$滿足$f(X-p, Y-q)=0$。這就是圖形G上的任意點Q($X$, Y)必須滿足的條件式。此時，將X換成x，將Y換成y可得$f(x-p, y-q)=0 \quad \cdots\cdots ②$。這就是G的方程式。

〔例題〕請問$x^2+y^2+4x+6y-12=0 \quad \cdots\cdots ④$所表示的圖形，沿著$x$軸方向平行移動2，沿$y$軸方向平行移動3後所得的圖形方程式為何？

[解答] 將$x-2$代入x，$y-3$代入y可得

$$(x-2)^2+(y-3)^2+4(x-2)+6(y-3)-12=0$$

此式整理之後即為$x^2+y^2=5^2$。這是以原點為中心，半徑為5的圓的方程式。由此，可知④所表示的圖形為以C(-2, -3)為中心，半徑為5的圓。

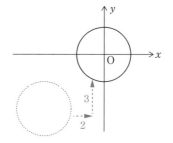

旋轉圖形方程式

假設座標平面上的圖形F的方程式為

$$f(x, y) = 0 \quad \cdots\cdots ①$$

將此圖形以原點為中心旋轉 θ 後，所得的圖形G的方程式如下。

$$f(x\cos\theta + y\sin\theta, \ -x\sin\theta + y\cos\theta) = 0 \quad \cdots\cdots ②$$

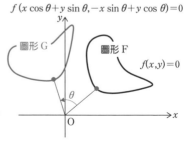

$f(x\cos\theta + y\sin\theta, -x\sin\theta + y\cos\theta) = 0$

圖形 G

圖形 F

$f(x,y) = 0$

解說！旋轉移動後的位置？

②的數學式乍看很難，光說旋轉移動後的圖形的方程式，可能也不曉得是什麼意思。但這個算式的意思，其實就是把 $x\cos\theta + y\sin\theta$ 代入 x，$-x\sin\theta + y\cos\theta$ 代入 y。例如將圓 $(x-2)^2 + (y-2)^2 = 1$ 以原點為中心旋轉45°的情況。①的算式就相當於

$$(x-2)^2 + (y-2)^2 - 1 = 0$$

而這個算式的 x 和 y 分別代入

$$x\cos45° + y\sin45° = \sqrt{2}\,(x+y)/2 \,、$$
$$-x\sin45° + y\cos45° = \sqrt{2}\,(-x+y)/2$$

後，即可得到 $\{\sqrt{2}\,(x+y)/2 - 2\}^2 + \{\sqrt{2}\,(-x+y)/2 - 2\}^2 - 1 = 0$。將此式展開整理之後就是

$$x^2 + (y-2\sqrt{2})^2 = 1^2$$

這就是旋轉移動後的圓的方程式。

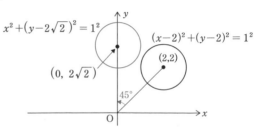

$x^2 + (y-2\sqrt{2})^2 = 1^2$

$(x-2)^2 + (y-2)^2 = 1^2$

$(0, \ 2\sqrt{2})$

$(2,2)$

45°

為何會如此？

將右邊的圖形F以原點為中心旋轉θ後所得的G的任意點$Q(X, Y)$，假設圖形F上對應$Q(X, Y)$的點為$P(x, y)$，則成立以下等式（§45）。

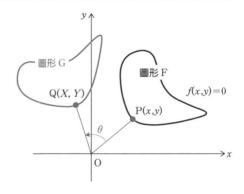

$$\begin{pmatrix} X \\ Y \end{pmatrix} = \begin{pmatrix} \cos\theta & -\sin\theta \\ \sin\theta & \cos\theta \end{pmatrix}\begin{pmatrix} x \\ y \end{pmatrix}$$

所以，乘以逆矩陣（§43），

$$\begin{pmatrix} x \\ y \end{pmatrix} = \begin{pmatrix} \cos\theta & -\sin\theta \\ \sin\theta & \cos\theta \end{pmatrix}^{-1}\begin{pmatrix} X \\ Y \end{pmatrix} = \begin{pmatrix} \cos\theta & \sin\theta \\ -\sin\theta & \cos\theta \end{pmatrix}\begin{pmatrix} X \\ Y \end{pmatrix}$$

可得 $x = X\cos\theta + Y\sin\theta,\ y = -X\sin\theta + Y\cos\theta$ ……③

由於$P(x, y)$為圖形F上的點，所以x和y滿足$f(x, y) = 0$ ……①，故將③代入①，

$$f(X\cos\theta + Y\sin\theta, -X\sin\theta + Y\cos\theta) = 0$$

這就是滿足圖形G上的任意點$Q(X, Y)$的條件式，而將這裡的X換成x，Y換成y後就能得到②。這就是G的方程式。

試試看！旋轉圖形方程式

請問將方程式 $x^2 + 2xy + y^2 + \sqrt{2}\,x - \sqrt{2}\,y = 0$ ……④所表示的圖形，以原點為中心旋轉$-45°$後，所得的圖形方程式為何？要回答這問題，只需將④的x、y分別代入

$$x\cos(-45°) + y\sin(-45°) = \sqrt{2}\,(x-y)/2$$
$$-x\sin(-45°) + y\cos(-45°) = \sqrt{2}\,(x+y)/2$$

後加以整理。如此，便可得到$y = x^2$，可知④為拋物線。

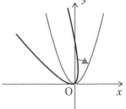

§27

直線方程式

(1) 斜率 m，y 截距為 n 的直線為
$$y = mx + n$$

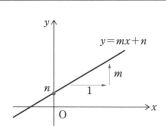

(2) 通過點 (x_1, y_1)，斜率為 m 的直線為
$$y - y_1 = m(x - x_1)$$

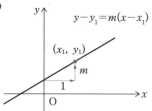

(3) 通過相異兩點 (x_1, y_1)、(x_2, y_2) 的直線為
$$y - y_1 = \frac{y_2 - y_1}{x_2 - x_1}(x - x_1) \quad (x_1 \neq x_2)$$
$$x = x_1 \qquad\qquad\qquad (x_1 = x_2)$$

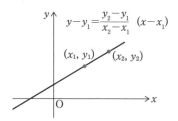

(4) x 截距為 a，y 截距為 b 的直線為
$$\frac{x}{a} + \frac{y}{b} = 1$$

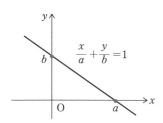

(注) 這叫做截距方程式。

　　直線是最基本的圖形，直線方程式被用於各式各樣的地方。此外，方程式也有各種型態，可以依照需求來使用。

　　另外，本節介紹的方程式，並不能用來表達所有的直線。例如(1)的公式就無法表現與 y 軸平行的直線。無論何種直線都能表達的方程式為「$ax+by+c=0$」，此稱直線方程式的**一般式**。但 a 和 b 至少其中一方不為 0。

為何會如此？

　　(2)～(4)皆可由(1)導出，所以在此我們只討論(1)。

　　斜率 m、y 截距為 n 的直線上的任意點 (x, y)，滿足下列的比例式。

$$x : y-n = 1 : m$$

由於「內項積」＝「外項積」，

可得 $y-n=mx$，故 $y=mx+n$

此外，對於 2 直線 $y=m_1x+n_1$、$y=m_2x+n_2$ 以下關係成立。

　　當 2 直線平行時　⇔　$m_1=m_2$

　　當 2 直線垂直時　⇔　$m_1 \cdot m_2=-1$

〔例題〕請求下列直線的方程式。

　　①通過 2 點 $(3, 4)$、$(5, 8)$ 的直線方程式

　　② x 截距為 3，y 截距為 5 的直線方程式

[解答] ①根據公式(3)，$y-4=\dfrac{8-4}{5-3}(x-3)$，整理後可得 $y=2x-2$

②根據公式(4)可得 $\dfrac{x}{3}+\dfrac{y}{5}=1$

27 第3章 圖形和方程式

直線方程式

§28

橢圓·雙曲線·拋物線方程式

(1) 橢圓的方程式

兩定點的距離和固定的 P 點所畫出的軌跡稱為橢圓。

假設兩定點 $F(c, 0)$、$F'(-c, 0)$ 的距離和為 $2a$，則橢圓的方程式

為 $\dfrac{x^2}{a^2} + \dfrac{y^2}{b^2} = 1$

此時，

$a > c > 0$、$b = \sqrt{a^2 - c^2}$

$(c = \sqrt{a^2 - b^2})$

（注）此兩點稱為橢圓的焦點。

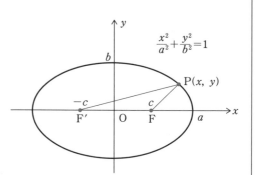

(2) 雙曲線的方程式

兩定點的距離差固定的點 P 的軌跡稱為雙曲線。

假設兩定點 $F(c, 0)$、$F'(-c, 0)$ 的距離差為 $2a$，則雙曲線方程式

為 $\dfrac{x^2}{a^2} - \dfrac{y^2}{b^2} = 1$ 且

$c > a > 0$、$b = \sqrt{c^2 - a^2}$

（注 1）此兩定點稱為雙曲線的焦點。
雙曲線擁有兩條漸進線，方程式為
$y = \pm \dfrac{b}{a} x$
（注 2）所謂的漸進線，即是該曲線無
限趨近但不相交的直線。

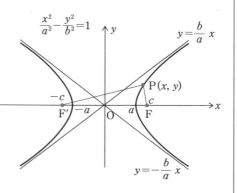

(3) 拋物線的方程式

　　與一定點與一定直線等
距離的點畫出來的軌跡稱為
拋物線。

　　假設一定點 F$(0, p)$，定
直線為 $y = -p$，則拋物線
方程式為 $4py = x^2$

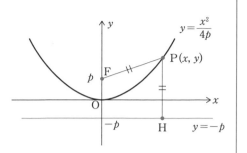

（注）此定點稱為拋物線的焦點，定
直線則為準線。

解說！從橢圓到拋物線

　　在特定條件下移動的點畫出的圖形，稱為滿足該條件的點的軌跡。例
如橢圓就是滿足「兩定點的距離和固定不變」這項條件的點的軌跡；雙曲
線是滿足「兩定點的距離差固定不變」這項條件的點的軌跡；拋物線則是
滿足「與定點和定直線距離相等」這項條件的點的軌跡。

導出公式！

　　要從給定的條件導出橢圓、雙曲線、拋物線的方程式，只需假設座標
平面上滿足條件的點 P(x, y)，然後寫出 x 和 y 的方程式即可。三種圖形的
推導原理都一樣，所以這裡只介紹橢圓。

　　所謂的橢圓即是「兩定點的距離和固定不變」的點 P 的軌跡。現在，
假設兩定點為座標平面上的兩點 F$(c, 0)$、F$'(-c, 0)$，並假設與此兩定點
的距離和為 $2a$ 的點 P(x, y)。

　　根據　PF$+$PF$' = 2a$　……①

$$\sqrt{(x-c)^2+y^2} + \sqrt{(x+c)^2+y^2} = 2a \quad ……②$$

②的兩邊同乘以 $\sqrt{(x-c)^2+y^2} - \sqrt{(x+c)^2+y^2}$，則

$$\{(x-c)^2+y^2\} - \{(x+c)^2+y^2\} = 2a\left(\sqrt{(x-c)^2+y^2} - \sqrt{(x+c)^2+y^2}\right)$$

因此可得 $\sqrt{(x-c)^2+y^2} - \sqrt{(x+c)^2+y^2} = -\dfrac{2c}{a}x \quad ……③$

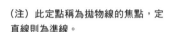

第3章　圖形和方程式

28 橢圓‧雙曲線‧拋物線方程式

②+③除以 2 得到 $\sqrt{(x-c)^2+y^2}=a-\dfrac{c}{a}x$

將此式兩邊同時平方並整理後 $\dfrac{a^2-c^2}{a^2}x^2+y^2=a^2-c^2$

$b=\sqrt{a^2-c^2}$，故可得 $\dfrac{x^2}{a^2}+\dfrac{y^2}{b^2}=1$

動手畫畫看橢圓、雙曲線、拋物線

根據橢圓、雙曲線、拋物線的定義，實際用圖畫畫看這些曲線吧。我們需要準備「繩子」、「棒子」和「三角尺」。

(1) **用一條繩子畫出橢圓**

如右圖所示，將繩子的兩端固定在平面上（可能會需要圖釘）。固定後的點即是橢圓的焦點。然後，在拉緊繩子的狀態下移動鉛筆，畫出來的圖形就是橢圓。

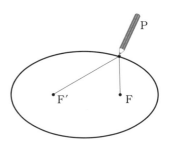

此時很顯然 $PF+PF'=$ 定值（繩長）。此外，兩焦點重疊的話就能畫出正圓形。換言之，「圓就是兩焦點重疊的橢圓」。

> **參考**
>
> 座標平面上兩點 $A(x_1, y_1)$、$B(x_2, y_2)$ 的距離 AB 的公式為
>
> $$AB=\sqrt{(x_2-x_1)^2+(y_2-y_1)^2}$$
>
> 因為根據畢氏定理，
>
> $$AB^2=AC^2+BC^2$$
>
> 故 $AB=\sqrt{AC^2+BC^2}$
> $\qquad =\sqrt{(x_2-x_1)^2+(y_2-y_1)^2}$
>
>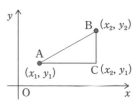

(2)　**用棍棒和繩子畫出雙曲線**

假設繩長為 u，棍長為 v，
則按照右圖，

$l_1+l_2=u$　……①

$l_1+l_3=v$　……②

因為①－②後

$l_2-l_3=u-v=$定值

故，點 P 的軌跡為**雙曲線**。

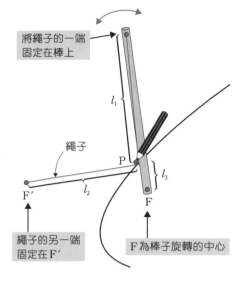

將繩子的一端
固定在棒上

l_1

繩子

P

l_3

F′

l_2

F

繩子的另一端
固定在 F′

F 為棒子旋轉的中心

(3)　**用繩子、直角三角尺、棍棒畫出拋物線**

首先，使繩長與下圖的三角尺的高等長，然後將繩子的一端固定在三角尺的頂點後自然下垂。接著，把三角尺放在棍棒（準線）上，移動到焦點可與繩子重疊的位置後，將繩子的另一端固定在焦點上，如下圖在拉緊繩子的狀態下，在棒上移動三角尺畫出軌跡。

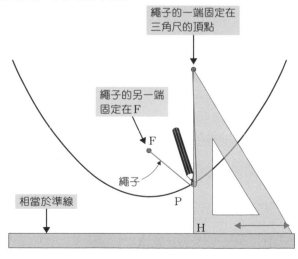

繩子的一端固定在
三角尺的頂點

繩子的另一端
固定在 F

F

繩子

相當於準線

P

H

§29

橢圓·雙曲線·拋物線的切線

與二次曲線　　$ax^2+2hxy+by^2+2px+2qy+c=0$　……①

上的點 $P(x_1, y_1)$ 相切的切線 l 的方程式如下。

$$ax_1x+h(x_1y+y_1x)+by_1y+p(x_1+x)+q(y_1+y)+c=0 \quad ……②$$

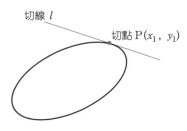

切線 l

切點 $P(x_1, y_1)$

$$ax^2+2hxy+by^2+2px+2qy+c=0$$

解說！二次曲線的切線

可以用二次方程式描述的曲線，一般稱為二次曲線。

$$ax^2+2hxy+by^2+2px+2qy+c=0 \quad ……①$$

依照係數 a、h、b 的值，這個曲線可以是橢圓、雙曲線或拋物線。因此，本節我們不會一個個討論橢圓、雙曲線以及拋物線的切線公式，而統一討論方程式①的切線。那就是②的公式。請各位對比①的公式，把握②的特徵。相信這麼做大家就會理解為什麼要在①的係數前加上 2。

$$ax_1x+h(x_1y+y_1x)+by_1y+p(x_1+x)+q(y_1+y)+c=0 \quad ……②$$

●二次曲線的分類

$ax^2+2hxy+by^2+2px+2qy+c=0$　……①所表示的圖形，可依 a、h、b 的值分成以下三類。

(1)　若 $ab-h^2>0$　則為　橢圓
(2)　若 $ab-h^2<0$　則為　雙曲線
(3)　若 $ab-h^2=0$　則為　拋物線

這個判定的基準可以透過將①表示的圖形繞著原點適當地轉動得到。另外，①還有一種特殊情況，就是兩直線相交於1點的圖形。

●從焦點射出的光的去向

　　從橢圓、雙曲線、拋物線的焦點射出的光，在碰到這些曲線反射時，會依照與切線垂直的下圖的直線（**法線**）以 $\alpha = \beta$ 對稱的方式反射。也就是入射角與反射角相等的反射。

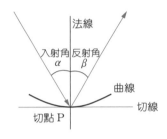

　　考慮這一點，如果是橢圓的話，從一個焦點射出的光，會被曲線反射到另一個焦點的位置。

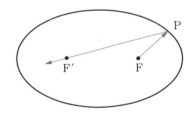

　　如果是雙曲線的場合，從焦點射出的光被曲線反射後，路徑反向延長後可剛好通過另一個焦點。

　　而拋物線的場合，被曲線反射的光會與軸平行。反過來想的話，與軸平行方向射入的光全都會聚集在焦點上。這就是碟形天線的原理。

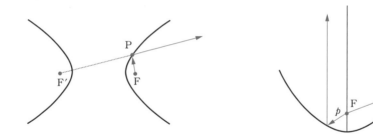

為何會如此？

將 $ax^2+2hxy+by^2+2px+2qy+c=0$ ……① 以 x 微分，

$2ax+2h(y+xy')+2byy'+2p+2qy'=0$ （參照§71，第213頁）

然後，因為 $y'=-\dfrac{ax+hy+p}{hx+by+q}$，與點 $P(x_1,\ y_1)$ 相切的切線方程式的

斜率為 $y'=-\dfrac{ax_1+hy_1+p}{hx_1+by_1+q}$，故

$$y-y_1=-\frac{ax_1+hy_1+p}{hx_1+by_1+q}(x-x_1)$$

接著用 $ax_1{}^2+2hx_1y_1+by_1{}^2+2px_1+2qy_1+c=0$ 整理上式，即是

$$ax_1x+h(x_1y+y_1x)+by_1y+p(x_1+x)+q(y_1+y)+c=0 \quad ……②$$

〔例題〕請求 (1) 橢圓 $\dfrac{x^2}{a^2}+\dfrac{y^2}{b^2}=1$、(2) 雙曲線 $\dfrac{x^2}{a^2}-\dfrac{y^2}{b^2}=1$、(3) 拋

物線 $4py=x^2$ 上的點 $P(x_1,\ y_1)$ 的切線方程式。

[解答] (1) 與橢圓相切的切線方程式……$\dfrac{x_1x}{a^2}+\dfrac{y_1y}{b^2}=1$

例如，與 $\dfrac{x^2}{25}+\dfrac{y^2}{9}=1$ 的點 $P\left(3,\ \dfrac{12}{5}\right)$ 相切的切線為，

$$\frac{3x}{25}+\frac{1}{9}\times\frac{12y}{5}=1 \quad 也就是 \quad y=-\frac{9}{20}x+\frac{15}{4}$$

(2)與雙曲線上的點$P(x_1, y_1)$相切的切線為 $\dfrac{x_1 x}{a^2} - \dfrac{y_1 y}{b^2} = 1$

(3)與拋物線上的點$P(x_1, y_1)$相切的切線為 $2p(y_1 + y) = x_1 x$

阿波羅尼奧斯的圓錐曲線

　　將圓錐平面切開時,「切口」會呈現「橢圓、雙曲線、拋物線」。因此,這三種曲線統稱為圓錐曲線(或阿波羅尼奧斯圓錐曲線)。

　　順帶一提,用與母線不平行的平面切開圓錐時,如果切口只出現在頂點的其中一邊,則切口為橢圓(圖1);若兩側皆出現切口則為雙曲線(圖2);而如果用跟母線平行的平面去切,則會出現拋物線(圖3)。

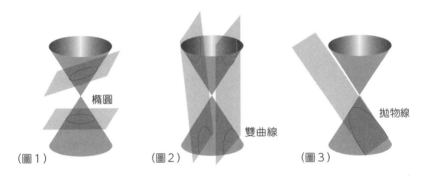

橢圓

雙曲線

拋物線

(圖1)　　　　　(圖2)　　　　　(圖3)

　　圓錐曲線及其基本性質早在古希臘時代便已發現。此後,阿波羅尼奧斯於西元前200年時將這三種曲線統整為『圓錐曲線』;直到中世紀時,克卜勒(1571~1630)才發現天體運行與圓錐曲線的關係。然後,運用笛卡兒(1596~1650)等人想出的解析幾何方法,圓錐曲線才終於如本節所介紹這般用二次曲線來解釋。

§30

利薩茹曲線

曲線 $\begin{cases} x = a\sin(mt+\alpha) \\ y = b\sin(nt+\beta) \end{cases}$ 稱為利薩茹曲線。

其中 a、b、m、n、α、β 為常數，t 為參數。

解說！利薩茹曲線

在 x 軸上運動的動點 P，在 t 時刻時的位置，可表示為 $x = a\sin(mt+\alpha)$ 的運動，稱為**簡諧運動**。簡諧運動，就跟把一顆球綁在半徑 a 的車輪上以等速轉動時，從車輪的同平面觀察到的上下運動相同。a 為振幅，m 是角速度，α 是初始相位，$T = 2\pi/m$ 則是週期。

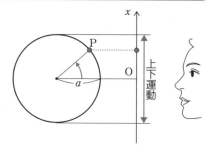

而**利薩茹曲線**就是將在 xy 平面上沿 x 軸方向的簡諧運動 $x = a\sin(mt+\alpha)$，和 y 軸方向的簡諧運動 $y = b\sin(nt+\beta)$ 合成後的圖形。這個曲線是由法國科學家朱爾・利薩茹（1822～1880）所想出來的，現代經常被用於測量頻率等用途。

（注）　因為 x 和 y 是藉由變數 t 決定的，故 t 稱為參數。

●實際看看利薩茹曲線

那麼利薩茹曲線實際看起來是怎樣呢？讓我們用電腦軟體Excel的圖表功能實際畫畫看吧。只要參考下方，分別設定 a、b、m、n、α、β 的

$\begin{cases} x = \sin t \\ y = \sin 2t \end{cases}$

$\begin{cases} x = \sin 2t \\ y = \sin 3t \end{cases}$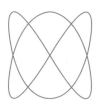

值，就能畫出各種美麗的曲線。

利用單擺描繪利薩茹曲線！

　　單擺運動是一種非常近似簡諧
運動的運動。若單擺的繩長為 l，
則單擺的週期與 $\sqrt{l}$ 成正比。此
外，簡諧運動 $x = a\sin(mt+\alpha)$ 的
週期為 $T = 2\pi/m$。所以，想用單
擺運動實現

$$x = a\sin(mt+\alpha) \quad \cdots\cdots ①$$
$$y = b\sin(nt+\beta) \quad \cdots\cdots ②$$

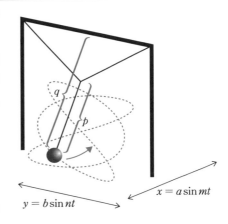

$$x = a\sin mt$$
$$y = b\sin nt$$

這兩個簡諧運動時，只需製作滿足
右圖的

$$p : q = m^2 : n^2$$

的長度為 p、q 的單擺，即可實際畫出利薩茹曲線。

（注） $\sqrt{p} : \sqrt{q} = \dfrac{2\pi}{n} : \dfrac{2\pi}{m} = m : n$　此時 q 為可實現①，p 為可實現②的簡諧運動的單
擺長度。

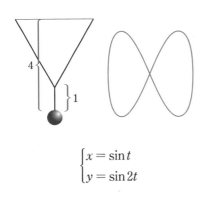

$$\begin{cases} x = \sin t \\ y = \sin 2t \end{cases}$$

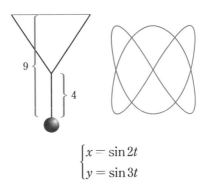

$$\begin{cases} x = \sin 2t \\ y = \sin 3t \end{cases}$$

用 Excel 軟體描繪利薩茹曲線

若具備一定的編撰程式知識，要畫出利薩茹曲線並不是一件難事；但就算沒有相關知識，我們也同樣可用表單軟體 Excel 輕鬆畫出利薩茹曲線。例如要描繪

利薩茹曲線　$x=\sin 2t$、$y=\sin 3t$　　$(0 \leq t \leq 2\pi)$

只須依循下面四個步驟。

輸入「=sin（2＊B3）」

①啟動Excel，在表單內輸入以下數字。

輸入「=sin（3＊B3）」

	A	B	C	D	E
1					
2		t	x	y	
3		0	0	0	
4		0.1	0.198669	0.29552	
5		0.2	0.389418	0.564642	
6		0.3	0.564642	0.783327	
7		0.4	0.717356	0.932039	
8		0.5	0.841471	0.997495	
62		5.9	-0.69353	-0.91258	
63		6	-0.53657	-0.75099	
64		6.1	-0.35823	-0.52231	
65		6.2	-0.1656	-0.24697	
66		6.3	0.033623	0.050423	
67					

從0開始每0.1輸入一格，直到6.3

將C3、D3複製貼上

（注）實際只需輸入幾格，其他複製貼上即可。

②選取輸入sin2t、sin3t 的表格。

	A	B	C	D	E
1					
2		t	x	y	
3		0	0	0	
4		0.1	0.198669	0.29552	
5		0.2	0.389418	0.564642	
6		0.3	0.564642	0.783327	
7		0.4	0.717356	0.932039	
8		0.5	0.841471	0.997495	
62		5.9	-0.69353	-0.91258	
63		6	-0.53657	-0.75099	
64		6.1	-0.35823	-0.52231	
65		6.2	-0.1656	-0.24697	
66		6.3	0.033623	0.050423	
67					

③選擇［插入］標籤內的［散佈圖］中「帶有平滑線的ＸＹ散佈圖」。

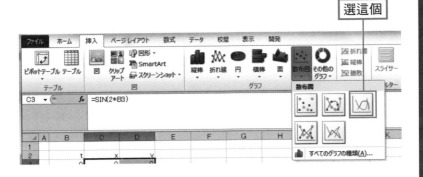

選這個

④最後，就會得到下面的結果。請大家務必試試看。

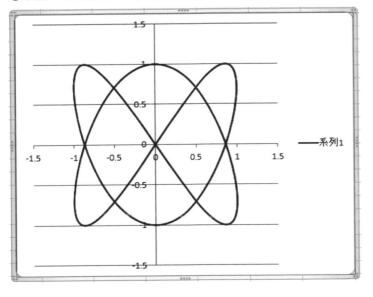

系列1

§31

擺線

將圓放在直線上滾動，圓周上的定點P所畫出的曲線稱為擺線。

右圖座標中的擺線方程式如下。

$$\begin{cases} x = a(\theta - \sin\theta) \\ y = a(1 - \cos\theta) \end{cases}$$

其中，a 為圓的半徑，θ 為圓的旋轉角度。

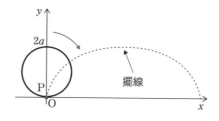

解說！擺線

擺線的形狀看起來就像切片的魚板，而且擺線擁有幾個很有趣的性質。

●等時性

擺線具有名為等時性的性質。也就是在下圖這樣的圖形中，「不論把球放在線上的哪個位置，球到達最底端的點X所需的時間皆相同」的性質。換言之，從A到X的時間，跟從B到X的時間是一樣的。

從A到X，跟從B到X所需的時間皆相同。

●最速下降性

同時在牆壁上建造一個擺線滑梯跟其他任意曲線（包含直線）的滑梯。此時，從右圖的A和B分別把球滑下去，擺線滑梯到達X點的時間永遠是最短的。前提是在有重力作用的環境，且沒有摩擦力的情況。

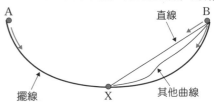

直線

擺線

其他曲線

為何會如此？

接著讓我們看看本節開頭用來表現擺線的方程式吧。

假設半徑 a 的圓的圓心 C，跟圓周上的點 P 最初的位置分別為 $(0, a)$ 及 $(0, 0)$。此圓旋轉 θ 後的點 P 座標為 (x, y)，則根據右圖，以下數學式成立。

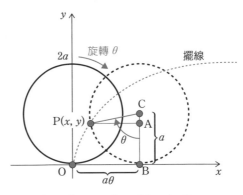

$$x=\text{OB}-\text{PA}=\text{弧PB}-\text{CP}\sin\theta=a\theta-a\sin\theta=a(\theta-\sin\theta)$$
$$y=\text{CB}-\text{CA}=a-\text{CP}\cos\theta=a-a\cos\theta=a(1-\cos\theta)$$

利用擺線的話，從東京到大阪只需10分鐘

在東京和大阪（直線距離約400km）間建造一條擺線形的地下隧道，根據 $2a\pi=400\,\text{km}$，可知其圖形方程式為

$$x = 200(\theta-\sin\theta)/\pi$$
$$y = 200(1-\cos\theta)/\pi$$

（單位為km）

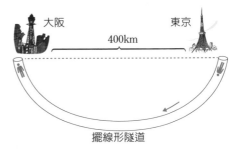

擺線形隧道

若這條隧道內沒有任何摩擦力，只靠自由落體的方式往返東京和大阪，則單程只需要9分30秒左右。

複數與四則運算

> 假設 a、b、c、d 為實數，i 為虛數單位，有兩複數 $a+bi$ 與 $c+di$。此時，複數的加、減、乘、除法定義如下。
>
> (1) $(a+bi)+(c+di)=(a+c)+(b+d)i$
>
> (2) $(a+bi)-(c+di)=(a-c)+(b-d)i$
>
> (3) $(a+bi)(c+di)=(ac-bd)+(ad+bc)i$
>
> (4) $\dfrac{a+bi}{c+di}=\dfrac{ac+bd}{c^2+d^2}+\dfrac{bc-ad}{c^2+d^2}i$

第4章

複數、向量與矩陣

解說！複數的加法、減法、乘法、除法

以字母 i 表示「平方後等於 -1 的數」時，i 稱之為**虛數單位**。換言之，i 就是滿足 $i^2=-1$ 的數。

● $\sqrt{-1}=i$ 乃虛數的基礎

負數 $-a(a>0)$ 的平方根為 $-a=ai^2$，也就是 $\sqrt{a}\,i$ 和 $-\sqrt{a}\,i$ 兩數。因此，我們將虛數定義為對於一正數 a，$\sqrt{-a}=\sqrt{a}\,i$。其中 $\sqrt{-1}=i$。

● 複數是由「實部和虛部」組成的

用兩實數 a、b 寫成 $a+bi$ 表示的數稱為複數。

其中 a 叫做**實部**，b 叫做**虛部**。而複數又依虛部的 b 是否為 0，分成下面幾種。

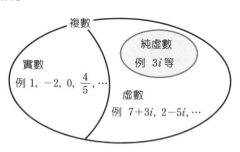

$$\text{複數 } a+bi \text{ (complex number)} \begin{cases} b=0 \text{ 時 } a+bi \text{ 為實數} \\ \quad \text{(real number)} \\ \\ b\neq 0 \text{ 時 } a+bi \text{ 為虛數} \\ \quad \text{(imaginary number)} \end{cases}$$

(注) 其中$a=0$、$b\neq 0$時稱為純虛數。

●複數的相等（分成實部、虛部來想）

假設有兩複數 $a+bi$、$c+di$，當「$a=c$　且　$b=d$」時，我們說「此兩複數相等」，寫成「$a+bi=c+di$」。其中，由於 $0=0+0i$　故以下的同值關係成立。

$$a+bi=0 \quad \Leftrightarrow \quad a=0 \text{ 且 } b=0$$

●複數的四則運算

複數的四則運算一如本節開頭的定義，**只需將虛數單位 i 當成代表實數的代數，然後依循代數的四則運算規則來計算，並將 i^2 換成-1即可。**

按照此複數的四則運算定義，即可知所有複數的集合都在加、減、乘、除法（除了不能除以 0）的範圍內（可以在複數中自由進行），且與加法、乘法有關的交換律與結合律，乘法的分配律等也都適用。

●共軛複數的三個性質

對於複數 $\alpha=a+bi$，將虛部的正負號調換而成的複數 $a-bi$，稱之為 α 的共軛複數，數學符號為 $\overline{\alpha}$。共軛複數具有下列的性質。

(1) 共軛複數的和與積皆為實數。

換言之，$\alpha+\overline{\alpha}=2a$、$\alpha\overline{\alpha}=a^2+b^2$

(2) 複數 α 為實數和虛數的條件如下。

α 為實數的條件　$\Leftrightarrow$　$\alpha=\overline{\alpha}$

α 為純虛數的條件　$\Leftrightarrow$　$\alpha+\overline{\alpha}=0$、$\alpha\neq 0$

(3) 共軛複數的計算

$$\overline{\alpha\pm\beta}=\overline{\alpha}\pm\overline{\beta} \text{、} \overline{\alpha\beta}=\overline{\alpha}\,\overline{\beta} \text{、} \overline{\left(\frac{\alpha}{\beta}\right)}=\frac{\overline{\alpha}}{\overline{\beta}} \quad (\beta\neq 0)$$

●複數的絕對值與高斯平面

　　對於複數 $\alpha = a + bi$，$\sqrt{a^2 + b^2}$ 稱為 α 的**絕對值**，數學符號寫為 $|\alpha|$。絕對值必為 0 以上的實數。

$$|\alpha| = |a+bi| = \sqrt{a^2 + b^2}$$

　　用圖形表示實數時，我們通常會用數直線。然而，要用圖形表示複數 $\alpha = a + bi$，是沒辦法用數直線的。

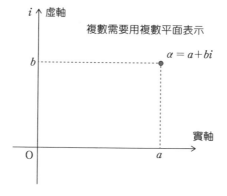

　　所以接著讓我們來看看要如何在座標平面的點 (a, b) 來表示複數 $\alpha = a + bi$。

　　此時，這個平面稱為**複數平面**或**高斯平面**。複數平面上的橫軸代表實數，縱軸上的點代表純虛數。因此橫軸稱為實軸，縱軸稱為虛軸。而代表複數 α 的點就直接叫點 α。

　　用複數平面表示複數，可以加深對複數絕對值和共軛的理解。

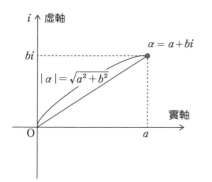

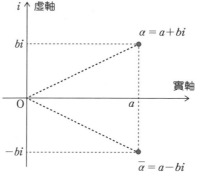

〔例題〕請計算下面的複數。

(1)　$(3+2i)+(5+7i)$　　　　(2)　$(3+2i)-(5+7i)$

(3)　$(3+2i)(5+7i)$　　　　(4)　$\dfrac{2+3i}{2-i}$

[解答]　(1)……$(3+2i)+(5+7i)=(3+5)+(2+7)i=8+9i$

(2)……$(3+2i)-(5+7i)=(3-5)+(2-7)i=-2-5i$

(3)……$(3+2i)(5+7i)=(15-14)+(21+10)i=1+31i$

(4)……$\dfrac{2+3i}{2-i}=\dfrac{(2+3i)(2+i)}{(2-i)(2+i)}=\dfrac{1+8i}{4+1}=\dfrac{1}{5}+\dfrac{8}{5}i$

虛數的發現！

16世紀的義大利數學家拉斐爾・邦貝利注意到了負數平方根的重要性，在歷史上首先定義了「虛數」的意義。考慮到當時的人們連0和負數都不重視，邦貝利的先見性著實令人驚訝。此外，最先將平方後等於 -1 的數用 i 來表示的人則是歐拉（§34）。

§33

極座標形式與棣美弗公式

> 兩複數 z_1、z_2 以極座標表示時的形式如下。
>
> $z_1 = r_1(\cos\theta_1 + i\sin\theta_1)$、$z_2 = r_2(\cos\theta_2 + i\sin\theta_2)$
>
> 此時，
>
> (1)　$z_1 z_2 = r_1 r_2(\cos(\theta_1 + \theta_2) + i\sin(\theta_1 + \theta_2))$
>
> (2)　$\dfrac{z_1}{z_2} = \dfrac{r_1}{r_2}(\cos(\theta_1 - \theta_2) + i\sin(\theta_1 - \theta_2))$
>
> (3)　$(\cos\theta + i\sin\theta)^n = \cos n\theta + i\sin n\theta$……(棣美弗公式)

解說！如何表示複數

以複數 $z = a + bi$ 對應於複數平面上的點為 A，$|z| = OA = r$，以 OA 跟實軸的正數部分的夾角為 θ 時，可表示成

$$z = a + bi = r(\cos\theta + i\sin\theta)$$

這個表現方式稱為複數的**極座標形式**。

此外，θ 稱之為偏角，複數 z 的**偏角**寫成 $\arg z$。換言之 $\theta = \arg z$

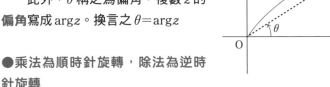

●乘法為順時針旋轉，除法為逆時針旋轉

假設有兩個複數 z_1、z_2，則根據(1)，

$$|z_1 z_2| = |z_1\| z_2| \qquad \arg(z_1 z_2) = \arg z_1 + \arg z_2$$

因此，z_1 乘上 z_2 的圖形，就是 z_1 的絕對值的 $|z_2|$ 倍，並以原點為中心順時針旋轉 $\arg z_2$。

而根據(2)，$\left|\dfrac{z_1}{z_2}\right| = \dfrac{|z_1|}{|z_2|}$　$\arg\left(\dfrac{z_1}{z_2}\right) = \arg z_1 - \arg z_2$

z_1 除以 z_2 的圖形，就是 z_1 的絕對值除以 $|z_2|$ 後，以原點為中心逆時針旋轉 $\arg z_2$。

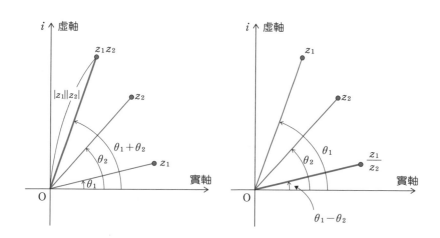

● 乘以 i 即旋轉 $90°$，乘以 -1 則旋轉 $180°$

「複數 z 乘以 i」的意思，根據 $i = \cos\dfrac{\pi}{2} + i\sin\dfrac{\pi}{2}$，即是 $\dfrac{\pi}{2}$，也就是旋轉 $90°$ 的意思。而「複數 z 乘以 -1」的意思，根據 $-1 = \cos\pi + i\sin\pi$，即是 π，也就是旋轉 $180°$ 的意思。根據此結果，可知「實數 a 乘以 -1」，就是在數直線上以原點為中心旋轉 $180°$ 跑到另一側。

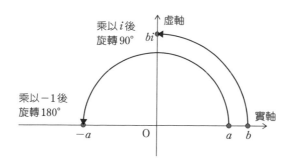

●三角函數的倍角公式可從棣美弗公式輕鬆導出

將 $n=2$ 代入(3)的棣美弗公式後，可得到下面的算式。

$$(\cos\theta + i\sin\theta)^2 = \cos 2\theta + i\sin 2\theta \quad \cdots\cdots\text{①}$$

而將左邊展開後，

$$(\cos\theta + i\sin\theta)^2 = \cos^2\theta - \sin^2\theta + 2i\sin\theta\cos\theta \quad \cdots\cdots\text{②}$$

根據①、②，只觀察實部和虛部，就能得到下面的二倍角公式。

$$\cos 2\theta = \cos^2\theta - \sin^2\theta \ 、\ \sin 2\theta = 2\sin\theta\cos\theta$$

同理，將 $n=3$、$4\cdots\cdots$代入的話，即可得到三倍角、四倍角$\cdots\cdots$的公式了。

為何會如此？

(1)、(2)成立的根據為下面的三角函數的加法定理。

$$\sin(\alpha\pm\beta) = \sin\alpha\cos\beta \pm \cos\alpha\sin\beta \qquad \text{（正負號同順）}$$

$$\cos(\alpha\pm\beta) = \cos\alpha\cos\beta \mp \sin\alpha\sin\beta \qquad \text{（正負號同順）}$$

(1) $z_1 z_2 = r_1 r_2(\cos\theta_1 + i\sin\theta_1)(\cos\theta_2 + i\sin\theta_2)$

$= r_1 r_2\{(\cos\theta_1\cos\theta_2 - \sin\theta_1\sin\theta_2) + i(\cos\theta_1\sin\theta_2 + \sin\theta_1\cos\theta_2)\}$

$= r_1 r_2(\cos(\theta_1 + \theta_2) + i\sin(\theta_1 + \theta_2))$

(2) $\dfrac{z_1}{z_2} = \dfrac{r_1}{r_2}\dfrac{(\cos\theta_1 + i\sin\theta_1)}{(\cos\theta_2 + i\sin\theta_2)}$

$= \dfrac{r_1}{r_2}\dfrac{(\cos\theta_1 + i\sin\theta_1)(\cos\theta_2 - i\sin\theta_2)}{(\cos\theta_2 + i\sin\theta_2)(\cos\theta_2 - i\sin\theta_2)}$

$= \dfrac{r_1}{r_2}\dfrac{\{(\cos\theta_1\cos\theta_2 + \sin\theta_1\sin\theta_2) + i(\sin\theta_1\cos\theta_2 - \cos\theta_1\sin\theta_2)\}}{\cos^2\theta^2 + \sin^2\theta^2}$

$= \dfrac{r_1}{r_2}(\cos(\theta_1 - \theta_2) + i\sin(\theta_1 - \theta_2))$

(3)至於這部分，只要以 $r_1 = r_2 = 1$、$\theta_1 = \theta_2 = \theta$，重複(1)的計算便可得到。
嚴格來說，則要使用數學歸納法（§65）。

〔例題〕請將下列複數表現成極座標形式後計算。

(1) $(1+\sqrt{3}\,i)(\sqrt{3}+i)$ (2) $\dfrac{1+\sqrt{3}\,i}{\sqrt{3}+i}$ (3) $(1+\sqrt{3i})^{300}$

[解答]

(1) $(1+\sqrt{3}\,i)(\sqrt{3}+i)=2\left(\dfrac{1}{2}+\dfrac{\sqrt{3}}{2}i\right)\times 2\left(\dfrac{\sqrt{3}}{2}+\dfrac{1}{2}i\right)$

$=4\left(\cos\dfrac{\pi}{3}+i\sin\dfrac{\pi}{3}\right)\left(\cos\dfrac{\pi}{6}+i\sin\dfrac{\pi}{6}\right)$

$=4\left\{\cos\left(\dfrac{\pi}{3}+\dfrac{\pi}{6}\right)+i\sin\left(\dfrac{\pi}{3}+\dfrac{\pi}{6}\right)\right\}=4\left(\cos\dfrac{\pi}{2}+i\sin\dfrac{\pi}{2}\right)=4i$

(2) $\dfrac{1+\sqrt{3}\,i}{\sqrt{3}+i}=\dfrac{2\left(\dfrac{1}{2}+\dfrac{\sqrt{3}}{2}i\right)}{2\left(\dfrac{\sqrt{3}}{2}+\dfrac{1}{2}i\right)}=\dfrac{\cos\dfrac{\pi}{3}+i\sin\dfrac{\pi}{3}}{\cos\dfrac{\pi}{6}+i\sin\dfrac{\pi}{6}}$

$=\cos\left(\dfrac{\pi}{3}-\dfrac{\pi}{6}\right)+i\sin\left(\dfrac{\pi}{3}-\dfrac{\pi}{6}\right)$

$=\cos\dfrac{\pi}{6}+i\sin\dfrac{\pi}{6}=\dfrac{\sqrt{3}}{2}+\dfrac{1}{2}i$

(3) $(1+\sqrt{3i})^{300}=\left\{2\left(\dfrac{1}{2}+\dfrac{\sqrt{3}}{2}i\right)\right\}^{300}=\left\{2\left(\cos\dfrac{\pi}{3}+i\sin\dfrac{\pi}{3}\right)\right\}^{300}$

$=2^{300}\left(\cos\dfrac{300\pi}{3}+i\sin\dfrac{300\pi}{3}\right)=2^{300}(\cos 100\pi+i\sin 100\pi)$

$=2^{300}(\cos 2\times 50\pi+i\sin 2\times 50\pi)=2^{300}$

　　此外，棣美弗定理也是歐拉推導下一節要介紹的「歐拉公式」時的基本定理。

§34

歐拉公式

$$e^{i\theta} = \cos\theta + i\sin\theta \quad \cdots\cdots①$$

（i為虛數單位，e為納皮爾常數，等於2.71828……）

解說！連接三角函數跟指數函數

這個歐拉公式右邊的 $\cos\theta + i\sin\theta$ 是什麼意思呢？若 θ 為實數，則 $\cos\theta + i\sin\theta$ 就是寫成極座標形式的複數，其絕對值為 1，偏角為 θ（右圖）。由此可知，這個複數是位在複數平面上「以原點為圓心，半徑為 1」的圓的圓周上

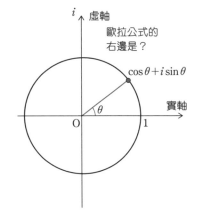

那麼，左邊的 $e^{i\theta}$ 又是什麼意思呢？這個數就是將指數函數 $y = e^x$ 的 x 代入 $i\theta$ 的意思，但這到底是什麼樣的數呢……？對於這問題，歐拉主張「$e^{i\theta}$ 就是 $\cos\theta + i\sin\theta$」。

$e^{i\theta} = \cos\theta + i\sin\theta$ 是複數平面上以原點為中心，半徑為 1 的單位圓周上的複數。那麼，如果把普通複數用指數來表示，會變成什麼樣子呢。普通複數 $z = a + bi$ 的極座標形式寫為 $r(\cos\theta + i\sin\theta)$。故寫成指數就是

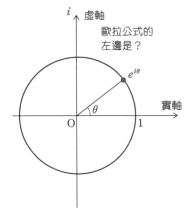

$$z = a + bi = r(\cos\theta + i\sin\theta) = re^{i\theta}$$

此時，$r = |z| = \sqrt{a^2 + b^2}$

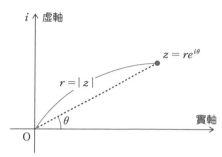

(注) 關於納皮爾常數 e 請參照§67（第196頁）。

●把三角函數改以指數表示

　　歐拉公式①，是用複數世界連接三角函數與指數函數的強力公式。藉由這個公式，在複數的世界，三角函數可以改寫成以下的指數函數。

$$\cos\theta = \frac{e^{i\theta} + e^{-i\theta}}{2} \ 、\ \sin\theta = \frac{e^{i\theta} - e^{-i\theta}}{2i}$$

　　三角函數可用微分或積分改變形式，但指數函數 e^x 的形式是不能改變的（參照下記）。

$$(\sin x)' = \cos x \ 、\ (\cos x)' = -\sin x \ 、\ (e^x)' = e^x$$

　　藉由這個歐拉公式，便能用指數函數代替 sin 和 cos 的計算，使複雜的三角函數計算變得簡單。

為何會如此？

　　歐拉公式成立的原因我們會在§76用**泰勒展開式**介紹。這裡我們將用棣美弗定理（§33）推導歐拉公式。但這並不是證明。

　　根據棣美弗定理，對於一整數 n，成立下列等式。

$$(\cos\theta + i\sin\theta)^n = \cos n\theta + i\sin n\theta \quad \cdots\cdots②$$

$$(\cos\theta - i\sin\theta)^n = \cos n\theta - i\sin n\theta \quad \cdots\cdots③ \quad （注1）$$

根據②＋③、②－③

$$\cos n\theta = \frac{1}{2}\{(\cos\theta+i\sin\theta)^n+(\cos\theta-i\sin\theta)^n\} \quad \cdots\cdots④$$

$$i\sin n\theta = \frac{1}{2}\{(\cos\theta+i\sin\theta)^n-(\cos\theta-i\sin\theta)^n\} \quad \cdots\cdots⑤$$

這裡，若加上 $x=n\theta$，則④、⑤可寫成

$$\cos x = \frac{1}{2}\left\{\left(\cos\frac{x}{n}+i\sin\frac{x}{n}\right)^n+\left(\cos\frac{x}{n}-i\sin\frac{x}{n}\right)^n\right\} \quad \cdots\cdots⑥$$

$$i\sin x = \frac{1}{2}\left\{\left(\cos\frac{x}{n}+i\sin\frac{x}{n}\right)^n-\left(\cos\frac{x}{n}-i\sin\frac{x}{n}\right)^n\right\} \quad \cdots\cdots⑦$$

根據⑥＋⑦，

$$\cos x+i\sin x = \left(\cos\frac{x}{n}+i\sin\frac{x}{n}\right)^n$$

$n\to\infty$ 時 $\dfrac{x}{n}\to 0$

同時，$\dfrac{x}{n}\fallingdotseq 0$ 時，$\cos\dfrac{x}{n}\fallingdotseq 1$、$\sin\dfrac{x}{n}\fallingdotseq\dfrac{x}{n}$

$$\cdots\cdots（函數的一次近似（§75））$$

因此，當 $n\to\infty$ 時，

$$\cos x+i\sin x = \lim_{n\to\infty}\left(1+i\frac{x}{n}\right)^n \quad \cdots\cdots⑧$$

此時，$\displaystyle\lim_{n\to\infty}\left(1+\frac{x}{n}\right)^n = e^x \quad \cdots\cdots⑨ \quad （注2）$

然後，將 ix 代入 x，$\displaystyle\lim_{n\to\infty}\left(1+\frac{ix}{n}\right)^n = e^{ix} \quad \cdots\cdots⑩$

根據⑧與⑩，可導出　歐拉公式　$\cos x+i\sin x = e^{ix} \quad \cdots\cdots①$

（注1）將 $-\theta$ 代入②的 θ，

$$(\cos(-\theta)+i\sin(-\theta))^n = \cos(-n\theta)+i\sin(-n\theta) \quad \cdots\cdots③$$

由於 $\cos$ 為偶函數　$\cos(-\theta)=\cos\theta$、$\cos(-n\theta)=\cos n\theta$
由於 $\sin$ 為偶函數　$\sin(-\theta)=-\sin\theta$、$\sin(-n\theta)=-\sin n\theta$

(注2) 此時，根據 $\lim\limits_{n\to\infty}\left(1+\dfrac{1}{n}\right)^{n}=e(=2.71828\cdots)$ （§67）

$$\lim_{n\to\infty}\left(1+\frac{x}{n}\right)^{n}=\lim_{n\to\infty}\left(1+\frac{x}{n}\right)^{\frac{n}{x}x}=\lim_{\frac{n}{x}\to\infty}\left\{\left(1+\frac{x}{n}\right)^{\frac{n}{x}}\right\}^{x}=e^{x}$$

算算看就懂了！

(1) 將 π 代入歐拉公式的 θ，可得到下面的算式。

$$e^{i\pi}=\cos\pi+i\sin\pi=-1 \quad 換言之 \quad e^{i\pi}=-1$$

這個算式稱為「**歐拉恆等式**」，是用來表示圓周率 π 和納皮爾常數 e，以及虛數單位 i 的關係。

(2) $\dfrac{d}{dx}e^{ix}=\dfrac{d}{dt}e^{t}\dfrac{dt}{dx}=e^{t}\times i=ie^{ix} \qquad (t=ix)$

這個函數就跟用 x 對 $\cos x+i\sin x$ 微分得到的結果一樣。

歐拉公式是最美妙的數學公式？

發現歐拉公式的人，是18世紀最偉大的數學家和物理學家，瑞士裔的李昂哈德・歐拉（1707～1783）。在量子力學領域得到諾貝爾獎的理查・費曼曾讚譽歐拉公式是「人類的至寶」，更認為歐拉公式是「所有數學公式中最美妙的一個」。

§35

向量的定義

> 帶有大小和方向的量稱為向量。向量的表現形式有幾何表示和代數表示兩種。

向量的①幾何表示

如右圖用箭頭來表示「大小」和「方向」的方式，稱為向量的幾何表示。

此外，對於兩個向量 $\vec{a}$、$\vec{b}$，$\vec{a}+\vec{b}$、$-\vec{a}$、$\vec{a}-\vec{b}$ 的運算規則如下圖所示。

同時，對於 $\vec{a}$，方向相反的向量稱為逆向量，符號寫成「$-\vec{a}$」。而大小為 0 的向量則稱零向量，符號寫成「$\vec{0}$」。

大小 $|\vec{a}|$　方向
$\vec{a}$

向量的幾何表示

(1)　向量的和

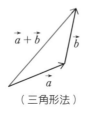

（三角形法）

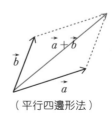

（平行四邊形法）

(2)　逆向量

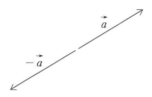

(3)　向量的差

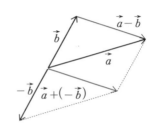

⑷　向量的 k 倍

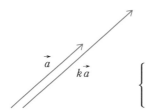

$$\begin{cases} k>0\text{時與 }\vec{a}\text{ 的方向相同，故大小為}k\text{倍} \\ k=0\text{時為零向量} \\ k<0\text{時方向相反，故大小為}-k\text{倍} \end{cases}$$

向量的②代數表示

平面上的任意向量 $\vec{a}$，可用基向量 $\vec{e_1}$、$\vec{e_2}$（與座標軸同方向，大小為1的向量）表示為

$$\vec{a} = a_1\vec{e_1} + a_2\vec{e_2}$$

此時，用基向量的係數 a_1、a_2 寫成 $\vec{a}=(a_1,\ a_2)$ 時，就是向量的代數表示。

對於兩向量 $(a_1,\ a_2)$、$(b_1,\ b_2)$，向量的和、逆向量、向量的差以及向量的 k 倍計算方式如下。

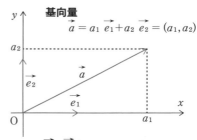

基向量

$$\vec{a} = a_1\vec{e_1} + a_2\vec{e_2} = (a_1, a_2)$$

$\vec{e_1}$、$\vec{e_2}$為方向與座標軸相同且大小為1的向量（稱為基向量）

⑴　向量的和　　$(a_1,\ a_2)+(b_1,\ b_2)=(a_1+b_1,\ a_2+b_2)$

⑵　逆向量　　$-(a_1,\ a_2)=(-a_1,\ -a_2)$

⑶　向量的差　　$(a_1,\ a_2)-(b_1,\ b_2)=(a_1-b_1,\ a_2-b_2)$

⑷　向量的 k 倍　　$k(a_1,\ a_2)=(ka_1,\ ka_2)$

⑸　向量的大小　　$\vec{a}=(a_1,\ a_2)$ 時 $|\vec{a}|=\sqrt{a_1{}^2+a_2{}^2}$

§36

向量的線性獨立

對於存在於平面上不是零向量的兩向量 $\vec{a}$、$\vec{b}$，若二者不是平行關係，則我們說此兩向量為線性獨立。另外，此時平面上任意向量 $\vec{p}$ 可用實數 m、n 表示為

$$\vec{p} = m\vec{a} + n\vec{b}$$

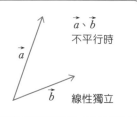

$\vec{a}$、$\vec{b}$
不平行時

線性獨立

解說！線性獨立與線性相依

當兩向量 $\vec{a}$、$\vec{b}$ 平行時，假設存在某實數 s，可寫成 $\vec{a} = s\vec{b}$ （右圖）。此時因為一者依存（從屬）於另一者，所以我們說這兩個向量 $\vec{a}$、$\vec{b}$ 為線性相依的關係。

然而，當 $\vec{a}$ 和 $\vec{b}$ 不平行的時候，就無法將一方寫為另一方的實數倍。此時，因為兩者沒有依存關係，所以稱之為線性獨立。平面上的任意向量，一定可以寫成兩個線性獨立的向量的實數倍之和。

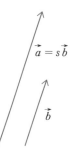

$\vec{a} = s\vec{b}$

$\vec{b}$

為何會如此？

將 $\vec{p}$ 和 $\vec{a}$、$\vec{b}$ 的起點全部拉到座標平面的原點上，此時由於 $\vec{a}$、$\vec{b}$ 兩向量不平行，所以可以畫出如右圖般的平行四邊形 ODPC。同時，

$$\overrightarrow{OC} /\!/ \overrightarrow{OA} \quad 故 \quad \overrightarrow{OC} = m\vec{a}$$
$$\overrightarrow{OD} /\!/ \overrightarrow{OB} \quad 故 \quad \overrightarrow{OD} = n\vec{b}$$

因此，此向量可寫成

$$\vec{p} = \overrightarrow{OC} + \overrightarrow{OD} = m\vec{a} + n\vec{b}$$

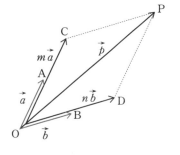

用代數表示也能解釋！

兩向量 $\vec{a}=(1,\,2)$、$\vec{b}=(2,\,1)$ 不平行，故為線性獨立。此時，對於任意向量 $\vec{p}=(s,\,t)$ 可用實數 m、n 表示成 $\vec{p}=m\vec{a}+n\vec{b}$

$$\vec{p}=m\vec{a}+n\vec{b}$$

因此可得

$$(s,\,t)=m(1,\,2)+n(2,\,1)=(m+2n,\,2m+n)$$

故

$$m+2n=s\,、2m+n=t\quad\cdots\cdots①$$

求出聯立方程式中 m、n 的解

$$m=\frac{2t-s}{3}\,、n=\frac{2s-t}{3}\quad\cdots\cdots②$$

故可寫成

$$\vec{p}=\frac{2t-s}{3}\vec{a}+\frac{2s-t}{3}\vec{b}$$

（注）不是 $\vec{0}$ 的 $\vec{a}$、$\vec{b}$ 兩向量不互相平行時，我們稱之為線性獨立。在上面的計算過程中，可以從①導出②是因為 $\vec{a}$ 跟 $\vec{b}$ 為線性獨立。

§37

向量的內積

(1)　假設兩向量 $\vec{a}$ 和 $\vec{b}$ 的夾角為 θ，則 $\vec{a}$、$\vec{b}$ 的內積定義為 $|\vec{a}\,\|\,\vec{b}\,|\cos\theta$，寫成 $\vec{a}\cdot\vec{b}$。
　　換言之，$\vec{a}\cdot\vec{b}=|\vec{a}\,\|\,\vec{b}\,|\cos\theta$

(2)　假設有兩向量 $\vec{a}=(a_1,\ a_2)$ 和 $\vec{b}=(b_1,\ b_2)$ 時，

$$\vec{a}\cdot\vec{b}=a_1 b_1+a_2 b_2$$

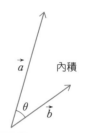

內積

解說！何謂內積和外積？

　　兩向量 $\vec{a}$、$\vec{b}$ 的夾角 θ，就是將這兩個向量的起點放在原點時形成的角。而兩向量 $\vec{a}$ 和 $\vec{b}$ 的內積，一如從定義可看出，並不是一個向量。而會變成普通的數值（純量）。此外，向量的乘法除了內積，還有外積。

為何會如此？

　　下圖中存在兩個向量 $\overrightarrow{OA}=\vec{a}=(a_1,\ a_2)$、$\overrightarrow{OB}=\vec{b}=(b_1,\ b_2)$，此兩向量的夾角為 θ。對圖中的三角形 OAB 使用餘弦定理（§24），

$$AB^2=OA^2+OB^2-2OA\cdot OB\cos\theta$$

將此式改寫成代數表示後，

$$(a_1-b_1)^2+(a_2-b_2)^2$$
$$=a_1{}^2+a_2{}^2+b_1{}^2+b_2{}^2-2|\vec{a}\,\|\,\vec{b}\,|\cos\theta$$

接著將此式展開整理，

$$|\vec{a}\,\|\,\vec{b}\,|\cos\theta=a_1 b_1+a_2 b_2$$

根據內積的定義　$\vec{a}\cdot\vec{b}=|\vec{a}\,\|\,\vec{b}\,|\cos\theta$，便可得到 $\vec{a}\cdot\vec{b}=a_1 b_1+a_2 b_2$

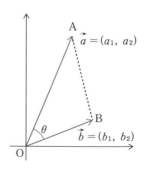

算算看就懂了！

(1)　根據內積的定義 $\vec{a} \cdot \vec{b} = |\vec{a}\,\|\,\vec{b}\,| \cos\theta$ 和 $\vec{a} \cdot \vec{b} = a_1 b_1 + a_2 b_2$ 可得

到公式　$\cos\theta = \dfrac{a_1 b_1 + a_2 b_2}{\sqrt{a_1{}^2 + a_2{}^2}\sqrt{b_1{}^2 + b_2{}^2}}$。運用此公式，只要知道兩個向量

的座標，即可算出向量的夾角。

　　例如，假設有 $\vec{a} = (3, \sqrt{3}\,)$ 與 $\vec{b} = (\sqrt{3}, 3)$ 兩向量，則兩者的夾角

θ 就是，

$$\cos\theta = \frac{\vec{a} \cdot \vec{b}}{|\vec{a}\,\|\,\vec{b}\,|} = \frac{3\sqrt{3} + 3\sqrt{3}}{\sqrt{9+3}\sqrt{3+9}} = \frac{6\sqrt{3}}{12} = \frac{\sqrt{3}}{2}$$

根據上式，可知 $\theta = 30°$。

(2)　讓我們用內積表現向量的垂直條件。

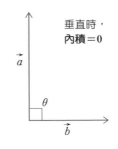

垂直時，
內積＝0

　　若兩向量 $\vec{a} \cdot \vec{b}$ 垂直，代表 θ 為直角，$\cos\theta = 0$，

故內積也是 0。

　　因此，

　　　「$\vec{a}$、$\vec{b}$ 的內積為 0　$\Leftrightarrow$　$\vec{a} \perp \vec{b}$」

這是被用在很多領域的重要公式。

　　此外，內積在物理學的世界就相當於「**功**」。換

言之，

　　　力的移動方向的正射影($|\vec{f}\,|\cos\theta$)×移動距離($|\vec{s}\,|$)

　　　　　　　　　　　　　　　　　　＝內積($\vec{f} \cdot \vec{s}$)

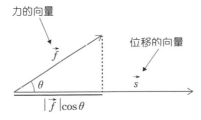

力的向量

位移的向量

$|\vec{f}\,|\cos\theta$

物理學的「功」即是向量的內積

§38

分點公式

假設2點A、B的位置向量為 $\vec{a}$、$\vec{b}$，則將線段AB切分成 $m:n$ 的點P的位置向量 $\vec{p}$ 可寫成以下關係式。

$$\vec{p} = \frac{m\vec{b} + n\vec{a}}{m+n} \cdots\cdots ①$$

此時，

P為內分點時，m 與 n 正負號相同。

P為外分點時，m 與 n 正負號相反。

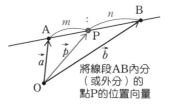

將線段AB內分
（或外分）的
點P的位置向量

解說！內分點與外分點

將平面或空間固定於一點O時，我們將此點稱為**原點**。此時對於平面或空間內的任意點P，$\overrightarrow{OP}$ 一定只有唯一一個。而 $\overrightarrow{OP}$ 就稱為點P的**位置向量**。

●何謂內分點

當點P位於線段 AB 上，且 $AP:PB = m:n$ 時，我們就說P點是「將線段 AB 內分為 $m:n$ 的點（**內分點**）」。

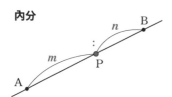

將線段 AB 內分成 $m:n$
（將線段 BA 內分成 $n:m$）

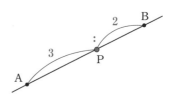

將線段 AB 內分成 $3:2$
（將線段 BA 內分成 $2:3$）

●何謂外分點

　　當點P位於線段 AB 的延長線上，且AP：PB＝m：n時，我們就說P點是「將線段 AB 外分為 m：n 的點（**外分點**）」。依照 m 與 n 的大小關係，線段 AB 的延長線方向也不相同。

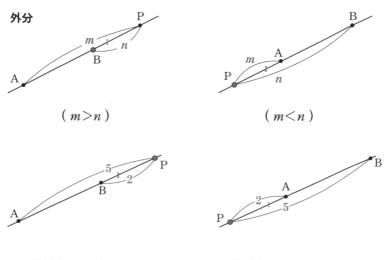

將線段 AB 外分成 5：2　　　　將線段 AB 外分成 2：5
（將線段 BA 外分成 2：5)　　　（將線段 BA 外分成 5：2)

　　另外，當點P為線段 AB 的外分點時，以 A 為起點，沿著 APB 的順序行走時，會先走到 AB 的延長線上後才回到B。因此「將線段 AB **外分**為 m：n」的意思，就等於「將線段 AB **切分**成 m：$-n$」或「將線段 AB **切分**成 $-m$：n」，可以改用負數來表示。

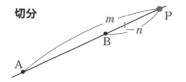
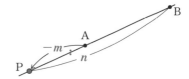

(1) 內分為 $m:n$

　　m、n 皆為正數時，

$$\vec{p} = \vec{a} + \overrightarrow{AP} = \vec{a} + \frac{m}{m+n}\overrightarrow{AB}$$

$$= \vec{a} + \frac{m}{m+n}(\vec{b} - \vec{a})$$

$$= \frac{(m+n)\vec{a} + m(\vec{b} - \vec{a})}{m+n} = \frac{m\vec{b} + n\vec{a}}{m+n}$$

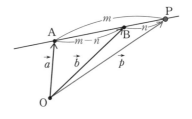

　　此時，

$$\frac{m\vec{b} + n\vec{a}}{m+n} = \frac{(-m)\vec{b} + (-n)\vec{a}}{(-m)+(-n)}$$

　　故，①在 m 和 n 皆為負數時也成立。

(2) 外分為 $m:n$

　　假設 $m > n > 0$，則將 AB 外分為 $m:n$ 時，B 就相當於將線段 AP 內分為 $m-n:n$ 的點。故，

$$\vec{b} = \frac{(m-n)\vec{p} + n\vec{a}}{(m-n)+n}$$

　　解開此式中的 $\vec{p}$，$\vec{p} = \dfrac{m\vec{b} - n\vec{a}}{m-n}$　……②

　　當 $n > m > 0$，將 AB 外分為 $m:n$ 的時候也一樣，解開後可得 $\vec{p} = \dfrac{-m\vec{b} + n\vec{a}}{-m+n}$。此外，由於 $\dfrac{m\vec{b} - n\vec{a}}{m-n} = \dfrac{-m\vec{b} + n\vec{a}}{-m+n}$，故②就相當於 m 和 n 正負號相反（m 或 n 任一者為正為負皆可）的①。

　　根據(1)和(2)，不論是內分或外分，分點皆可用①來表示。在數學上，這種在有形世界乍看是不同的東西，數學上卻可用同一個數學式來描述的情況並不罕見。這也是數學的美麗之處。

●用座標表示分點的位置

分點公式①可以改成代數表示，分點也能用座標來標示。例如當 $\vec{p}=(x, y)$、$\vec{a}=(x_1, y_1)$、$\vec{b}=(x_2, y_2)$，①的代數表示就是，

$$x=\frac{mx_2+nx_1}{m+n}、y=\frac{my_2+ny_1}{m+n} \quad\cdots\cdots④$$

當 $\vec{p}=(x, y, z)$、$\vec{a}=(x_1, y_1, z_1)$、$\vec{b}=(x_2, y_2, z_2)$，①的代數表示就是，

$$x=\frac{mx_2+nx_1}{m+n}、y=\frac{my_2+ny_1}{m+n}、z=\frac{mz_2+nz_1}{m+n} \quad\cdots\cdots⑤$$

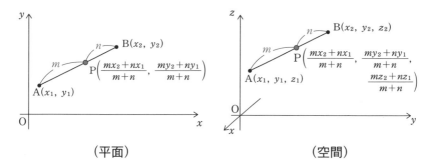

（平面）　　　　　　　　　　　　　（空間）

〔例題〕假設平面座標上有兩點 A(1, 2)、B(4, 3)，點P為將線段 AB 分為 3：2 的內分點，點Q為將線段 AB 分為 3：2 的外分點，請用代數表示這兩點的位置向量。

[解答] 假設點A、B、P、Q的位置向量分別為 $\vec{a}$、$\vec{b}$、$\vec{p}$、$\vec{q}$，則

當 $m=3$、$n=2$ 時，

$$\vec{p}=\frac{3\vec{b}+2\vec{a}}{3+2}=\frac{3(4, 3)+2(1, 2)}{5}=\frac{(12, 9)+(2, 4)}{5}$$
$$=\frac{(14, 13)}{5}=\left(\frac{14}{5}, \frac{13}{5}\right)$$

當 $m=3$、$n=-2$ 時，

$$\vec{q}=\frac{3\vec{b}-2\vec{a}}{3-2}=\frac{3(4, 3)-2(1, 2)}{1}=(12, 9)-(2, 4)=(10, 5)$$

§39

平面圖形的向量方程式

(1) 以點C為中心，半徑 r 的圓的
向量方程式為
$$|\vec{p}-\vec{c}|=r$$

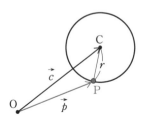

(2) 通過點A與 $\vec{e}$ 平行的直線 l 的
向量方程式為
$$\vec{p}=\vec{a}+t\vec{e} \quad (t\text{為任意實數})$$

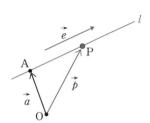

(3) 通過點A與 $\vec{n}$ 垂直的直線 l 的
向量方程式為
$$(\vec{p}-\vec{a})\cdot\vec{n}=0$$

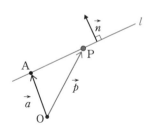

解說！向量的方程式

圖形F上的任意點 P 的位置向量 $\vec{p}$ 必須滿足的向量間關係（條件）式，稱為圖形F的向量方程式。

代數表示的向量方程式，就是 xy 平面上的 x 和 y 的關係方程式。例如，(2)的向量方程式用 $\vec{p}=(x, y)$、$\vec{a}=(x_1, y_1)$、$\vec{e}=(h, k)$ 寫成代數表示時如下。

$$(x, y)=(x_1, y_1)+t(h, k)=(x_1+th, y_1+tk)$$

然後，直線的方程式可用任意實數 t 表示成

$$x = x_1 + th$$
$$y = y_1 + tk$$
（t 為任意實數）

這裡的 t 稱為**參數**。消去這兩式中的 t 後，若 h、k 皆不是 0，

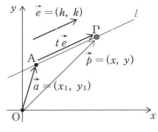

根據 $t = \dfrac{x - x_1}{h}$、$t = \dfrac{y - y_1}{k}$　可得　$\dfrac{x - x_1}{h} = \dfrac{y - y_1}{k}$

為何會如此？

關於(1)的部分，不論 P 在圓周上的哪處，$\overrightarrow{PC}$ 的大小都是 r。因此，$|\overrightarrow{CP}| = r$，可得 $|\vec{p} - \vec{c}| = r$

(2)的部分，因為不論 P 在直線 l 上的哪處，$\overrightarrow{OP} = \overrightarrow{OA} + \overrightarrow{AP}$，故可用適當的實數 t 寫成 $\vec{p} = \vec{a} + t\vec{e}$

(3)的部分，因為不論 P 在直線 l 上的哪處，$\overrightarrow{AP} \perp \vec{n}$，故 $\overrightarrow{AP} \cdot \vec{n} = 0$（向量的內積§37）。因此，$(\vec{p} - \vec{a}) \cdot \vec{n} = 0$ 成立。

〔例題〕請以 xy 方程式，表示以點 C$(3, 2)$ 為中心，半徑為 5 的圓。

[解答] 這個圓的向量方程式為 $|\vec{p} - \vec{c}| = r$。此處的 $\vec{p}$ 為圓上任意點的位置向量，$\vec{c}$ 為點 C 的位置向量。這個方程式中，若 $\vec{p} = (x, y)$、$\vec{c} = (3, 2)$、$r = 5$

根據 $\vec{p} - \vec{c} = (x - 3, y - 2)$　可得　$\sqrt{(x-3)^2 + (y-2)^2} = 5$

兩邊同時平方後，

$$(x-3)^2 + (y-2)^2 = 5^2$$

此即該圓的 xy 方程式。

§40

立體圖形的向量方程式

對於三次元空間中的球面、直線、平面的向量方程式

(1) 以點C為中心，半徑為r的球面的
向量方程式為
$$| \vec{p} - \vec{c} | = r$$

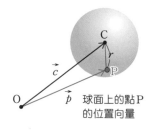

球面上的點P
的位置向量

(2) 通過點A，與$\vec{e}$平行的直線l的
向量方程式為
$$\vec{p} = \vec{a} + t\vec{e} \quad (t為任意實數)$$
(注) $\vec{e}$稱為直線l的方向向量。

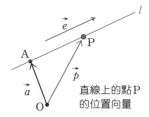

直線上的點P
的位置向量

(3) 通過點A，與$\vec{n}$垂直的平面α的
向量方程式為
$$(\vec{p} - \vec{a}) \cdot \vec{n} = 0$$
(注) $\vec{n}$稱為平面α的法線向量。

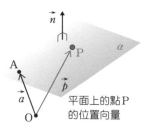

平面上的點P
的位置向量

解說！空間圖形的向量

(1)就跟前一節的圓的向量方程式相同。因為若以一通過C點的平面切過球面，其切面必然是圓形（次頁的左圖）。而(2)雖是直線的向量方程式，但在平面和立體空間都是一樣的。(3)則跟前一節的直線向量方程式相同。因為平面切過平面時，其切口必然是直線（次頁右圖）。

此處，我們介紹了三個典型圖形的向量方程式，每種圖形表現方式都很簡單。用代數表示這三種向量方程式後，會得到由 x、y、z 組成的方程式。

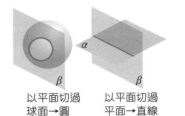

以平面切過
球面→圓

以平面切過
平面→直線

為何會如此？

關於(1)的部分，不論P在球面上的哪個位置，$\overrightarrow{PC}$ 的大小皆為 r。故可由 $|\overrightarrow{CP}| = r$ 得到 $|\vec{p} - \vec{c}| = r$

(2)的部分，不論P在直線 l 上的哪個位置，$\overrightarrow{OP} = \overrightarrow{OA} + \overrightarrow{AP}$，故可用適當的實數 t 寫成 $\vec{p} = \vec{a} + t\vec{e}$

(3)的部分，不論P在平面 α 上的哪個位置，因 $\overrightarrow{AP} \perp \vec{n}$，故 $\overrightarrow{AP} \cdot \vec{n} = 0$（向量的內積§37）。因此，$(\vec{p} - \vec{a}) \cdot \vec{n} = 0$ 成立。

此外(3)的情況，若 $\vec{p} = (x, y, z)$、$\vec{a} = (a_1, a_2, a_3)$、$\vec{n} = (h, k, j)$，將向量方程式用代數表示可得 $h(x-a_1) + k(y-a_2) + j(z-a_3) = 0$。由此可知，三次元座標空間中的平面方程式為 x、y、z 的一次方程式。

〔例題〕請寫出通過點 $A(4, 5, 6)$，與 $\vec{n} = (1, 2, 3)$ 垂直的平面的 x、y、z 方程式。

[解答] 向量方程式為 $(\vec{p} - \vec{a}) \cdot \vec{n} = 0$ ……①。此時，因
$\vec{p} = (x, y, z)$、$\vec{a} = (4, 5, 6)$、$\vec{p} - \vec{a} = (x-4, y-5, z-6)$
故根據①，
$$1 \times (x-4) + 2(y-5) + 3(z-6) = 0$$
將此式整理後，便可得到下列的結果。
$$\therefore \quad x + 2y + 3z - 32 = 0$$

§41

與兩向量垂直的向量

三次元空間中，下面的向量 $\vec{c}$ 為與兩向量

$$\vec{a}=(a_1,\ a_2,\ a_3) \cdot \vec{b}=(b_1,\ b_2,\ b_3)$$

垂直的向量。

$$\vec{c}=(a_2 b_3-a_3 b_2,\ a_3 b_1-a_1 b_3,\ a_1 b_2-a_2 b_1)\ \cdots\cdots①$$

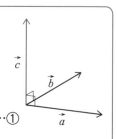

解說！空間中的垂直關係？

由兩向量 $\vec{a}$、$\vec{b}$ 畫出的上述的 $\vec{c}$ 的元素，因為太過複雜，所以就算寫出來，一下子也讓人摸不著頭緒。因此，各位只要掌握下圖的關係即可。

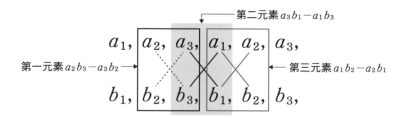

(注) 使用下節介紹的矩陣（§42）來表示，則寫成 $\vec{c}=\left(\begin{vmatrix} a_2 & a_3 \\ b_2 & b_3 \end{vmatrix}, \begin{vmatrix} a_3 & a_1 \\ b_3 & b_1 \end{vmatrix}, \begin{vmatrix} a_1 & a_2 \\ b_1 & b_2 \end{vmatrix}\right)$

為何會如此？

這裡，為了確定是否 $\vec{a}\perp\vec{c}$ 且 $\vec{b}\perp\vec{c}$，我們首先要計算 $\vec{a}\perp\vec{c}$ 的內積。

$$\vec{a}\cdot\vec{c}=a_1(a_2 b_3-a_3 b_2)+a_2(a_3 b_1-a_1 b_3)+a_3(a_1 b_2-a_2 b_1)$$
$$=a_1 a_2 b_3-a_1 a_3 b_2+a_2 a_3 b_1-a_2 a_1 b_3+a_3 a_1 b_2-a_3 a_2 b_1=0$$

由此，可知 $\vec{a}\perp\vec{c}$。同理，依據 $\vec{b}\cdot\vec{c}=0$ 可確定 $\vec{b}\perp\vec{c}$。

〔例題〕請求與 $\vec{a} = (1, 2, 3)$ 和 $\vec{b} = (-2, 4, 5)$ 垂直的向量。

[解答] 套用前頁的公式①，

$$(2\times5-3\times4, 3\times(-2)-1\times5, 1\times4-2\times(-2)) = (-2, -11, 8)$$

● 什麼是外積？

向量既然有內積，那麼有所謂的「**外積**」也沒什麼好訝異的。實際上，外積也的確存在。那麼，外積究竟是什麼呢？

現在，假設有兩向量 $\vec{a} = (a_1, a_2, a_3)$、$\vec{b} = (b_1, b_2, b_3)$，則此兩向量的內積為，

$$\vec{a} \cdot \vec{b} = | \vec{a} \| \vec{b} | \cos\theta = a_1 b_1 + a_2 b_2 + a_3 b_3$$

相對地，$\vec{a}$ 和 $\vec{b}$ 的外積則是，

$$(a_2 b_3 - a_3 b_2, \ a_3 b_1 - a_1 b_3, \ a_1 b_2 - a_2 b_1)$$

表示成 $\vec{a} \times \vec{b}$。這恰恰就是①的向量。

此時，外積 $\vec{a} \times \vec{b}$ 的方向，就像右圖中右手的拇指、食指、中指互相垂直時的關係，當拇指朝向 $\vec{a}$，食指朝向 $\vec{b}$ 時，「中指所指的方向就是外積 $\vec{a} \times \vec{b}$ 的方向」。

同時，外積 $\vec{a} \times \vec{b}$ 的大小與 $\vec{a}$ 和 $\vec{b}$ 拉出的平行四邊形面積相等。不知這樣大家是否掌握到外積的概念了呢。

另外，$\vec{a} \times \vec{b} = -\vec{b} \times \vec{a}$

右手

$\vec{c} =$ 外積 $(\vec{a} \times \vec{b})$

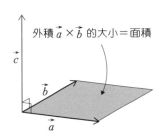

外積 $\vec{a} \times \vec{b}$ 的大小＝面積

§42

矩陣的計算規則

(1)　矩陣就是將多個數排成長方形的表單形式。而列數為 m、行數為 n 的矩陣，就稱為 $m \times n$ 的矩陣。

(2)　矩陣的加、減、乘法等定義分別如下。

　(甲)　k 倍：矩陣的 k（實數）倍就是各元素乘以 k 倍

　(乙)　加法：對應位置之元素和

　(丙)　減法：對應位置之元素差

　(丁)　乘法：$m \times n$ 的矩陣 A 跟 $n \times l$ 的矩陣 B 的積為 $m \times l$ 的矩陣 C，其中的元素 ij 為矩陣 A 的第 i 列向量與矩陣 B 的第 j 行向量的內積。

解說！行列為「矩陣」？

　　(1)的定義乍看很難懂，但其實**矩陣**就是「把數字排成長方形狀」。只要看看下面的例子就一目瞭然了。

$$2 \times 3 的矩陣 \begin{pmatrix} 2 & -3 & 5 \\ -7 & 1 & 8 \end{pmatrix} \qquad 2 \times 2 的矩陣 A = \begin{pmatrix} a & b \\ c & d \end{pmatrix}$$

　　其中，橫向的數列稱為**列**，縱向的數列稱為**行**。此外，矩陣的 i 列稱為第 i 列向量，j 行稱為第 j 行向量，i 列 j 行的元素則稱 ij 元素。

　　而(2)則定義了矩陣間的計算規則。和跟差的部分應該很容易理解，但運用了向量內積（§37）的積的定義，乍看之下可能比較不直觀。不過，只要習慣後，大家就會理解這個定義的美妙之處了。

●用具體的例子熟悉矩陣的運算規則

　　要理解(2)的矩陣計算規則，運用下面的例子就很足夠了。

(甲)　k 倍的例子　$3\begin{pmatrix} a & b & c \\ d & e & f \end{pmatrix} = \begin{pmatrix} 3a & 3b & 3c \\ 3d & 3e & 3f \end{pmatrix}$

(乙)　加法的例子　$\begin{pmatrix} a & b & c \\ d & e & f \end{pmatrix} + \begin{pmatrix} p & q & r \\ s & t & u \end{pmatrix} = \begin{pmatrix} a+p & b+q & c+r \\ d+s & e+t & f+u \end{pmatrix}$

　　　　　　　　(注) 和的部分適用交換率。

(丙)　減法的例子　$\begin{pmatrix} a & b & c \\ d & e & f \end{pmatrix} - \begin{pmatrix} p & q & r \\ s & t & u \end{pmatrix} = \begin{pmatrix} a-p & b-q & c-r \\ d-s & e-t & f-u \end{pmatrix}$

(丁)　乘法的例子　$\begin{pmatrix} a & b & c \\ d & e & f \end{pmatrix} \begin{pmatrix} p & q \\ r & s \\ t & u \end{pmatrix} = \begin{pmatrix} ap+br+ct & aq+bs+cu \\ dp+er+ft & dq+es+fu \end{pmatrix}$

　　上述(丁)中的乘法寫成 $AB=C$ 時，例如 C 的 1×2 元素就是 A 的第1列向量 $(a \quad b \quad c)$ 跟 B 的第2行向量 $\begin{pmatrix} q \\ s \\ u \end{pmatrix}$ 的內積（對應位置之元素的積之和）；換句話說，就是 $aq+bs+cu$。

$$\begin{pmatrix} a & b & c \\ d & e & f \end{pmatrix} \begin{pmatrix} p & q \\ r & s \\ t & u \end{pmatrix} = \begin{pmatrix} ap+br+ct & aq+bs+cu \\ dp+er+ft & dq+es+fu \end{pmatrix}$$

　　這裡要注意的是，A 的行數跟 B 的列數不相等的話，就無法進行 AB 的加法。此外，就算 AB 或 BA 可以相乘，$AB=BA$ 也不一定成立。換言之，**乘法的交換律並不適用**。不過，乘法的分配律、結合律都適用。也就是說，對於可以相乘的矩陣，

$$A(B+C)=AB+AC \text{、} (A+B)C=AC+BC \text{、} (AB)C=A(BC)$$

●特殊的矩陣

零矩陣：所有的元素都是0的矩陣。

零矩陣寫做O，在數字的世界相當於0。

例如　$O = \begin{pmatrix} 0 & 0 & 0 \\ 0 & 0 & 0 \end{pmatrix}$

方陣：列數與行數相等的矩陣。

單位矩陣：ii元素為1，其他元素為0的方陣。

單位矩陣寫成E，在數字的世界相當於1。

例如　$E = \begin{pmatrix} 1 & 0 \\ 0 & 1 \end{pmatrix}$

算算看就懂了！

(1)　當$A = \begin{pmatrix} 1 & 0 \\ 1 & 0 \end{pmatrix}$、$B = \begin{pmatrix} 0 & 0 \\ 1 & 0 \end{pmatrix}$時

$$AB = \begin{pmatrix} 1 & 0 \\ 1 & 0 \end{pmatrix}\begin{pmatrix} 0 & 0 \\ 1 & 0 \end{pmatrix} = \begin{pmatrix} 0 & 0 \\ 0 & 0 \end{pmatrix}$$

$$BA = \begin{pmatrix} 0 & 0 \\ 1 & 0 \end{pmatrix}\begin{pmatrix} 1 & 0 \\ 1 & 0 \end{pmatrix} = \begin{pmatrix} 0 & 0 \\ 1 & 0 \end{pmatrix}$$

由此例可知，「即使$AB = O$，也不一定代表$A = O$或$B = O$」。此外，滿足「$A \neq O$、$B \neq O$、$AB = O$」的A、B，稱為**零因子**。

(2)　聯立方程式 $\begin{cases} ax + by = s \\ cx + dy = t \end{cases}$ 用矩陣表達可寫成 $\begin{pmatrix} a & b \\ c & d \end{pmatrix}\begin{pmatrix} x \\ y \end{pmatrix} = \begin{pmatrix} s \\ t \end{pmatrix}$

若以$A = \begin{pmatrix} a & b \\ c & d \end{pmatrix}$、$X = \begin{pmatrix} x \\ y \end{pmatrix}$、$B = \begin{pmatrix} s \\ t \end{pmatrix}$，則可寫成$AX = B$

聯立方程式只要寫成矩陣，就能轉換成一次方程式的形式。

參考

像矩陣又不是矩陣的「行列式」

　　矩陣就是排成長方形的數組，而將正方形的矩陣轉換成純量後，則叫行列式。

●二階行列式

　　$2×2$ 的矩陣 $A = \begin{pmatrix} a_{11} & a_{12} \\ a_{21} & a_{22} \end{pmatrix}$ 的行列式為 $a_{11}a_{22} - a_{12}a_{21}$，簡寫為 $|A|$。換言之，

$$\begin{vmatrix} a_{11} & a_{12} \\ a_{21} & a_{22} \end{vmatrix} = a_{11}a_{22} - a_{12}a_{21}$$

●三階行列式

　　$3×3$ 的矩陣 $A = \begin{pmatrix} a_{11} & a_{12} & a_{13} \\ a_{21} & a_{22} & a_{23} \\ a_{31} & a_{32} & a_{33} \end{pmatrix}$ 的行列式為

$a_{11}a_{22}a_{33} + a_{12}a_{23}a_{31} + a_{13}a_{21}a_{32} - a_{13}a_{22}a_{31} - a_{11}a_{23}a_{32} - a_{12}a_{21}a_{33}$，
簡寫為 $|A|$。換言之，

$$\begin{vmatrix} a_{11} & a_{12} & a_{13} \\ a_{21} & a_{22} & a_{23} \\ a_{31} & a_{32} & a_{33} \end{vmatrix} = \begin{matrix} a_{11}a_{22}a_{33} + a_{12}a_{23}a_{31} + a_{13}a_{21}a_{32} \\ -a_{13}a_{22}a_{31} - a_{11}a_{23}a_{32} - a_{12}a_{21}a_{33} \end{matrix}$$

行列式的轉換法可以用「薩呂法則」來記憶。

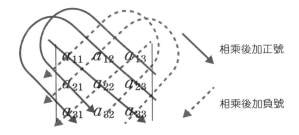

相乘後加正號

相乘後加負號

§43

逆矩陣的公式

對於 $A = \begin{pmatrix} a & b \\ c & d \end{pmatrix}$

(1) 若 $ad-bc \neq 0$，則存在逆矩陣　$A^{-1} = \dfrac{1}{ad-bc} \begin{pmatrix} d & -b \\ -c & a \end{pmatrix}$

(2) 若 $ad-bc=0$，則不存在逆矩陣。

解說！什麼是逆矩陣？

對於方陣 A，滿足　$AX=XA=E$　的矩陣 X 稱為矩陣 A 的逆矩陣，寫成 A^{-1}。換句話說，

$$A^{-1}A = A\,A^{-1} = E$$

其中，E 為**單位矩陣**。而擁有逆矩陣的矩陣則叫**非奇異方陣**。

另外，$ad-bc$ 為矩陣 A 的行列式 $|A|$（§42）。因此，矩陣 A 為非奇異方陣的條件，可寫成 $|A| \neq 0$

逆矩陣就相當於數字世界的倒數。由於「除法就相當於乘以某數的倒數」，故「乘以逆矩陣」就相當於矩陣的除法。

為何會如此？

若 $X = \begin{pmatrix} x & y \\ u & v \end{pmatrix}$，則根據 $AX=E$

$$\begin{pmatrix} a & b \\ c & d \end{pmatrix}\begin{pmatrix} x & y \\ u & v \end{pmatrix} = \begin{pmatrix} ax+bu & ay+bv \\ cx+du & cy+dv \end{pmatrix} = \begin{pmatrix} 1 & 0 \\ 0 & 1 \end{pmatrix}$$

故，

$ax+bu=1$ ……① 　　　$ay+bv=0$ ……②

$cx+du=0$ ……③ 　　　$cy+dv=1$ ……④

根據　①×d－③×b　可得　$(ad-bc)x=d$　　　……⑤

根據　①×c－③×a　可得　$(ad-bc)u=-c$　　……⑥

根據 ②×d－④×b 可得 $(ad-bc)y=-b$ ……⑦

根據 ②×c－④×a 可得 $(ad-bc)v=a$ ……⑧

(i) 此時，若 $ad-bc\neq0$ 則根據⑤、⑥、⑦、⑧，

$$x=\frac{d}{ad-bc} \text{、} y=\frac{-b}{ad-bc} \text{、} u=\frac{-c}{ad-bc} \text{、} v=\frac{a}{ad-bc}$$

故，$X=\begin{pmatrix} x & y \\ u & v \end{pmatrix}=\frac{1}{ad-bc}\begin{pmatrix} d & -b \\ -c & a \end{pmatrix}$

另外，由上式計算即可知道 $XA=E$ 成立。

(ii) 若 $ad-bc=0$ 則滿足⑤、⑥、⑦、⑧的 x、y、u、v 除了 $a=b=c=d=0$ 的情況外並不存在。然而，此時由於 $A=O$，所以也不存在滿足 $AX=XA=E$ 的 X。

(注) 所有 n 階的方陣，都可能存在逆矩陣。只是不像二階矩陣那麼容易判斷。

〔例題〕請計算 $A=\begin{pmatrix} 1 & 2 \\ 3 & 4 \end{pmatrix}$ 的逆矩陣。

[解答] 根據逆矩陣的公式，可用下列方法算出。

$$A^{-1}=\frac{1}{1\times4-2\times3}\begin{pmatrix} 4 & -2 \\ -3 & 1 \end{pmatrix}=\frac{-1}{2}\begin{pmatrix} 4 & -2 \\ -3 & 1 \end{pmatrix}$$

$$=\begin{pmatrix} -2 & 1 \\ \frac{3}{2} & \frac{-1}{2} \end{pmatrix}$$

§44

矩陣和聯立方程式

二元一次聯立方程式

$$\begin{cases} ax+by=p \\ cx+dy=q \end{cases}$$ 可寫成 $\begin{pmatrix} a & b \\ c & d \end{pmatrix}\begin{pmatrix} x \\ y \end{pmatrix}=\begin{pmatrix} p \\ q \end{pmatrix}$

(1) 當 $ad-bc\neq 0$ 時 $\begin{pmatrix} x \\ y \end{pmatrix}=\begin{pmatrix} a & b \\ c & d \end{pmatrix}^{-1}\begin{pmatrix} p \\ q \end{pmatrix}$

(2) 當 $ad-bc=0$ 時則「無限多組解」或「無解」。

解說！聯立方程式的機械式解法！

聯立方程式只要寫成矩陣就能簡潔地表達。此時，若以

$$A=\begin{pmatrix} a & b \\ c & d \end{pmatrix}、X=\begin{pmatrix} x \\ y \end{pmatrix}、B=\begin{pmatrix} p \\ q \end{pmatrix} \quad \cdots\cdots ①$$

則聯立方程式可寫成 $AX=B$。當然，這不限於二元一次的聯立方程式。對於所有 n 元一次聯立方程式也都適用。因此，解聯立方程式，就相當於求滿足 $AX=B$ 的 X，從結果來說，只需要找出未知係數的矩陣 A 的逆矩陣 A^{-1} 就行了。

這是一個非常不得了的發現，代表任何人都可以用機械式的方法解開聯立方程式。

●2×2矩陣的逆矩陣A^{-1}

2×2 的矩陣 $A=\begin{pmatrix} a & b \\ c & d \end{pmatrix}$ 的逆矩陣A^{-1}，當 $ad-bc\neq 0$時為

$$A^{-1}=\frac{1}{ad-bc}\begin{pmatrix} d & -b \\ -c & a \end{pmatrix}$$

(參照§43)。

為何會如此？

只要運用前頁的①，便能將二元一次聯立方程式寫成 $AX=B$。因此，當 $ad-bc \neq 0$ 時，矩陣 A 擁有逆矩陣 A^{-1}，所以我們可將 $AX=B$ 左右同乘以 A^{-1}。

$$A^{-1}AX = A^{-1}B \quad 則 \quad X = A^{-1}B$$

而當 $ad-bc=0$ 時，依照 a、b、c、d、p、q 的具體值，答案可能是**無限多組解**（有解但不一定只有一組）或**無解**（不存在解）。

〔例題〕請運用矩陣解開下面的聯立方程式。

(1) $\begin{cases} x+2y=3 \\ 3x+4y=5 \end{cases}$ (2) $\begin{cases} x+2y=3 \\ 2x+4y=6 \end{cases}$ (3) $\begin{cases} x+2y=3 \\ 2x+4y=5 \end{cases}$

〔解答〕

(1) $ad-bc = 1 \times 4 - 2 \times 3 \neq 0$

$$\begin{pmatrix} x \\ y \end{pmatrix} = \begin{pmatrix} 1 & 2 \\ 3 & 4 \end{pmatrix}^{-1} \begin{pmatrix} 3 \\ 5 \end{pmatrix} = \frac{1}{1 \times 4 - 2 \times 3} \begin{pmatrix} 4 & -2 \\ -3 & 1 \end{pmatrix} \begin{pmatrix} 3 \\ 5 \end{pmatrix}$$

$$= \frac{-1}{2} \begin{pmatrix} 4 \times 3 - 2 \times 5 \\ -3 \times 3 + 1 \times 5 \end{pmatrix} = \frac{-1}{2} \begin{pmatrix} 2 \\ -4 \end{pmatrix} = \begin{pmatrix} -1 \\ 2 \end{pmatrix}$$

(2) $ad-bc = 1 \times 4 - 2 \times 2 = 0$

$$\begin{cases} x+2y=3 \\ 2x+4y=6 \end{cases} \Leftrightarrow \begin{cases} x+2y=3 \\ x+2y=3 \end{cases} \Leftrightarrow x+2y=3$$

滿足此條件的解為無限多組解　$y=t$、$x=3-2t$　（t 可為任意數）

(3) $ad-bc = 1 \times 4 - 2 \times 2 = 0$

$$\begin{cases} x+2y=3 \\ 2x+4y=5 \end{cases} \Leftrightarrow \begin{cases} 2x+4y=6 \\ 2x+4y=5 \end{cases}$$

滿足此條件的解不存在。換言之，無解。

§45

矩陣與線性變換

(1) 將平面上的點 $\begin{pmatrix} x \\ y \end{pmatrix}$ 移動到點 $\begin{pmatrix} x' \\ y' \end{pmatrix}$ 的變換式可寫成

$$\begin{pmatrix} x' \\ y' \end{pmatrix} = \begin{pmatrix} a & b \\ c & d \end{pmatrix} \begin{pmatrix} x \\ y \end{pmatrix} \quad \cdots\cdots \text{①}$$

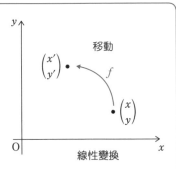

這個變換式 f 稱為線性變換。

(2) 典型的線性變換公式
線性變換的特徵依矩陣 A 而異。

① 對 x 軸鏡像移動　$A = \begin{pmatrix} 1 & 0 \\ 0 & -1 \end{pmatrix}$

② 對 y 軸鏡像移動　$A = \begin{pmatrix} -1 & 0 \\ 0 & 1 \end{pmatrix}$

③ 對直線 $y=x$ 軸的鏡像移動　$A = \begin{pmatrix} 0 & 1 \\ 1 & 0 \end{pmatrix}$

④ 對原點鏡像移動　$A = \begin{pmatrix} -1 & 0 \\ 0 & -1 \end{pmatrix}$

⑤ 恆等變換（移動到自己的位置）　$A = \begin{pmatrix} 1 & 0 \\ 0 & 1 \end{pmatrix}$

⑥ 以原點為中心變成 k 倍　$A = \begin{pmatrix} k & 0 \\ 0 & k \end{pmatrix}$

⑦ 以原點為中心旋轉 θ　$A = \begin{pmatrix} \cos\theta & -\sin\theta \\ \sin\theta & \cos\theta \end{pmatrix}$

解說！表示點移動的線性變換

若 $A = \begin{pmatrix} a & b \\ c & d \end{pmatrix}$、$\vec{u} = \begin{pmatrix} x \\ y \end{pmatrix}$、$\vec{u'} = \begin{pmatrix} x' \\ y' \end{pmatrix}$，則①可寫成 $\vec{u'} = A\vec{u}$。此時，該矩陣稱之為矩陣 A 的**線性變換**矩陣。線性變換不限於在平面上的點移動，在三次元空間中的線性變換矩陣就是三階方陣，表示三次元空間中點的移動。

為何會如此？

接著讓我們來看看前一頁的公式⑦吧。若

$$x = r\cos\alpha \text{、} y = r\sin\alpha$$

則此點繞著原點旋轉 θ 後的位置可寫成

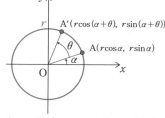

$$x' = r\cos(\alpha+\theta) \qquad y' = r\sin(\alpha+\theta)$$

根據三角函數的加法定理，

$$x' = r\cos(\alpha+\theta) = r\cos\alpha\cos\theta - r\sin\alpha\sin\theta = x\cos\theta - y\sin\theta$$
$$y' = r\sin(\alpha+\theta) = r\sin\alpha\cos\theta + r\cos\alpha\sin\theta = y\cos\theta + x\sin\theta$$

故 $\begin{pmatrix} x' \\ y' \end{pmatrix} = \begin{pmatrix} \cos\theta & -\sin\theta \\ \sin\theta & \cos\theta \end{pmatrix}\begin{pmatrix} x \\ y \end{pmatrix}$

〔例題〕請求點 $(3, 4)$ 繞著原點旋轉 $60°$ 後的位置 (x, y)。

[解答] 套用⑦的公式後，可得到以下結果。

$$\begin{pmatrix} x \\ y \end{pmatrix} = \begin{pmatrix} \cos\left(\dfrac{\pi}{3}\right) & -\sin\left(\dfrac{\pi}{3}\right) \\ \sin\left(\dfrac{\pi}{3}\right) & \cos\left(\dfrac{\pi}{3}\right) \end{pmatrix}\begin{pmatrix} 3 \\ 4 \end{pmatrix} = \begin{pmatrix} \dfrac{3-4\sqrt{3}}{2} \\ \dfrac{3\sqrt{3}+4}{2} \end{pmatrix}$$

特徵值和特徵向量

(1) 對於 $A = \begin{pmatrix} a & b \\ c & d \end{pmatrix}$，若存在某向量 $\vec{u}\,(\neq 0)$，且 $A\vec{u} = k\vec{u}$

(k 為數字)時，則 k 稱之為矩陣 A 的**特徵值**，而 $\vec{u}$ 為對於特徵值 k 的**特徵向量**。

(2) 矩陣 $A = \begin{pmatrix} a & b \\ c & d \end{pmatrix}$ 的特徵值 k 即為下列二次方程式的解。

$$k^2 - (a+d)k + (ad-bc) = 0 \quad \cdots\cdots ①$$

解說！特徵向量的求法！

對不是零向量的向量 $\vec{u}$ 進行線性變換 f 後，變成自身的 k 倍時，k 稱之為**特徵值**，$\vec{u}$ 則稱為特徵向量。畫成圖形就如右邊的圖所示。

⑵說明了要求出特徵值 k，只需解開①的方程式即可。此外，這個①就稱為矩陣 A 的**特徵方程式**（**特徵多項式**）。

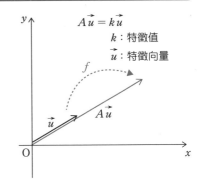

●用行列式表示特徵方程式

矩陣 A 的特徵方程式可用行列式（§42）寫成 $|A - kE| = 0$。假設 E 為單位矩陣。因此

$$|A - kE| = \begin{vmatrix} a-k & b \\ c & d-k \end{vmatrix} = (a-k)(d-k) - bc$$

$$= k^2 - (a+d)k + ad - bc = 0$$

為何會如此？

讓我們仔細看看前一頁的(2)中的公式①。

根據 $A\vec{u}=k\vec{u}$，可得到 $A\vec{u}-k\vec{u}=(A-kE)\vec{u}=\vec{0}$。滿足此式的 $\vec{u}(\neq 0)$ 若要存在，就不能存在 $A-kE=\begin{pmatrix} a-k & b \\ c & d-k \end{pmatrix}$ 的逆矩陣。這是因為若存在逆矩陣，在 $(A-kE)\vec{u}=\vec{0}$ 的等號兩邊同乘以逆矩陣後，就會變成 $\vec{u}=\vec{0}$。因此，

$$(a-k)(d-k)-bc=0$$

如此便可得到①了。

〔例題〕請求 $A=\begin{pmatrix} 1 & 1 \\ -2 & 4 \end{pmatrix}$ 的特徵值和特徵向量。

[解答] 根據特徵值方程式，$k^2-5k+6=(k-2)(k-3)=0$　$k=2,3$

當 $k=2$ 時，由 $\begin{pmatrix} 1 & 1 \\ -2 & 4 \end{pmatrix}\begin{pmatrix} x \\ y \end{pmatrix}=2\begin{pmatrix} x \\ y \end{pmatrix}$ 可得 $y-x=0$　故特徵向量為 $\begin{pmatrix} t \\ t \end{pmatrix}$

當 $k=3$ 時，由 $\begin{pmatrix} 1 & 1 \\ -2 & 4 \end{pmatrix}\begin{pmatrix} x \\ y \end{pmatrix}=3\begin{pmatrix} x \\ y \end{pmatrix}$ 可得 $y-2x=0$　故特徵向量為 $\begin{pmatrix} t \\ 2t \end{pmatrix}$

不可或缺的工具：特徵值和特徵向量

特徵值和特徵向量不限於二階方陣，也適用於普通的 n 階方陣。這兩個概念，從歷史的角度來看，其實原本是在微分方程式等非矩陣的領域中誕生的。換言之，是在18世紀以後，白努利、達朗貝爾、歐拉等數學和物理學家在研究弦的運動時，才發現了特徵值的問題。

現代在自然科學、資訊工學、統計學、微分方程式、向量解析等眾多領域中，特徵值和特徵向量已是不可或缺的重要工具。

矩陣的 n 次公式

> 矩陣 A 的特徵值為兩個相異實數時，可用下面的方式計算得出 A^n。
>
> (i) 先求出 A 的特徵值 α、β 與特徵向量 $\begin{pmatrix} p_1 \\ p_2 \end{pmatrix}$、$\begin{pmatrix} q_1 \\ q_2 \end{pmatrix}$。
>
> (ii) $A^n = \begin{pmatrix} p_1 & q_1 \\ p_2 & q_2 \end{pmatrix} \begin{pmatrix} \alpha^n & 0 \\ 0 & \beta^n \end{pmatrix} \begin{pmatrix} p_1 & q_1 \\ p_2 & q_2 \end{pmatrix}^{-1}$

解說！「矩陣的 n 次方」公式

譬如，要思考某點重複進行 n 次線性變換 f 後移動到什麼位置時，就需要計算代表線性變換 f 的矩陣 A 與 A^n。只要找出矩陣 A 的特徵值和特徵向量，就能運用此公式求出 A^n。本節我們雖然只以 2×2 的矩陣為例，但這個原理亦可延伸至 n 階的方陣。

為何會如此？

若矩陣 $A = \begin{pmatrix} a & b \\ c & d \end{pmatrix}$ 的特徵值為相異實數 α、β，對於特徵值 α、β 的特徵向量為 $\begin{pmatrix} p_1 \\ p_2 \end{pmatrix}$、$\begin{pmatrix} q_1 \\ q_2 \end{pmatrix}$，則以 $P = \begin{pmatrix} p_1 & q_1 \\ p_2 & q_2 \end{pmatrix}$，可得 $P^{-1}AP = \begin{pmatrix} \alpha & 0 \\ 0 & \beta \end{pmatrix}$（證明省略）。這個定理是**對角矩陣**（列號與行號相異的元素全部為 0），也就是對角化時不可或缺的定理，只要使用對角矩陣，就能用下面的方式求出 A^n。

若以 $B = P^{-1}AP = \begin{pmatrix} \alpha & 0 \\ 0 & \beta \end{pmatrix}$ 則 $B^2 = \begin{pmatrix} \alpha & 0 \\ 0 & \beta \end{pmatrix} \begin{pmatrix} \alpha & 0 \\ 0 & \beta \end{pmatrix} = \begin{pmatrix} \alpha^2 & 0 \\ 0 & \beta^2 \end{pmatrix}$

由此可知 $B^n = \begin{pmatrix} \alpha^n & 0 \\ 0 & \beta^n \end{pmatrix}$

此時，由 $B = P^{-1}AP$ 可推出

$$B^2 - P^{-1}APP^{-1}AP = P^{-1}A^2P$$

$$B^3 = B^2B = P^{-1}A^2PP^{-1}AP = P^{-1}A^3P$$

....

....

$$B^n = B^{n-1}B = P^{-1}A^{n-1}PP^{-1}AP = P^{-1}A^nP$$

故 $A^n = PB^nP^{-1}$

〔例題〕當 $A = \begin{pmatrix} 1 & 1 \\ -2 & 4 \end{pmatrix}$ 時，請問 A^n 為何？

[解答] 此矩陣的特徵值和特徵向量如下（§46）。

特徵值為 2，特徵向量為 $\begin{pmatrix} t \\ t \end{pmatrix}$；特徵值為 3，特徵向量為 $\begin{pmatrix} t \\ 2t \end{pmatrix}$。

這裡，我們為了簡單呈現，直接以 $\begin{pmatrix} 1 \\ 1 \end{pmatrix}$ 和 $\begin{pmatrix} 1 \\ 2 \end{pmatrix}$ 為特徵向量，則

$$A^n = \begin{pmatrix} 1 & 1 \\ 1 & 2 \end{pmatrix}\begin{pmatrix} 2^n & 0 \\ 0 & 3^n \end{pmatrix}\begin{pmatrix} 1 & 1 \\ 1 & 2 \end{pmatrix}^{-1} = \begin{pmatrix} 1 & 1 \\ 1 & 2 \end{pmatrix}\begin{pmatrix} 2^n & 0 \\ 0 & 3^n \end{pmatrix}\begin{pmatrix} 2 & -1 \\ -1 & 1 \end{pmatrix}$$

$$= \begin{pmatrix} 2^n & 3^n \\ 2^n & 2\times3^n \end{pmatrix}\begin{pmatrix} 2 & -1 \\ -1 & 1 \end{pmatrix} = \begin{pmatrix} 2^{n+1}-3^n & -2^n+3^n \\ 2^{n+1}-2\times3^n & -2^n+2\times3^n \end{pmatrix}$$

此外，上面的計算中雖然使用了特定值的特徵向量，但就算用 $\begin{pmatrix} s \\ s \end{pmatrix}$、

$\begin{pmatrix} t \\ 2t \end{pmatrix}$ 來計算，結果也是一樣。

§48

凱萊－哈密頓定理

當 $A = \begin{pmatrix} a & b \\ c & d \end{pmatrix}$ 時　$A^2-(a+d)A+(ad-bc)E=O$ ……①

解說！求矩陣的 n 次方和逆矩陣時可用到的定理

①稱之為**凱萊－哈密頓定理**，對於任意的二階方陣 A 都適用。此處，對於上述的二階方陣 A，

$$f(x)=x^2-(a+d)x+(ad-bc)=0$$

稱為**特徵方程式**或**特徵多項式**。由此，①可寫成

$$f(A)=A^2-(a+d)A+(ad-bc)E=O$$

這項定理在計算 A^n 或逆矩陣 A^{-1} 時都會用到。

為何會如此？

①的**凱萊－哈密頓定理**成立的原因很簡單。只要將①的左邊用代數表示，計算一下就知道了。

$$A^2-(a+d)A+(ad-bc)E$$
$$=\begin{pmatrix} a & b \\ c & d \end{pmatrix}\begin{pmatrix} a & b \\ c & d \end{pmatrix}-(a+d)\begin{pmatrix} a & b \\ c & d \end{pmatrix}+(ad-bc)\begin{pmatrix} 1 & 0 \\ 0 & 1 \end{pmatrix}=\cdots=O$$

〔例題〕請簡化下列的矩陣。

$$\begin{pmatrix} 3 & -1 \\ 5 & -2 \end{pmatrix}^3+2\begin{pmatrix} 3 & -1 \\ 5 & -2 \end{pmatrix}^2-3\begin{pmatrix} 3 & -1 \\ 5 & -2 \end{pmatrix}-\begin{pmatrix} 1 & 0 \\ 0 & 1 \end{pmatrix}$$

[解答] 若以 $A=\begin{pmatrix} 3 & -1 \\ 5 & -2 \end{pmatrix}$，則原式可寫成　A^3+2A^2-3A-E　，根據凱萊－哈密頓定理，

$$A^2-A-E=O$$

故，　$A^2 = A + E$　然後將其重複代入原式，

$$A^3 + 2A^2 - 3A - E = A(A+E) + 2(A+E) - 3A - E$$
$$= A^2 + A + 2A + 2E - 3A - E$$
$$= A + E + E = A + 2E$$
$$= \begin{pmatrix} 3 & -1 \\ 5 & -2 \end{pmatrix} + 2\begin{pmatrix} 1 & 0 \\ 0 & 1 \end{pmatrix} = \begin{pmatrix} 5 & -1 \\ 5 & 0 \end{pmatrix}$$

另外，也可以運用整式的除法，求出商和餘式後用下面的方法來解。

$$x^3 + 2x^2 - 3x - 1 = (x^2 - x - 1)(x+3) + x + 2$$

利用 $x^2 - x - 1 = 0$，可得　$A^3 + 2A^2 - 3A - E = A + 2E$

參考

n 階方陣的凱萊－哈密頓定理

　　凱萊－哈密頓定理不只限於二階方陣。對於一般的 n 階方陣 A 也成立。換言之，由矩陣 $A - xE$ 的行列式 $|A - xE|$（§42）為 0 的矩陣 A 的特徵方程式 $|A - xE| = 0$，可得到 n 次方程式

$$f(x) = x^n + a_{n-1}x^{n-1} + \cdots\cdots + a_1 x + a_0 = 0$$

將 A 代入上面的 x，並將 a_0 換成 $a_0 E$ 後，下式成立。

$$f(A) = A^n + a_{n-1}A^{n-1} + \cdots\cdots + a_1 A + a_0 E = O$$

　　另外，發現這個定理的人，雖然一般認為是英國的阿瑟·凱萊（1821～1895），但凱萊本人卻表示自己的研究晚於愛爾蘭的威廉·盧雲·哈密頓（高次複數四元數的發現者，1805～1865），因此學界也有些人依照兩人的時間順序，稱此定理為哈密頓－凱萊定理。

函數圖形的平移公式

將函數　$y=f(x)$　……①的圖形沿 x 軸方向平行移動 p，沿 y 軸方向平行移動 q 後的圖形，其函數為

$$y=f(x-p)+q \quad \cdots\cdots ②$$

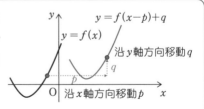

解說！圖形的平移

兩變數 x、y 之間，存在某種對應關係，當 x 為特定值時，y 也對應於特定的值，此時我們就說「y 是 x 的函數」，寫成 $y=f(x)$。而上述的②就是函數圖形的平移公式，是種經常會用到的公式。

這個公式②中，由於只是沿 y 軸方向平移 q，所以很好理解為什麼是「$+q$」；但沿 x 軸方向的平移就很容易搞錯。明明是沿 x 軸方向平移 p，為什麼在②中卻是「$-p$」呢？關於這一點，我們會在之後〔為何會如此〕的單元中解釋。

另外，要背下這個平移公式，將②變形為

$$y-q=f(x-p) \quad \cdots\cdots ③$$

或許會更好記。因為沿 x 軸方向平移 p 的意思，就是將 $y=f(x)$ 的 x 換成 $x-p$；同樣地，沿 y 軸方向平移 q，就是將 $y=f(x)$ 中的 y 換成 $y-q$，可將兩者的替換規則統一為「減法」。

為何會如此？

因為同時解釋 x 和 y 會讓人混亂，所以此處我們分開來介紹。

(1) 沿 x 軸方向平移 p

函數 $y=f(x)$ 的圖形沿 x 軸方向平移 p 後的圖形若表示成函數 $y=g(x)$，當 $x=a$ 時，$y=g(x)$ 的函數值 $g(a)$，和 $x=a-p$ 時 $y=f(x)$ 的函數值 $f(a-p)$ 相同。換句話說，

$$g(a)=f(a-p)$$

這對任意的 a 皆成立，故把 a 換成 x，

$$g(x)=f(x-p)$$
$$\therefore \quad y=g(x)=f(x-p)$$

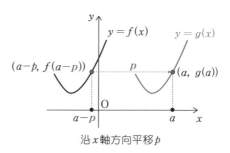

沿 x 軸方向平移 p

(2) 沿 y 軸方向平移 q

將函數 $y=f(x)$ 的圖形沿 y 軸方向平移 q 後的圖形以函數表示成 $y=g(x)$，則 $g(x)=f(x)+q$，

$$y=g(x)=f(x)+q$$

由(1)、(2)即可推出平移公式②。

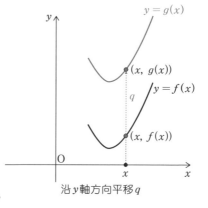

沿 y 軸方向平移 q

函數圖形的平移公式

算算看就懂了！

(1) 將二次函數 $y=x^2$ 的圖形沿 x 軸方向平移 2，沿 y 軸方向平移 3 後的圖形表示成函數，則依據公式②，可得到 $y=(x-2)^2+3$

(2) 將分數函數 $y=\dfrac{x-5}{x+2}$ 的圖形沿 x 軸方向平移 -3，沿 y 軸方向平移 -7 後的圖形表示成函數時，只需將 $x-(-3)=x+3$ 代入 x，然後 y 減去 7，可得到

$$y=\frac{(x+3)-5}{(x+3)+2}-7=\frac{x-2}{x+5}-7$$

一次函數的圖形

一次函數 $y=ax+b$ 的圖形是如下圖般的直線。

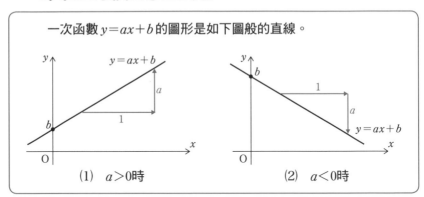

(1)　$a>0$時　　　　(2)　$a<0$時

解說！用「斜率和截距」決定

一次函數的圖形是很單純的直線。許多自然現象和社會現象都可用一次函數來表示。x 的一次係數 a 稱為斜率，當 a 為正值時，代表「x 增加時，y 也增加」，是單調遞增函數。而當 a 為負值時則相反，代表「x 增加時，y 會減少」，為單調遞減函數。另外，圖形跟 y 軸交點的 y 座標稱為 y 截距，以一次函數 $y=ax+b$ 為例，y 截距即是 b。

●只有 $b=0$ 的時候，可用比例表示

有的人可能會馬上從 $y=ax+b$ 的圖形聯想到「正比關係」，但那其實是誤解。因為 y 跟 x 成正比的意思，是當比例常數為 a 時可寫成 $y=ax$，所以只有當 $y=ax+b$ 的常數項 b 為 0 時，x 跟 y 才是正比關係。所以，當常數項不等於 0 時，$y=ax+b$ 的圖形並非正比關係。

算算看就懂了！

在統計學中，有個名為迴歸分析，非常有名的資料分析法。這是一種運用一次函數的分析方法，所以並不是很難，就讓我們來挑戰看看吧。

右圖為某公司各年度的宣傳費 x 和營業額 y 的資料。根據這份資料，我們假定一個可從 x 推導出 y 的方程式

$$y = ax + b \cdots\cdots ①$$

例如，看看2010年度的資料，當 $x = 2$ 的時候 $y = 50$。此時，在①代入 $x = 2$ 時得到的值為 $2a + b$。因此，估計誤差的絕對值為

$$|(2a+b)-50|$$

迴歸分析的思考方式，是算出各年度的誤差平方和 e^2 可能的最小值 a、b 後

年度	宣傳費 x	營業額 y
2010	2	50
2011	3	70
2012	5	40
2013	8	90
（西元）		（單位：百萬元）

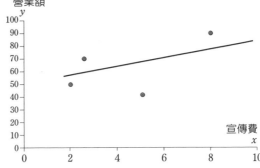

預測營業額變化的迴歸分析

代回①的分析法。從圖形來看，就是尋找最接近右上圖4個點 $(2, 50)$、$(3, 70)$、$(5, 40)$、$(8, 90)$ 的直線。那麼，接著讓我們用表內4個年度的資料來計算 e^2 吧。

$$e^2 = (2a+b-50)^2 + (3a+b-70)^2 + (5a+b-40)^2 + (8a+b-90)^2$$

但要用這個算式算出 e^2 可能的最小值是非常辛苦的事。實際上，我們可以用平方配方法（§16）或後面才會介紹的偏微分（§80）等方法來計算。計算後，可知「當 $a = 5$、$b = 40$ 時，e^2 會是最小值」。因此，我們要求的估計方程式為 $y = 5x + 40$，這就是最接近全部4點的直線。由此，我們可預測當宣傳費為9的時候，營業額將是 $5 \times 9 + 40$ 等於 85。

§51

二次函數的圖形

二次函數 $y = ax^2 + bx + c$ 的圖形是曲線 $y = ax^2$ 平移後的拋物線。

(1) 軸線方程式

$$x = -\frac{b}{2a}$$

(2) 頂點的座標

$$\left(-\frac{b}{2a}, -\frac{D}{4a} \right)$$

其中，$D = b^2 - 4ac$

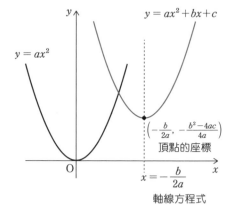

$y = ax^2 + bx + c$

$y = ax^2$

$\left(-\frac{b}{2a}, -\frac{b^2-4ac}{4a} \right)$
頂點的座標

$x = -\frac{b}{2a}$
軸線方程式

(注)右圖 $a > 0$ 的情況，圖形為凹口向上。$a < 0$ 時則為凹口向下。

解說！充斥自然界的「二次函數」

物體掉落時，其落下距離和能量的關係並非一次函數，而是二次函數。二次函數是自然界中經常出現的函數。另外，運用二次函數，還可以判斷二次方程式和二次不等式的解。因此，上述的二次函數的圖形性質(1)和(2)有很多種用途。

●二次函數存在最大值、最小值

思考一個帶有兩端的區間，一次函數和二次函數等連續函數（圖形沒有斷點的連續不斷函數），在此區間內必然存在最大值和最小值（右圖）。其中當二次函數的頂點在區間內時，頂點必然是最大值或最小值。

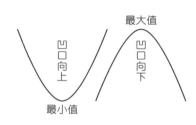

最大值

凹口向上

凹口向下

最小值

●頂點的座標跟二次函數的判別式D

二次函數 $y=ax^2+bx+c$ 的頂點 y 座標為 $-D/4a$。這個 D 即是二次方程式 $ax^2+bx+c=0$ 的判別式。此外，二次方程式 $ax^2+bx+c=0$ 的實數解就是 $y=ax^2+bx+c$ 的圖形跟 x 軸交點的 x 座標。

因此，例如當判別式 $D=b^2-4ac>0$ 時，若 $a>0$，則頂點的 y 座標為負值，可判斷二次方程式有兩個相異的實數解（右圖）。

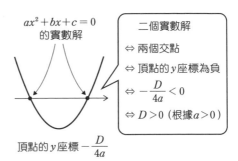

$ax^2+bx+c=0$ 的實數解

二個實數解
⇔ 兩個交點
⇔ 頂點的 y 座標為負
⇔ $-\dfrac{D}{4a}<0$
⇔ $D>0$（根據 $a>0$）

頂點的 y 座標 $-\dfrac{D}{4a}$

●二次不等式的解只要用圖形去解即一目瞭然

二次不等式 $ax^2+bx+c<0$ 等不等式，光是要變形就是件麻煩的工作。然而，只要畫出二次函數 $y=ax^2+bx+c$ 的圖形，就能一眼看出二次不等式的解。這是因為，譬如滿足 $ax^2+bx+c<0$ 的 x 的集合，就是

$$y=ax^2+bx+c$$

的圖形在 $y<0$ 時 x 的範圍。

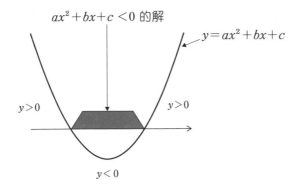

$ax^2+bx+c<0$ 的解

$y=ax^2+bx+c$

$y>0$　　　　$y>0$

$y<0$

二次函數的圖形

二次函數　$y = ax^2 + bx + c$　……①的算式可變形成

$$y = a\left(x + \frac{b}{2a}\right)^2 - \frac{b^2 - 4ac}{4a} \quad ……②$$

（此變形叫**配方法**）。

因此，根據§49，可知②的圖形即為 $y = ax^2$　……③的圖形

沿 x 軸方向平移 $-\dfrac{b}{2a}$

沿 y 軸方向平移 $-\dfrac{b^2 - 4ac}{4a}$

$y = ax^2$　……③的圖形
頂點為原點$(0,\ 0)$，軸線
為 $x = 0$（y 軸），故可知②，
也就是①的圖形頂點為
$\left(-\dfrac{b}{2a},\ -\dfrac{b^2 - 4ac}{4a}\right)$，軸
線為 $x = -\dfrac{b}{2a}$

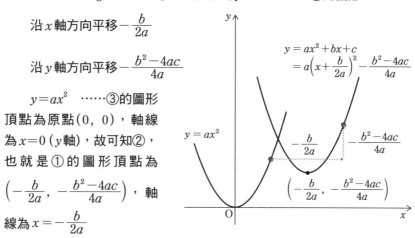

另外，從①導出②的方法如下。

$$y = ax^2 + bx + c = a\left(x^2 + \frac{b}{a}x\right) + c$$

利用 $x^2 + mx = \left(x + \dfrac{m}{2}\right)^2 - \left(\dfrac{m}{2}\right)^2$

$$= a\left\{\left(x + \frac{b}{2a}\right)^2 - \frac{b^2}{4a^2}\right\} + c$$

$$= a\left(x + \frac{b}{2a}\right)^2 - \frac{b^2}{4a} + c = a\left(x + \frac{b}{2a}\right)^2 - \frac{b^2 - 4ac}{4a}$$

〔例題〕將長200cm、寬50cm的長方形金屬板沿下圖的藍線折彎，做成排雨管，請問下圖中的 x 為幾cm時，可使此排雨管的截面積為最大值。

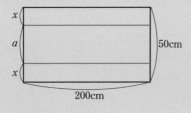 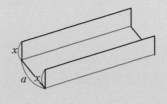

[解答] 根據 $2x+a=50$，

$a=50-2x \quad (0<x<25)$

故，若以截面積為 y，則

$y = ax = (50-2x)x$

$\quad = -2x^2 + 50x$

$\quad = -2\left(x - \dfrac{25}{2}\right)^2 + \dfrac{625}{2}$

所以，答案為 $x=12.5$cm 時。

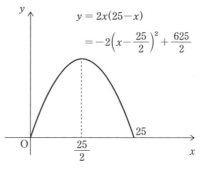

參考

n 次函數的圖形

下列的圖形由左至右依序為一次、二次、三次、四次函數圖形的一般形。這些圖形的最高次係數 a 皆為正值，若為負值時則上下顛倒。

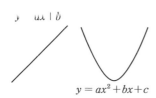 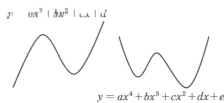

$y = ax^2 + bx + c$

$y = ax^4 + bx^3 + cx^2 + dx + e$

三角函數和基本公式

$$\sin^2\theta + \cos^2\theta = 1$$

解說！以直角三角形為基礎

接著讓我們來看看 $\sin\theta$、$\cos\theta$、$\tan\theta$ 的擴張過程吧。另外，$\sin^2\theta$ 就是 $(\sin\theta)^2$ 的意思。其他三角函數也同理，$\cos^2\theta = (\cos\theta)^2$。

●以直角三角形的邊長比來定義的情況

若直角三角形不是直角的其中一角為 θ，則邊的名稱和邊長分別如右圖所示。直角三角形的「斜邊」，就是最長的那一邊；而對邊和鄰邊則因基準角而異。右圖是以 θ 為基準角的情形，此時 θ 對各邊長的比，就是 $\sin(\theta)$、$\cos(\theta)$、$\tan(\theta)$ 等函數。

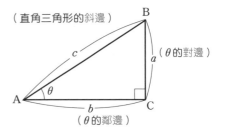

（直角三角形的斜邊）
（θ 的對邊）
（θ 的鄰邊）

$$\sin(\theta) = \frac{\text{對邊邊長}}{\text{斜邊邊長}} \text{、} \cos(\theta) = \frac{\text{鄰邊邊長}}{\text{斜邊邊長}} \text{、} \tan(\theta) = \frac{\text{對邊邊長}}{\text{鄰邊邊長}}$$

換言之，　　$\sin(\theta) = \dfrac{a}{c}$、$\cos(\theta) = \dfrac{b}{c}$、$\tan(\theta) = \dfrac{a}{b}$

這裡我們在 θ 外加了（ ）這個（ ）的意思就跟 $f(\ )$ 的（ ）相同，後面為了簡便統一寫成以下形式。

$$\sin\theta = \frac{a}{c} \text{、} \cos\theta = \frac{b}{c} \text{、} \tan\theta = \frac{a}{b}$$

換言之，$\sin\theta$、$\cos\theta$、$\tan\theta$ 的意思，就是相對角 θ 的大小，三角形各邊長的比的函數，因此稱之為**三角函數**。另外，這種三角函數有時又稱**三角比**。

●用「單位圓（半徑1）」重新定義

直角三角形的情況下，最大角必為 $90°$。因此，以直角三角形來定義 $\sin\theta$、$\cos\theta$、$\tan\theta$ 的時候，θ 的值一定在 $0°<\theta<90°$ 之間。

然而，三角形的角度並非只限 $0°$ 到 $90°$。例如鈍角三角形的一角就會大於 $90°$。還有，考慮旋轉運動的時候，甚至存在 θ 值為無限大的角，甚至是負數的角（逆旋轉）。因此，如果 $\sin\theta$、$\cos\theta$、$\tan\theta$ 不能用來計算這些角度，三角函數的可用範圍就太狹窄了。所以，數學家們最後拋棄了直角三角形，改用座標平面和**單位圓**（以原點為中心，半徑為1的圓）重新定義 $\sin\theta$、$\cos\theta$、$\tan\theta$。

也就是說，θ 的定義，就是以單位圓圓周上的 $(1, 0)$ 為起點的點P，繞著圓心旋轉 θ。如此一來，即可決定移動半徑（徑向量）的位置OP。此時，θ 為正值時代表在單位圓圓周上以原點為中心朝左旋轉（正向），θ 為負值則代表朝右旋轉（負向）。

這時，點P的 x 座標定義為 $\cos\theta$，y 座標定義為 $\sin\theta$（右圖）。此外，

$$\tan\theta = \frac{\sin\theta}{\cos\theta}$$

（當 $\cos\theta\neq0$ 時）

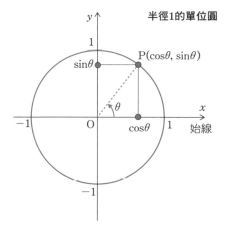

半徑1的單位圓

這樣一來，不論 θ 的角度為何，都能確定 $\sin\theta$、$\cos\theta$、$\tan\theta$ 的值。當 θ 為銳角時，可直接使用以直角三角形定義的三角函數，也可使用以單位圓定義的三角函數。

●三角函數的圖形

　　以旋轉角 θ 為橫軸，以函數值為縱軸，$\sin\theta$、$\cos\theta$、$\tan\theta$ 的圖形分別如下。

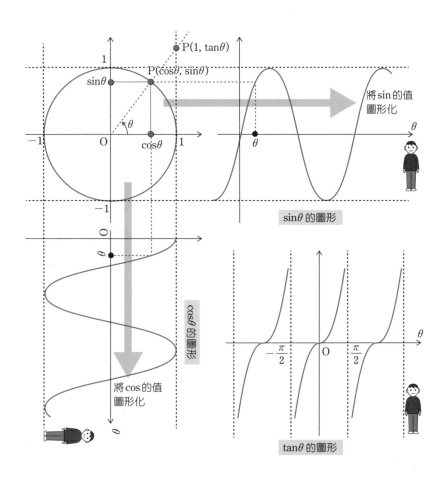

將 sin 的值圖形化

$\sin\theta$ 的圖形

$\cos\theta$ 的圖形

將 cos 的值圖形化

$\tan\theta$ 的圖形

為何會如此？

　　$\sin^2\theta+\cos^2\theta=1$ 的關係，如果用直角三角形來看，可以用畢氏定理導出。另外，用單位圓定義時，則可從單位圓的方程式 $x^2+y^2=1$（最終也是來自畢氏定理）導出。

〔例題〕已知 $\sin\theta = \dfrac{1}{2}$，請問 $\cos\theta$、$\tan\theta$ 的值為多少？

[解答] 由於 $\sin^2\theta + \cos^2\theta = 1$，可得 $\cos^2\theta = 1 - \sin^2\theta = 1 - \dfrac{1}{4} = \dfrac{3}{4}$

故，根據 $\cos\theta = \pm\dfrac{\sqrt{3}}{2}$，可知

$$\tan\theta = \left(\dfrac{1}{2}\right) \Big/ \left(\pm\dfrac{\sqrt{3}}{2}\right) = \pm\dfrac{\sqrt{3}}{3} \quad \text{（正負號同順）}$$

●60分法跟弧度法的區別

在小學及國中時，角度的測量通常使用60分法。也就是將旋轉一圈定義為360°，直角為90°的測量方法。但高中的數學則主要使用弧度法。這種方法是以扇形的弧長與半徑相等時的中心角為1弧度（radian）的測量方法。使用弧度法時，單位為 rad，通常會省略不寫。另外，下面是60分法和弧度法的換算公式，背下來的話會很方便。

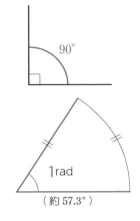

（約57.3°）

180°＝πrad

（$\pi = 3.141592\cdots\cdots$）

三角函數和基本公式

〔例題〕請用弧度法表示60分法中的60°、30°、45°、360°。

[解答] 因為 $180° = \pi$ (rad)，故換算如下。

$$60° = \dfrac{\pi}{3} \text{ (rad)} \quad \text{、} \quad 30° = \dfrac{\pi}{6} \text{ (rad)}$$

$$45° = \dfrac{\pi}{4} \text{ (rad)} \quad \text{、} \quad 360° = 2\pi \text{ (rad)}$$

三角函數的加法定理

$$\sin(\alpha\pm\beta) = \sin\alpha\cos\beta\pm\cos\alpha\sin\beta \quad \cdots\cdots① $$
$$\cos(\alpha\pm\beta) = \cos\alpha\cos\beta\mp\sin\alpha\sin\beta \quad \cdots\cdots② $$
$$\tan(\alpha\pm\beta) = \frac{\tan\alpha\pm\tan\beta}{1\mp\tan\alpha\tan\beta} \quad \cdots\cdots③ \quad (①\sim③的正負號皆同順)$$

解說！三角函數的加法定理

　　三角函數的公式有很多，但上述**三角函數的加法定理**，乃是其中最基本的公式。這是因為包含**倍角公式**、三角函數結合公式以及三角函數的微分公式等等，與三角函數有關的重要公式皆由此導出。

為何會如此？

(1)　利用旋轉移動的典型證明

　　下圖中的三角形 OCE（右圖）是將三角形 OAB（左圖）以原點為中心旋轉 $-\beta$ 後的圖形。

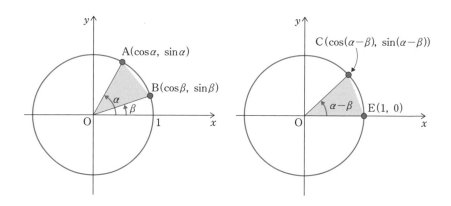

　　因此，三角形 OCE 跟三角形 OAB 是等值的。所以，因 $AB^2 = CE^2$，故以下等式成立。

$$(\cos\alpha-\cos\beta)^2+(\sin\alpha-\sin\beta)^2=(\cos(\alpha-\beta)-1)^2+\sin^2(\alpha-\beta)$$

以 $\sin^2\theta+\cos^2\theta=1$　整理此式後，

$$\cos(\alpha-\beta)=\cos\alpha\cos\beta+\sin\alpha\sin\beta\quad\cdots\cdots④$$

這個④為②的一部分。將 $-\beta$ 代入④的 β 中，將 $\frac{\pi}{2}-\alpha$ 代入 α，即可得到①、②。此外，

$$\tan(\alpha\pm\beta)=\frac{\sin(\alpha\pm\beta)}{\cos(\alpha\pm\beta)}=\frac{\sin\alpha\cos\beta\pm\cos\alpha\sin\beta}{\cos\alpha\cos\beta\mp\sin\alpha\sin\beta}$$

的分母、分子除以 $\cos\alpha\cos\beta$ 即可得到③。

⑵　**用歐拉公式 $e^{i\theta}=\cos\theta+i\sin\theta$ 來證明**

運用歐拉公式（§34）即可簡單導出①、②。換言之，用歐拉公式改寫 $e^{i\alpha}e^{i\beta}=e^{i\alpha+i\beta}=e^{i(\alpha+\beta)}$

$$(\cos\alpha+i\sin\alpha)(\cos\beta+i\sin\beta)=\cos(\alpha+\beta)+i\sin(\alpha+\beta)$$

將此式展開並整理，

$$(\cos\alpha\cos\beta-\sin\alpha\sin\beta)+i(\sin\alpha\cos\beta+\cos\alpha\sin\beta)$$
$$=\cos(\alpha+\beta)+i\sin(\alpha+\beta)$$

由於實部和虛部相等，可得到

$$\cos(\alpha+\beta)=\cos\alpha\cos\beta-\sin\alpha\sin\beta\quad\cdots\cdots②的一部分$$
$$\sin(\alpha+\beta)=\sin\alpha\cos\beta+\cos\alpha\sin\beta\quad\cdots\cdots①的一部分$$

將 $-\beta$ 代入上面兩式的 β，便可得到①、②剩下的公式。此時 $\sin$ 利用了奇函數（§89），$\cos$ 利用了偶函數（§89）。

(1) 倍角、半角公式

在三角函數的加法定理①、②、③的第一式中加入 $\beta = \alpha$

例如，$\sin(\alpha + \alpha) = \sin\alpha\cos\alpha + \cos\alpha\sin\alpha$

接著，將上式整理後，即可得到三角函數的**倍角公式**。

$$\sin 2\alpha = 2\sin\alpha\cos\alpha$$

$$\cos 2\alpha = \cos^2\alpha - \sin^2\alpha = 1 - 2\sin^2\alpha = 2\cos^2\alpha - 1 \quad \cdots\cdots ⑤$$

$$\tan 2\alpha = \frac{2\tan\alpha}{1 - \tan^2\alpha}$$

另外，解開⑤中的 $\sin^2\alpha$、$\cos^2\alpha$，可得到下面的算式。

$$\sin^2\alpha = \frac{1 - \cos 2\alpha}{2} \text{、} \cos^2\alpha = \frac{1 + \cos 2\alpha}{2}$$

將此式中的 α 用 $\frac{\alpha}{2}$ 代入，即可得到下面的**半角公式**。

$$\sin^2\frac{\alpha}{2} = \frac{1 - \cos\alpha}{2} \text{、} \cos^2\frac{\alpha}{2} = \frac{1 + \cos\alpha}{2}$$

(2) 三倍角公式

由 $3\alpha = 2\alpha + \alpha$ 跟加法定理①、②，可得到 $\sin 3\alpha$、$\cos 3\alpha$ 的算式。

例如　$\sin 3\alpha = \sin(2\alpha + \alpha) = \sin 2\alpha\cos\alpha + \cos 2\alpha\sin\alpha$

這裡，運用前面的倍角公式，將 $\sin 2\alpha$、$\cos 2\alpha$ 換成 $\sin\alpha$、$\cos\alpha$ 後，便可得到下面的三倍角公式。

$$\sin 3\alpha = 3\sin\alpha - 4\sin^3\alpha$$
$$\cos 3\alpha = -3\cos\alpha + 4\cos^3\alpha$$

(3) 兩直線形成的夾角公式

若座標平面上不互相垂直的兩直線 $y = m_1 x + n_1$ 和 $y = m_2 x + n_2$ 形成的夾角為 θ，則

$$\tan \theta = \frac{m_1 - m_2}{1 + m_1 m_2}$$

成立。

這個 $\tan \theta$ 的公式也可以從三角函數的加法定理導出。

兩直線的夾角可以用把兩直線的交點平行移動到原點來想。換言之，可以把 y 截距 n_1、n_2 都想成 0。

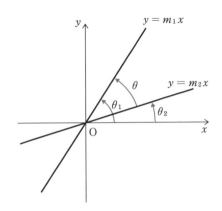

假設直線 $y = m_1 x$ 跟 $y = m_2 x$ 與 x 軸的夾角分別為 θ_1、θ_2，則

$$m_1 = \tan \theta_1 \,\text{、}\, m_2 = \tan \theta_2 \,\text{、}\, \theta = \theta_1 - \theta_2$$

因此，

$$\tan \theta = \tan(\theta_1 - \theta_2) = \frac{\tan \theta_1 - \tan \theta_2}{1 + \tan \theta_1 \tan \theta_2} = \frac{m_1 - m_2}{1 + m_1 m_2}$$

三角函數與指數函數相關！

三角比的起源可追溯至西元前 2000 年左右的埃及。這是因為古埃及人日常生活的測量和天文學皆須用到三角比。三角函數用 sin、cos 來表示乃是 17 世紀的事，此後，藉由歐拉（1748 年）的公式（§34），人們才知道「在複數的世界，三角函數包含在指數函數內（兩者有相關）」。

§54

三角函數的結合公式

$$a\sin\theta + b\cos\theta = \sqrt{a^2+b^2}\sin(\theta+\alpha) \quad \cdots\cdots ①$$

此時， $\sin\alpha = \dfrac{b}{\sqrt{a^2+b^2}}$ 、 $\cos\alpha = \dfrac{a}{\sqrt{a^2+b^2}}$

解說！什麼是結合公式？

　　$a\sin\theta + b\cos\theta$ 的圖形，在物理上就是兩個波 $y=a\sin\theta$ 跟 $y=b\cos\theta$ 疊加而成的波形。有的人可能認為這會是個複雜的波形，但實際上，將此波用三角函數表示後，就是①的模樣。下圖描繪的是三個具體的圖形 $y=3\sin\theta$、$y=4\cos\theta$、$y=3\sin\theta+4\cos\theta$ 在同一座標平面上的情況。

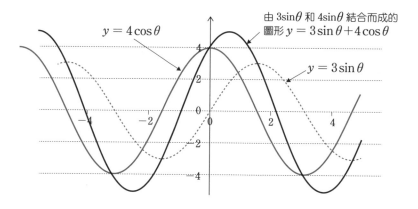

由 $3\sin\theta$ 和 $4\sin\theta$ 結合而成的圖形 $y=3\sin\theta+4\cos\theta$

$y = 4\cos\theta$

$y = 3\sin\theta$

　　由上圖可看出，$y=3\sin\theta+4\cos\theta$ 的黑色圖形是一條簡單的 sin 曲線（或 cos 曲線）。故①就是此圖形表示成三角函數

$$y = 5\sin(\theta+\alpha) \qquad (\alpha\text{為定值})$$

後的模樣。

於①成立的理由，一言以蔽之，就是根據下面的加法定理。

$$\sin(\alpha + \beta) = \sin \alpha \cos \beta + \cos \alpha \sin \beta$$

只要使用這個定理，便能將算式變形成下面的模樣。

$$
\begin{aligned}
a\sin\theta + b\cos\theta &= \sqrt{a^2+b^2}\left(\frac{a}{\sqrt{a^2+b^2}}\sin\theta + \frac{b}{\sqrt{a^2+b^2}}\cos\theta\right) \\
&= \sqrt{a^2+b^2}(\cos\alpha\sin\theta + \sin\alpha\cos\theta) \\
&= \sqrt{a^2+b^2}\sin(\theta+\alpha)
\end{aligned}
$$

其中，α 為右圖所示的角度。換言之，α 是點 $P(a, b)$ 跟原點 O 連成的直線與 x 軸形成的夾角。

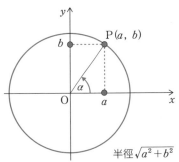

半徑 $\sqrt{a^2+b^2}$

〔例題〕寫出由 $\sin\theta + \sqrt{3}\cos\theta$ 結合成的三角函數。

[解答] 由於 $\sin\theta + \sqrt{3}\cos\theta = 1 \times \sin\theta + \sqrt{3} \times \cos\theta$，此式即等於將 $a=1$、$b=\sqrt{3}$ 代入①。此時，滿足

$$\sin\alpha = \frac{b}{\sqrt{a^2+b^2}} = \frac{\sqrt{3}}{2}$$

$$\cos\alpha = \frac{a}{\sqrt{a^2+b^2}} = \frac{1}{2}$$

的 α 為 $\frac{\pi}{3}$ rad。故，

$$
\begin{aligned}
&\sin\theta + \sqrt{3}\cos\theta \\
&= 2\sin\left(\theta + \frac{\pi}{3}\right)
\end{aligned}
$$

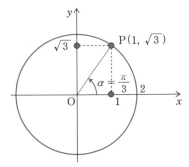

§55

指數的擴張

a 為正數時，a^x 的定義如下。

(1) x 為自然數時

$$a^x \quad \cdots\cdots \quad a\text{ 自乘 } x \text{ 次}$$

(2) x 為 0 時

$$a^0 = 1$$

(3) $-x$ 為負整數時（x 為正整數）時

$$a^{-x} = \frac{1}{a^x}$$

(4) x 為有理數 $\dfrac{n}{m}$（m、n 為整數且 $m>0$）時

$$a^{\frac{n}{m}} = \sqrt[m]{a^n}$$

（注）$\sqrt[m]{A}$ 即 m 次方後等於 A 的正數。前提為 $A>0$。

(5) x 為無理數時

$$a^x = \lim_{n \to \infty} a^{x_n}$$ 其中，數列 $\{x_n\}$ 為極限值為無理數 x 的有理數無限數列。

（注）$\displaystyle\lim_{n\to\infty} a^{x_n}$ 為 n 無限大時的數列的 $\{a^{x_n}\}$ 極限值。

解說！計算指數

a^x 的意思，當 x 為自然數時，可理解為「a 重複相乘幾次」；但當 x 為整數、有理數（分數）、無理數（$\sqrt{2}$ 等）的時候，就沒辦法用這種方式解釋了。因此，以下讓我們以 3^x 為例，一起來探究指數 x 的擴張吧。基本原理是將自然數範圍下成立的指數法則(ⅰ)、(ⅱ)、(ⅲ)，用範圍更廣的數也能適用的 a^x 來定義。

(ⅰ) $a^p a^q = a^{p+q}$ (ⅱ) $(a^p)^q = a^{pq}$ (ⅲ) $(ab)^p = a^p b^p$

●指數 x 為整數的時候

(1)　x 為正整數（也就是自然數）的情況

　　此時，3^x 就是 3 相乘 x 次後得到的值。這是最基本階段的指數意義。
例如 $3^2 = 3 \times 3 = 9$

(2)　x 為 0 的情況

　　然而，根據(1)的定義，「3^0 等於 3 相乘 0 次」，而這是沒有意義的。
因此，數學家們定義 $a^0 = 1$。其理由如下。

　　首先，假設將 0 代入指數法則(i)的 p 也同樣成立。於是

$$a^0 a^q = a^{0+q} = a^q$$

將此式除以 $a^q (>0)$ 即可得到 $a^0 = 1$

　　因此，為使指數法則(i)在指數為 0 時也成立，我們定義 $a^0 = 1$。所
以，3^0 等於 1。

(3)　x 為負整數的情況

　　例如，3^{-2} 依照(1)的定義，就是「3 相乘 -2 次」，但這也同樣是沒有

意義的，所以數學家們定義 $a^{-n} = \dfrac{1}{a^n}$。其理由如下。

　　首先，假設將負整數代入指數法則(i)的 p 也同樣成立。因此，將 $-n$
代入(i)的 p，將 n 代入 q。並設定 n 為正整數。於是，根據(2)的規則，下
式成立。

$$a^{-n} a^n = a^{-n+n} = a^0 = 1$$

將此式除以 $a^n (>0)$ 可得 $a^{-n} = \dfrac{1}{a^n}$

　　因此，為使指數法則(i)在指數為負整數時也成立，我們定義

$a^{-n} = \dfrac{1}{a^n}$。所以，$3^{-2} = \dfrac{1}{3^2} = \dfrac{1}{9}$

●指數 x 為有理數的時候

例如 $3^{\frac{2}{5}}$，如果定義成「3 相乘 $\frac{2}{5}$ 次後的值」，根本不知道是什麼意思。那麼該如何定義 $3^{\frac{2}{5}}$ 才好呢。於是，數學家們先假定將有理數 $\frac{n}{m}$ 代入指數法則 (ii) 的 p，將整數 m 代入 q 時，此法則亦成立。因此，$(a^{\frac{n}{m}})^m = a^{\frac{n}{m}m} = a^n$ 由此可將 $a^{\frac{n}{m}}$ 理解成「m 次方後等於 a^n 的數」。也就是 a^n 的 m 次方根。

所以，一般上，我們定義 $a^{\frac{n}{m}} = \sqrt[m]{a^n}$。前提是 m、n 為整數，且 $m > 0$。換言之，$a^{\frac{n}{m}}$ 就是「m 次方根 a 的 n 次方」。也就是 m 次方後等於 a 的 n 次方的正數。

●指數 x 為無理數的時候

同理，$3^{\sqrt{2}}$ 用「3 相乘 $\sqrt{2}$ 次後的值」來理解是沒有意義的。因此，我們要從數列的極限值來理解。

將 $\sqrt{2}$ 寫成小數 $\sqrt{2} = 1.41421356\cdots$，對此可以用下面的無限數列 $\{x_n\}$ 來思考。

$$x_1 = 1 \text{、} x_2 = 1.4 \text{、} x_3 = 1.41 \text{、} x_4 = 1.414 \text{、}$$
$$x_5 = 1.4142 \text{、} x_6 = 1.41421\cdots\cdots$$

以這個有理數的數列為基礎來思考 $\{3^{x_n}\}$，此數列為單調遞增數列。

$$3^1 < 3^{1.4} < 3^{1.41} < 3^{1.414} < 3^{1.4142} < 3^{1.41421} < \cdots\cdots$$

這個數列會變得愈來愈大，但很顯然不可能超過 $3^2 = 9$。因此，我們可對此數列運用以下的性質。也就是「具有極限的單調遞增數列會無限趨近特定的值」的性質（嚴格來說，應該說是「有限的單調遞增數列會收斂」）。

故，

$$3^1 \cdot 3^{1.4} \cdot 3^{1.41} \cdot 3^{1.414} \cdot 3^{1.4142} \cdot \cdots\cdots$$

會無限逼近某個值。這個值就是 $3^{\sqrt{2}}$。

3^x 的 x 為其他無理數的場合亦是同理。

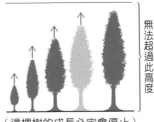

（這棵樹的成長必定會停止）

〔例題〕請計算下列(1)～(6)。

(1) 2^5　　(2) 2^0　　(3) 2^{-5}　　(4) $2^{\frac{1}{3}}$　　(5) $2^{\frac{3}{5}}$　　(6) $2^{-\frac{3}{5}}$

指數的擴張

[解答]

(1)　$2^5 = 2 \times 2 \times 2 \times 2 \times 2 = 32$

(2)　$2^0 = 1$

(3)　$2^{-5} = \dfrac{1}{2^5} = \dfrac{1}{32}$

(4)　$2^{\frac{1}{3}} = \sqrt[3]{2} = 1.25992\cdots\cdots$（三次方後為 2 的正數）

(5)　$2^{\frac{3}{5}} = \sqrt[5]{2^3} = \sqrt[5]{8} = 1.51571\cdots\cdots$（五次方後為 8 的正數）

(6)　$2^{-\frac{3}{5}} = \sqrt[5]{2^{-3}} = \sqrt[5]{\dfrac{1}{8}} = \dfrac{1}{\sqrt[5]{8}} = 0.65975\cdots\cdots$

參考

關於 $\sqrt[n]{}$

n 為正整數，a 為正實數時，

$\sqrt[n]{a}$ 的定義為 n 次方後等於 a 的正數。

§56

指數函數及其性質

(1) 下面的函數稱為指數函數。

$$y = a^x \quad (a > 0 、 a \neq 1)$$

(2) 指數函數的圖形

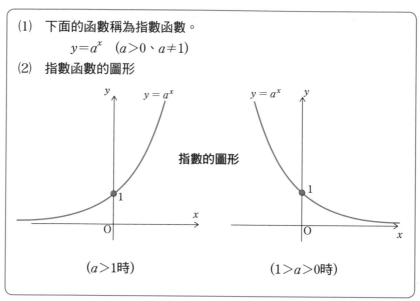

指數的圖形

$(a > 1時)$　　　　　$(1 > a > 0時)$

解說！指數函數及其圖形

　　函數 $y = a^x$ 的指數部分含有變數 x，故稱為指數函數。x 的可取範圍（定義域）為所有實數，而 y 的可取範圍（值域）為正數。此外，$y = x^2$ 這類函數（整函數）長得雖然跟 $y = 2^x$ 這種指數函數很相似，但請留意 x 的位置並不相同。

●指數函數的值

　　指數函數 $y = a^x$ 的圖形如上圖。此處指數函數 $y = a^x$ 的 x 的值（函數值），當 x 為自然數時可理解為「a 相乘 x 次後的值」。例如，$a^3 = a \times a \times a$。然而，$x$ 為 0 或負整數、有理數、無理數的話，此時的函數值就無法這麼定義。這些情況的函數值前一節已經討論過了，請參照該部分。

算算看就懂了！

將本金1萬元存進年利率 r 的複利定存 x 年，x 年後的本利合計 y 為

$$(1+r)^n \text{ 萬元}$$

若 $a=1+r$，則 $y=a^x$，正是指數函數。但此時 x 的可取值只限正整數。下圖為 $r=0.01$、0.02、0.03、0.04、0.05、0.06、0.07、0.08 時，50年間的本利合計圖形。愈上面的曲線利率愈高，年利率 8% ($r=0.08$) 時，50年後幾乎變成50倍。

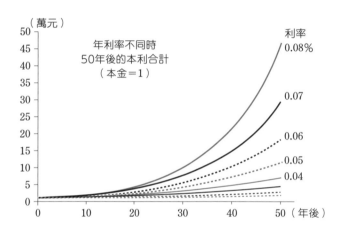

最後，擴張後的**指數法則**整理如下。

(i) $a^m a^n = a^{m+n}$ (ii) $(a^m)^n = a^{mn}$ (iii) $(ab)^n = a^n b^n$

這個法則中的指數為任意實數，但底數 a 限定為正實數。不過，當指數 m、n 為自然數時，底數 a 則沒有任何限制。換言之，a 可以是任何實數。因為可以解釋成「相乘幾次」或「相乘幾個」。

§57

反函數及其性質

當存在函數 $y=f(x)$ ……①時，若對於各個 y 值，只存在一個與之對應的 x 值，則存在反函數 $x=g(y)$ ……②。

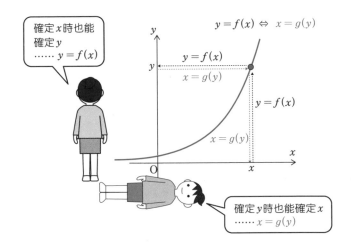

確定 x 時也能確定 y …… $y=f(x)$

$y=f(x) \Leftrightarrow x=g(y)$

$y=f(x)$
$x=g(y)$

$y=f(x)$

$x=g(y)$

確定 y 時也能確定 x …… $x=g(y)$

將 $x=g(y)$ ……②中的 x、y 交換位置而得的 $y=g(x)$ ……③稱之為 $y=f(x)$ ……①的**反函數**。此時①和③的圖形相對於 $y=x$ 呈現對稱。

(注) 上面將函數 $f(x)$ 的反函數寫成 $g(x)$，但也有人寫成 $f^{-1}(x)$。

解說！何謂反函數

函數 $y=f(x)$ 的反函數必須滿足某項條件才會存在。那就是「$y=f(x)$ 的定義域為單調遞增或單調遞減」。所謂的單調遞增就是「x 增加時 y 也增加」，圖形為左下至右上；而單調遞減則是「x 增加時 y 減少」，圖形為左上至右下（次頁圖）。

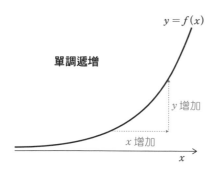

單調遞增

$y = f(x)$

y 增加

x 增加

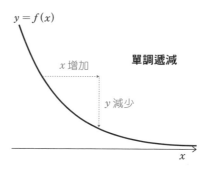

$y = f(x)$

單調遞減

x 增加

y 減少

●遞增和遞減混合時不存在反函數

　　函數 $y = f(x)$ 的定義域內若同時存在遞增或遞減的關係，則就算確定 y 的數值，也可能對應多個不同的 x，如右圖所示不會只對應於特定一點，故此時不存在反函數。然而，若將定義域限制在單調遞增（或單調遞減）的部分，則存在反函數。

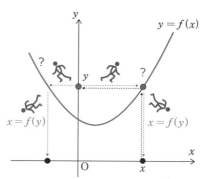

●x 和 y 交換時，原始函數與反函數的圖形相對於 $y = x$ 對稱

　　函數中先決定的變數稱為**獨立變數**，而隨著獨立變數決定數值的變數則叫**應變數**。習慣上，通常以 x 為獨立變數，以 y 為應變數。

$$x = g(y) \quad \cdots\cdots ②$$

而改以 y 為獨立變數，以 x 為應變數，互換 x 和 y 的位置的函數

$$y = g(x) \quad \cdots\cdots ③$$

就稱為①的反函數。此時，①和③的圖形相對於 $y = x$ 對稱。其理由是座標平面上的點 (a, b) 和點 (b, a) 相對於 $y = x$ 對稱（右圖）的緣故。

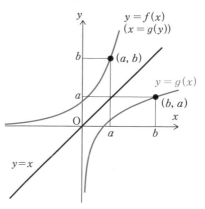

　　（注）x 和 y 交換前的②也可看成①的反函數（§70）。

〔例題〕請求函數 $y=2x+3$　……④的反函數。

[解答]　此式的 x 的解為

$$x = \frac{y-3}{2} \quad \text{……⑤}$$

然後交換⑤中 x 和 y 的位置。

$$y = \frac{x-3}{2} \quad \text{……⑥}$$

　　⑥為 $y=2x+3$ 的反函數。另外，⑥的圖形與問題的④相對於直線 $y=x$ 成對稱關係。

參考

反三角函數與主值

　　例如，從三角函數 $y=\sin x$ 的圖形可知，此函數既存在單調遞增也有單調遞減，所以沒有反函數。換言之，雖然確定 x 的值後，就能得知其對應唯一的 y 值，但即便確定 y 的值，仍無法找出唯一對應的 x 值。

　　然而，若將 $y=\sin x$ 的定義域限定在

$$-\frac{\pi}{2} \leqq x \leqq \frac{\pi}{2}$$

的話，便可找出唯一一個與
y 對應的 x，定義出 $y=\sin x$
的反函數。而該反函數寫成

$$x = \sin^{-1} y$$

此處，交換 x 和 y 的位置，
寫成

$$y = \sin^{-1} x$$

時，此函數的
　　定義域　$-1 \leqq x \leqq 1$

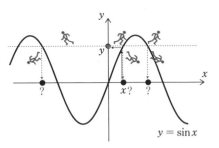

値域 $-\dfrac{\pi}{2} \leqq y \leqq \dfrac{\pi}{2}$

（下圖左）。這裡面 y 值的範圍稱為 $y=\sin^{-1}x$ 的主值。另外，$y=\sin^{-1}x$ 也可寫成 $y=\arcsin x$。

以下為整理有關於 $\cos x$、$\tan x$ 的反三角函數與主值的關係後，以表格方式呈現。

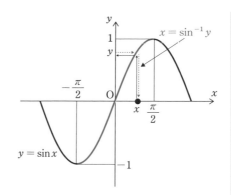

反函數及其性質

反三角函數 （定義域）	主值(Principal Branch)
$y=\sin^{-1}x$ （$-1 \leqq x \leqq 1$）	$-\dfrac{\pi}{2} \leqq x \leqq \dfrac{\pi}{2}$
$y=\cos^{-1}x$ （$-1 \leqq x \leqq 1$）	$0 \leqq x \leqq \pi$
$y=\tan^{-1}x$ （x 為所有實數）	$-\dfrac{\pi}{2} \leqq x \leqq \dfrac{\pi}{2}$

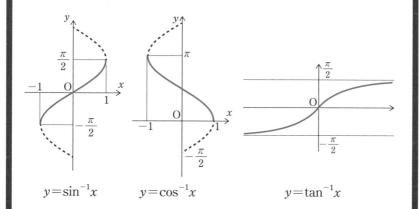

$y=\sin^{-1}x$ $y=\cos^{-1}x$ $y=\tan^{-1}x$

對數函數及其性質

(1) 指數函數 $y = a^x$ $(x > 0 \cdot a > 0 \cdot a \neq 1)$ 的反函數稱之為對數函數，寫成 $y = \log_a x$。a 稱為底數，x 稱為真數。

(2) 對數函數的圖形

對數的圖形

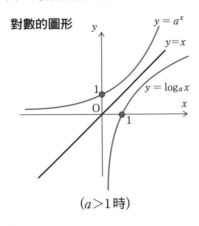

$(a > 1 時)$

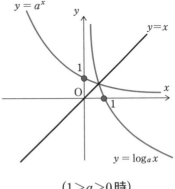

$(1 > a > 0 時)$

(3) 對數函數的性質

(甲) $\log_a 1 = 0 \quad \log_a a = 1$

(乙) $\log_a MN = \log_a M + \log_a N$

(丙) $\log_a \dfrac{M}{N} = \log_a M - \log_a N$

(丁) $\log_a M^r = r \log_a M$

(戊) $\log_a b = \dfrac{\log_c b}{\log_c a}$ ...... $c > 0 \cdot c \neq 1$ （底變換公式）

解說！指數函數的反函數

以下讓我們依照順序，找出指數函數 $y = a^x$ ……① 的反函數吧。另外，關於反函數的部分請參照 §57 的說明。

●引入新符號 log

首先，要解出 $y = a^x$ ……①的 x。不過，此時會遇上一個問題。雖然我們想將①變形成「$x = \bigcirc\bigcirc\bigcirc$」的形式，卻怎樣都變不了。因此，這裡需要使用新的符號「log」，將 $y = a^x$ 轉變成可以解出 x 的數學式，寫成 $x = \log_a y$ ……②。

這個數學式的讀法是「x 等於以 a 為底時 y 的對數」。「底」就是「底數」的意思。就是把指數函數①的 a 換到底下去。換句話說，$y = a^x$ 跟 $x = \log_a y$ 只是換了個寫法，x 和 y 的對應關係完全相同，只是方向改變罷了。因此，兩者的關係如下。

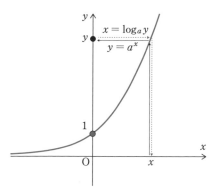

「$y = a^x \Leftrightarrow x = \log_a y$」

●交換 x 和 y

$x = \log_a y$ 就是「當 y 確定時，x 也確定」的意思。函數中，先決定的一方稱為**獨立變數**，隨著獨立變數決定後才確定的一方稱為**應變數**（§57）。而通常我們習慣把獨立變數寫成 x，以應變數為 y。所以，我們要交換 $x = \log_a y$ 中的 x 和 y。

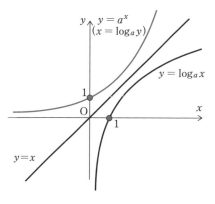

$y = \log_a x$ ……③

這就是指數函數 $y=a^x$ 的反函數。由於 x 和 y 交換了，所以①（跟②的圖形相同）跟③的圖形「相對於直線 $y=x$ 對稱」。此外，指數函數跟對數函數的定義域（獨立變數的可取值範圍）和值域（應變數的可取值範圍）也相反。換言之，$y=a^x$ 的定義域為所有實數，值域為正實數，$y=\log_a x$ 的定義域為正實數，值域為所有實數。

（注）x 和 y 交換前的②也可視為①的反函數（§70）。

為何會如此？

對數函數 $y=\log_a x$ 一如本節開頭的(3)所示，具有很多種性質，而在背後保證這個性質的則是下面的指數法則。

(1) $a^m a^n = a^{m+n}$　　**(2)** $(a^m)^n = a^{mn}$　　**(3)** $(ab)^n = a^n b^n$

利用這三個法則，即可明白開頭的(3)成立的原因。

(甲)　由 $a^0=1$ 可得 $\log_a 1=0$ ，同時　由 $a^1=a$ 可得 $\log_a a=1$

(乙)　由於 $a^{x+y}=a^x a^y$ ，若 $a^x=M$、$a^y=N$ ，則 $a^{x+y}=MN$
　　故 $x+y=\log_a MN$ ，同時 $x=\log_a M$、$y=\log_a N$
　　因此，$\log_a MN=\log_a M+\log_a N$

(丙)　由於 $\dfrac{a^x}{a^y}=a^{x-y}$ ，若 $a^x=M$、$a^y=N$ 則 $\dfrac{M}{N}=a^{x-y}$
　　故 $x-y=\log_a \dfrac{M}{N}$ ，同時 $x=\log_a M$、$y=\log_a N$
　　因此，$\log_a \dfrac{M}{N}=\log_a M-\log_a N$

(丁)　若 $a^x=M$ ，則因 $(a^x)^r=M^r$ 故 $a^{xr}=M^r$
　　因此，$xr=\log_a M^r$
　　其中，因 $x=\log_a M$ 故 $\log_a M^r=r\log_a M$

(戊)　若 $\log_a b=x$ 則 $a^x=b$ ，因此 $\log_c a^x=\log_c b$
　　且由(丁)可得 $x\log_c a=\log_c b$

168

由$a > 0$、$a \neq 1$，可知$\log_c a \neq 0$　故　$x = \dfrac{\log_c b}{\log_c a}$

〔例題〕芮氏規模(M)是描述地震規模（E焦耳：能量的大小）的單位，其計算方式如下。

$$\log_{10} E = 4.8 + 1.5M \quad \cdots\cdots①$$

請問當芮氏規模增加m時，地震的能量會增加多少？

[解答] 假設芮氏規模為M時，能量為E_M，則根據①，$E_M = 10^{4.8+1.5M}$。故，

$$\frac{E_{M+m}}{E_M} = \frac{10^{4.8+1.5(M+m)}}{10^{4.8+1.5M}} = 10^{1.5m} = (10^{1.5})^m = \sqrt{1000}^{\,m} \fallingdotseq 31.6^m$$

因此，可知芮氏規模增加1，地震的規模上升31.6倍；增加2時則上升$31.6^2 \fallingdotseq 1000$倍。

指數誕生於西元前，對數則誕生於16世紀

早在西元前2000年前後的古代埃及，人類就已經想到了將同一個數重複相乘數次的概念。其後，相隔很長一段時間後，指數的概念才得到延伸，在14世紀時出現分數指數，並在17世紀時開始使用負指數。另外，與指數密切相關的對數則是約翰・納皮爾（1550～1617）想出來的。藉由對數的使用，人們變得可以簡單地進行龐大的數字（大數）計算。

對數函數及其性質

常用對數及其性質

> 對於正數 N，將以10為底的對數 $\log_{10} N$ 的值寫成
>
> $$\log_{10} N = m+a \quad (m為整數，0 \leq a < 1)$$
>
> 時，整數 m 稱為**首數**，小數 a 稱為**尾數**。
>
> (1) 首數 m 的性質
>
> $N > 1$ 時　　N 的位數 $= m+1$
>
> $0 < N < 1$ 時　　N 中不是 0 的數字最先出現於小數點後第 $|m|$ 位
>
> (2) 尾數 a 的性質
>
> 依表示 N 的各個位數的數字排列方式而定，與小數點的位置無
> 關。

解說！常用對數的計算

以10為底的對數稱為**常用對數**。對於1以上、未滿10的真數 x，將其常用對數 $\log_{10} x$ 的值整理成一張常用對數表（第172頁）後，便可以利用對數的性質（§58），運用常用對數計算大數的近似值。

為何會如此？

雖然聽起來很難，但只要看看下面的具體範例，就會明白上面(1)和(2)成立的原因。

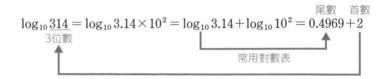

$$\log_{10} \underline{314} = \log_{10} 3.14 \times 10^2 = \log_{10} 3.14 + \log_{10} 10^2 = 0.4969 + 2$$

$$\log_{10} 0.000314 = \log_{10} 3.14 \times 10^{-4} = \log_{10} 3.14 + \log_{10} 10^{-4} = \overset{\text{尾數}}{0.4969} \overset{\text{首數}}{-4}$$

小數點後第4位 ← ← 常用對數表

〔例題〕用常用對數找出 3^{100} 是多少。

[解答] 利用下頁的「常用對數表」，可知 $\log_{10}3 = 0.4771$。因此，根據對數的性質，

$$\log_{10}3^{100} = 100\log_{10}3 = 100 \times 0.4771 = 47.71 = 47 + 0.71$$

故，依照對數的定義和指數的性質，

$$3^{100} = 10^{47.71} = 10^{47+0.71} = 10^{47} \times 10^{0.71}$$

其中，假設 $a = 10^{0.71}$，將之寫成對數 log 即是 $0.71 = \log_{10}a$。用常用對數表反查可知 $a = 5.13$

因此，$3^{100} = 10^{47.71} = 10^{47} \times 10^{0.71} = 5.13 \times 10^{47}$

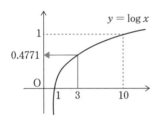
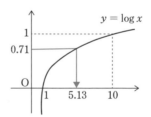

納皮爾常數 e 和自然對數

相較於約翰・納皮爾採用**納皮爾常數** e（$= 2.71828\cdots\cdots$）作為對數的底數，英格蘭數學家亨利・布里斯（1561～1630）提倡以10為底數，製作一張常用對數表。另外，以納皮爾常數 e 為底數的對數稱為**自然對數**，數學符號寫成「$\ln$」。換言之，$\ln = \log_e$

常用對數表

左欄為3.0且
上欄為0時就代表log(3.00)，
兩欄的交點0.4771就是log(3.00)的值

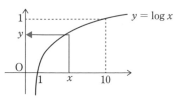

$y = \log x$

數	0	1	2	3	4	5	6	7	8	9
1.0	0.0000	0.0043	0.0086	0.0128	0.0170	0.0212	0.0253	0.0294	0.0334	0.0374
1.1	0.0414	0.0453	0.0492	0.0531	0.0569	0.0607	0.0645	0.0682	0.0719	0.0755
1.2	0.0792	0.0828	0.0864	0.0899	0.0934	0.0969	0.1004	0.1038	0.1072	0.1106
1.3	0.1139	0.1173	0.1206	0.1239	0.1271	0.1303	0.1335	0.1367	0.1399	0.1430
1.4	0.1461	0.1492	0.1523	0.1553	0.1584	0.1614	0.1644	0.1673	0.1703	0.1732
1.5	0.1761	0.1790	0.1818	0.1847	0.1875	0.1903	0.1931	0.1959	0.1987	0.2014
1.6	0.2041	0.2068	0.2095	0.2122	0.2148	0.2175	0.2201	0.2227	0.2253	0.2279
1.7	0.2304	0.2330	0.2355	0.2380	0.2405	0.2430	0.2455	0.2480	0.2504	0.2529
1.8	0.2553	0.2577	0.2601	0.2625	0.2648	0.2672	0.2695	0.2718	0.2742	0.2765
1.9	0.2788	0.2810	0.2833	0.2856	0.2878	0.2900	0.2923	0.2945	0.2967	0.2989
2.0	0.3010	0.3032	0.3054	0.3075	0.3096	0.3118	0.3139	0.3160	0.3181	0.3201
2.1	0.3222	0.3243	0.3263	0.3284	0.3304	0.3324	0.3345	0.3365	0.3385	0.3404
2.2	0.3424	0.3444	0.3464	0.3483	0.3502	0.3522	0.3541	0.3560	0.3579	0.3598
2.3	0.3617	0.3636	0.3655	0.3674	0.3692	0.3711	0.3729	0.3747	0.3766	0.3784
2.4	0.3802	0.3820	0.3838	0.3856	0.3874	0.3892	0.3909	0.3927	0.3945	0.3962
2.5	0.3979	0.3997	0.4014	0.4031	0.4048	0.4065	0.4082	0.4099	0.4116	0.4133
2.6	0.4150	0.4166	0.4183	0.4200	0.4216	0.4232	0.4249	0.4265	0.4281	0.4298
2.7	0.4314	0.4330	0.4346	0.4362	0.4378	0.4393	0.4409	0.4425	0.4440	0.4456
2.8	0.4472	0.4487	0.4502	0.4518	0.4533	0.4548	0.4564	0.4579	0.4594	0.4609
2.9	0.4624	0.4639	0.4654	0.4669	0.4683	0.4698	0.4713	0.4728	0.4742	0.4757
3.0	0.4771	0.4786	0.4800	0.4814	0.4829	0.4843	0.4857	0.4871	0.4886	0.4900
3.1	0.4914	0.4928	0.4942	0.4955	0.4969	0.4983	0.4997	0.5011	0.5024	0.5038
3.2	0.5051	0.5065	0.5079	0.5092	0.5105	0.5119	0.5132	0.5145	0.5159	0.5172
3.3	0.5185	0.5198	0.5211	0.5224	0.5237	0.5250	0.5263	0.5276	0.5289	0.5302
3.4	0.5315	0.5328	0.5340	0.5353	0.5366	0.5378	0.5391	0.5403	0.5416	0.5428
3.5	0.5441	0.5453	0.5465	0.5478	0.5490	0.5502	0.5514	0.5527	0.5539	0.5551
3.6	0.5563	0.5575	0.5587	0.5599	0.5611	0.5623	0.5635	0.5647	0.5658	0.5670
3.7	0.5682	0.5694	0.5705	0.5717	0.5729	0.5740	0.5752	0.5763	0.5775	0.5786
3.8	0.5798	0.5809	0.5821	0.5832	0.5843	0.5855	0.5866	0.5877	0.5888	0.5899
3.9	0.5911	0.5922	0.5933	0.5944	0.5955	0.5966	0.5977	0.5988	0.5999	0.6010
4.0	0.6021	0.6031	0.6042	0.6053	0.6064	0.6075	0.6085	0.6096	0.6107	0.6117
4.1	0.6128	0.6138	0.6149	0.6160	0.6170	0.6180	0.6191	0.6201	0.6212	0.6222
4.2	0.6232	0.6243	0.6253	0.6263	0.6274	0.6284	0.6294	0.6304	0.6314	0.6325
4.3	0.6335	0.6345	0.6355	0.6365	0.6375	0.6385	0.6395	0.6405	0.6415	0.6425
4.4	0.6435	0.6444	0.6454	0.6464	0.6474	0.6484	0.6493	0.6503	0.6513	0.6522
4.5	0.6532	0.6542	0.6551	0.6561	0.6571	0.6580	0.6590	0.6599	0.6609	0.6618
4.6	0.6628	0.6637	0.6646	0.6656	0.6665	0.6675	0.6684	0.6693	0.6702	0.6712
4.7	0.6721	0.6730	0.6739	0.6749	0.6758	0.6767	0.6776	0.6785	0.6794	0.6803
4.8	0.6812	0.6821	0.6830	0.6839	0.6848	0.6857	0.6866	0.6875	0.6884	0.6893
4.9	0.6902	0.6911	0.6920	0.6928	0.6937	0.6946	0.6955	0.6964	0.6972	0.6981
5.0	0.6990	0.6998	0.7007	0.7016	0.7024	0.7033	0.7042	0.7050	0.7059	0.7067

0.71→5.13

數	0	1	2	3	4	5	6	7	8	9
5.1	0.7076	0.7084	0.7093	0.7101	0.7110	0.7118	0.7126	0.7135	0.7143	0.7152
5.2	0.7160	0.7168	0.7177	0.7185	0.7193	0.7202	0.7210	0.7218	0.7226	0.7235
5.3	0.7243	0.7251	0.7259	0.7267	0.7275	0.7284	0.7292	0.7300	0.7308	0.7316
5.4	0.7324	0.7332	0.7340	0.7348	0.7356	0.7364	0.7372	0.7380	0.7388	0.7396
5.5	0.7404	0.7412	0.7419	0.7427	0.7435	0.7443	0.7451	0.7459	0.7466	0.7474
5.6	0.7482	0.7490	0.7497	0.7505	0.7513	0.7520	0.7528	0.7536	0.7543	0.7551
5.7	0.7559	0.7566	0.7574	0.7582	0.7589	0.7597	0.7604	0.7612	0.7619	0.7627
5.8	0.7634	0.7642	0.7649	0.7657	0.7664	0.7672	0.7679	0.7686	0.7694	0.7701
5.9	0.7709	0.7716	0.7723	0.7731	0.7738	0.7745	0.7752	0.7760	0.7767	0.7774
6.0	0.7782	0.7789	0.7796	0.7803	0.7810	0.7818	0.7825	0.7832	0.7839	0.7846
6.1	0.7853	0.7860	0.7868	0.7875	0.7882	0.7889	0.7896	0.7903	0.7910	0.7917
6.2	0.7924	0.7931	0.7938	0.7945	0.7952	0.7959	0.7966	0.7973	0.7980	0.7987
6.3	0.7993	0.8000	0.8007	0.8014	0.8021	0.8028	0.8035	0.8041	0.8048	0.8055
6.4	0.8062	0.8069	0.8075	0.8082	0.8089	0.8096	0.8102	0.8109	0.8116	0.8122
6.5	0.8129	0.8136	0.8142	0.8149	0.8156	0.8162	0.8169	0.8176	0.8182	0.8189
6.6	0.8195	0.8202	0.8209	0.8215	0.8222	0.8228	0.8235	0.8241	0.8248	0.8254
6.7	0.8261	0.8267	0.8274	0.8280	0.8287	0.8293	0.8299	0.8306	0.8312	0.8319
6.8	0.8325	0.8331	0.8338	0.8344	0.8351	0.8357	0.8363	0.8370	0.8376	0.8382
6.9	0.8388	0.8395	0.8401	0.8407	0.8414	0.8420	0.8426	0.8432	0.8439	0.8445
7.0	0.8451	0.8457	0.8463	0.8470	0.8476	0.8482	0.8488	0.8494	0.8500	0.8506
7.1	0.8513	0.8519	0.8525	0.8531	0.8537	0.8543	0.8549	0.8555	0.8561	0.8567
7.2	0.8573	0.8579	0.8585	0.8591	0.8597	0.8603	0.8609	0.8615	0.8621	0.8627
7.3	0.8633	0.8639	0.8645	0.8651	0.8657	0.8663	0.8669	0.8675	0.8681	0.8686
7.4	0.8692	0.8698	0.8704	0.8710	0.8716	0.8722	0.8727	0.8733	0.8739	0.8745
7.5	0.8751	0.8756	0.8762	0.8768	0.8774	0.8779	0.8785	0.8791	0.8797	0.8802
7.6	0.8808	0.8814	0.8820	0.8825	0.8831	0.8837	0.8842	0.8848	0.8854	0.8859
7.7	0.8865	0.8871	0.8876	0.8882	0.8887	0.8893	0.8899	0.8904	0.8910	0.8915
7.8	0.8921	0.8927	0.8932	0.8938	0.8943	0.8949	0.8954	0.8960	0.8965	0.8971
7.9	0.8976	0.8982	0.8987	0.8993	0.8998	0.9004	0.9009	0.9015	0.9020	0.9025
8.0	0.9031	0.9036	0.9042	0.9047	0.9053	0.9058	0.9063	0.9069	0.9074	0.9079
8.1	0.9085	0.9090	0.9096	0.9101	0.9106	0.9112	0.9117	0.9122	0.9128	0.9133
8.2	0.9138	0.9143	0.9149	0.9154	0.9159	0.9165	0.9170	0.9175	0.9180	0.9186
8.3	0.9191	0.9196	0.9201	0.9206	0.9212	0.9217	0.9222	0.9227	0.9232	0.9238
8.4	0.9243	0.9248	0.9253	0.9258	0.9263	0.9269	0.9274	0.9279	0.9284	0.9289
8.5	0.9294	0.9299	0.9304	0.9309	0.9315	0.9320	0.9325	0.9330	0.9335	0.9340
8.6	0.9345	0.9350	0.9355	0.9360	0.9365	0.9370	0.9375	0.9380	0.9385	0.9390
8.7	0.9395	0.9400	0.9405	0.9410	0.9415	0.9420	0.9425	0.9430	0.9435	0.9440
8.8	0.9445	0.9450	0.9455	0.9460	0.9465	0.9469	0.9474	0.9479	0.9484	0.9489
8.9	0.9494	0.9499	0.9504	0.9509	0.9513	0.9518	0.9523	0.9528	0.9533	0.9538
9.0	0.9542	0.9547	0.9552	0.9557	0.9562	0.9566	0.9571	0.9576	0.9581	0.9586
9.1	0.9590	0.9595	0.9600	0.9605	0.9609	0.9614	0.9619	0.9624	0.9628	0.9633
9.2	0.9638	0.9643	0.9647	0.9652	0.9657	0.9661	0.9666	0.9671	0.9675	0.9680
9.3	0.9685	0.9689	0.9694	0.9699	0.9703	0.9708	0.9713	0.9717	0.9722	0.9727
9.4	0.9731	0.9736	0.9741	0.9745	0.9750	0.9754	0.9759	0.9763	0.9768	0.9773
9.5	0.9777	0.9782	0.9786	0.9791	0.9795	0.9800	0.9805	0.9809	0.9814	0.9818
9.6	0.9823	0.9827	0.9832	0.9836	0.9841	0.9845	0.9850	0.9854	0.9859	0.9863
9.7	0.9868	0.9872	0.9877	0.9881	0.9886	0.9890	0.9894	0.9899	0.9903	0.9908
9.8	0.9912	0.9917	0.9921	0.9926	0.9930	0.9934	0.9939	0.9943	0.9948	0.9952
9.9	0.9956	0.9961	0.9965	0.9969	0.9974	0.9978	0.9983	0.9987	0.9991	0.9996

59 第5章 函數

常用對數及其性質

§**60**

等差數列之和的公式

首項 a、公差 d 的等差數列，至第 n 項為止的和 S_n 為

$$S_n = \frac{(\text{首項} + \text{末項}) \times \text{項數}}{2} = \frac{\{2a + (n-1)d\} \times n}{2} \quad \cdots\cdots①$$

解說！「$1+3+5+\cdots$」的等差數列的和

　　1、3、5、7、9、……這種數字的排列稱為「**數列**」，最前頭的數字稱為**首項**，而各項的差為固定值（**公差**：如本例為 2）的數列就叫**等差數列**。從首項 a 依序加上公差 d 後所得的等差數列，可表示成

　　　　$a_1 = a$、$a_2 = a+d$、$a_3 = a+2d$、$a_4 = a+3d$、……

此時，一般項（第 n 項）a_n 如下。

　　$a_n = a + (n-1)d$

　　而公式①的意思，就是只要知道首項、公差、項數這三者，就能求出首項至第 n 項為止的和。

為何會如此？

　　等差數列的差為固定值，所以用棒狀圖表示 $S_n = a_1 + a_2 + a_3 + \cdots\cdots + a_n$ 後，會呈現階梯狀。每根棒的高度就是等差數列的各項值，若以橫長為 1，則 S_n 就相當於這個棒狀圖的面積。

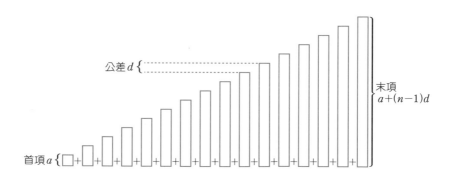

公差 d

末項 $a + (n-1)d$

首項 a

第6章　**數列**

174

由於這個棒狀圖為階梯狀，要計算面積稍微麻煩一點。但只要再補上一個旋轉180°後的圖形，就能變成長方形（右圖）。這個長方形的面積，高等於（首項＋末項），橫幅即是項數n，故為

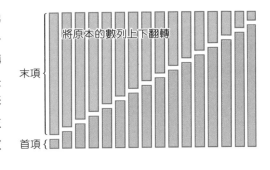

「(首項＋末項)$\times n$」

所求的和S_n即是此長方形面積的一半，由此便可得出公式①。另外，末項就是數列的最後一項。

算算看就懂了！

首項為10、公差為3的等差數列前20項之和為

$$S_{20} = \frac{\{2 \times 10 + (20-1) \times 3\} \times 20}{2} = 770$$

此外，因為這個等差數列的第20項為$a_{20} = 10 + 19 \times 3 = 67$，所以也可以用下面的方法計算。

$$S_{20} = \frac{(首項＋末項) \times 項數}{2} = \frac{(10+67) \times 20}{2} = 770$$

天才高斯的發現！

高斯（1777～1855）是同時精通數學、天文、物理學等領域的德國天才，據說早在小學的時候，遇到$1+2+3+\cdots\cdots+99+100$的問題時，就想出用$101 \times 100 \div 2$來解題的方式，瞬間講出答案5050，讓上課的老師也嚇了一大跳。

$$
\begin{array}{ccccccccccccccc}
1 & + & 2 & + & 3 & + & \cdots & + & 50 & + & 51 & + & \cdots & + & 98 & + & 99 & + & 100 \\
100 & + & 99 & + & 98 & + & \cdots & + & 51 & + & 50 & + & \cdots & + & 3 & + & 2 & + & 1 \\
\hline
101 & + & 101 & + & 101 & + & \cdots & + & 101 & + & 101 & + & \cdots & + & 101 & + & 101 & + & 101
\end{array}
$$

反過來相加，即是100個101。

年幼的高斯，就是這麼發現了等差數列之和的原理。

等差數列之和的公式

§61

等比數列之和的公式

首項 a、公比 r 的等比數列，至第 n 項為止的和 S_n 為

$$S_n = \frac{a(1-r^n)}{1-r} \quad \cdots\cdots ① \quad (r \neq 1) \qquad S_n = an \quad \cdots\cdots ② \quad (r=1)$$

解說！等比數列的和

自首項 a 依序乘以固定的數 r 後所得的數列稱為**等比數列**，例如

$$a_1 = a \cdot a_2 = ar \cdot a_3 = ar^2 \cdot a_4 = ar^3 \cdot \cdots\cdots$$

此時，一般項（第 n 項）a_n 為

$$a_n = ar^{n-1}$$

其中，r 稱為**公比**。公式①、②的意思，就是只要知道首項、公比、項數這三者，便可算出自首項至第 n 項為止的和。

為何會如此？

要計算等比數列的和 $\quad S_n = a + ar + ar^2 + ar^3 + \cdots + ar^{n-1} \quad \cdots\cdots③$，需要運用「交叉相消」的技法。也就是將③和③的兩邊同乘以 r 的算式上下相減，斜項對消（下圖）。

$$
\begin{array}{r}
S_n = a + ar + ar^2 + ar^3 + \cdots + ar^{n-1} \\
-) \quad rS_n = ar + ar^2 + ar^3 + ar^4 + \cdots + ar^n \\
\hline
(1-r)S_n = a - ar^n
\end{array}
$$

這個相減的過程用圖來說明就如右頁所示。因此，$r \neq 1$ 時可得①。而 $r = 1$ 時很明顯可由③得到②。

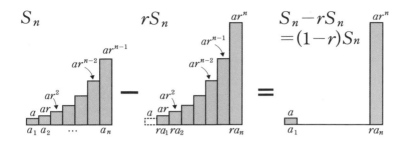

〔例題〕請計算首項10、公比3的等比數列，從首項至第8項為止的和。

[解答] 根據前頁的公式①，

$$S_8 = \frac{10(1-3^8)}{1-3} = 5 \times 6560 = 32800$$

秀吉 vs 曾呂利新左衛門

　　以前有個小故事，說豐臣秀吉要褒獎家臣曾呂利新左衛門，告訴他「不論你要什麼獎賞我都賜給你」，結果曾呂利新左衛門要求秀吉「第一天請給我1粒米，隔天再給我第一天兩倍的2粒米，再隔天給我前一天兩倍的4粒米……每天都給我前一天兩倍的米粒」。秀吉聽了稱讚他「真是個清心寡慾的傢伙」，一口就答應了。但才過了30天，就蒼白著臉，拜託曾呂利新左衛門要求別的獎賞。這是因為，這30天賞賜給他的米粒數量為

$$1+2+2^2+2^3+\cdots\cdots+2^{29}=2^{30}-1=10 \text{億} 7374 \text{萬} 1823 \text{粒}$$

將這個數量的米粒換成重量(kg)表示，假設1000粒約23公克，則有2萬4696公斤，也就是25公噸。僅僅一個月就高達25公噸。

　　另外，類似的故事也曾出現在代表伊斯蘭世界、11世紀的學者比魯尼（973～1048）的著作中。

　　等差數列和等比數列的起源最早可追溯至西元前。仔細想想，或許1、2、3、4、5、……和1、2、4、8、16、……等數列在我們的生活中是極其自然的也說不定。

等比數列之和的公式

數列 $\{n^k\}$ 之和的公式

---

(1)　$1+2+3+\cdots+(n-1)+n=\dfrac{1}{2}n(n+1)$

(2)　$1^2+2^2+3^2+\cdots+n^2=\dfrac{1}{6}n(n+1)(2n+1)$

(3)　$1^3+2^3+3^3+\cdots+n^3=\left\{\dfrac{1}{2}n(n+1)\right\}^2$

解說！求 n^k 的和

　　上述(1)～(3)數列之和的公式，分別以一次方和、二次方和、三次方和的公式而聞名。本書在「積分」的章節也會使用到，跟求和符號 Σ 並用時非常方便。

● Σ符號的用法

　　Σ（sigma）符號是用來表現數列之和的好用符號，其意義如下，

$$\sum_{k=1}^{n}a_k=a_1+a_2+a_3+\cdots+a_{n-1}+a_n$$

也就是數列 $\{a_n\}$ 的首項至第 n 項為止的和。上面雖然用的是 k，但也可以換成 i 等其他文字。

$$\sum_{i=1}^{n}a_i=a_1+a_2+a_3+\cdots+a_{n-1}+a_n$$

這個Σ具有以下的性質（線性）。

$$\sum_{k=1}^{n}(a_k+b_k)=\sum_{k=1}^{n}a_k+\sum_{k=1}^{n}b_k \qquad \sum_{k=1}^{n}ca_k=c\sum_{k=1}^{n}a_k \quad （c為常數）$$

為何會如此？

　　上面三個公式(1)、(2)、(3)皆可使用 $(a+b)^k$ 的展開式導出。由於原理都相同，所以這裡我們只介紹(1)。

由 $(k+1)^2 = k^2 + 2k + 1$　可得　$(k+1)^2 - k^2 = 2k + 1$

當 $k = 1$ 時　　$2^2 - 1^2 = 2 \times 1 + 1$
當 $k = 2$ 時　　$3^2 - 2^2 = 2 \times 2 + 1$
當 $k = 3$ 時　　$4^2 - 3^2 = 2 \times 3 + 1$
$\cdots\cdots\cdots$　　　$\cdots\cdots\cdots\cdots\cdots\cdots\cdots\cdots$
$\cdots\cdots\cdots$　　　$\cdots\cdots\cdots\cdots\cdots\cdots\cdots\cdots$
當 $k = n$ 時　　$(n+1)^2 - n^2 = 2 \times n + 1$

兩邊分別相加後　$(n+1)^2 - 1^2 = 2(1 + 2 + 3 + \cdots + n) + 1 \times n$

然後，可得 $1 + 2 + 3 + \cdots + (n-1) + n = \dfrac{1}{2}n(n+1)$

（注）若只有(1)的話，也可用等差數列之和的公式求出。

試試看就懂了！「數列的公式」

(1)　$1 + 2 + 3 + \cdots + 99 + 100 = \dfrac{1}{2} \times 100(100 + 1) = 5050$

(2)　$1^2 + 2^2 + 3^2 + \cdots + 100^2 = \dfrac{1}{6} \times 100(100 + 1)(2 \times 100 + 1) = 338350$

(3)　$1^3 + 2^3 + 3^3 + \cdots + 100^3 = \left\{\dfrac{1}{2} \times 100(100 + 1)\right\}^2 = 25502500$

(4)　$S = 1 \cdot 2 + 2 \cdot 3 + 3 \cdot 4 + 4 \cdot 5 + \cdots + n(n+1)$

$= \displaystyle\sum_{k=1}^{n} k(k+1) = \sum_{k=1}^{n}(k^2 + k)$

$= \displaystyle\sum_{k=1}^{n} k^2 + \sum_{k=1}^{n} k$

$= \dfrac{n(n+1)(2n+1)}{6} + \dfrac{n(n+1)}{2} = \dfrac{n(n+1)(n+2)}{3}$

遞迴關係式 $a_{n+1} = pa_n + q$ 的解法

> 對於滿足遞迴關係式 $a_{n+1} = pa_n + q$ ……① 、 $a_1 = a$ ……②
> 的數列 $\{a_n\}$ 的一般項,
>
> (1) 當 $p = 1$ 時 $a_n = a + (n-1)q$ ……③
>
> (2) 當 $p \neq 1$ 時 $a_n = p^{n-1}\left(a - \dfrac{q}{1-p}\right) + \dfrac{q}{1-p}$ ……④

解說!遞迴關係式的用法

數列 $\{a_n\}$ 中,若給定上述的兩個規則①、②,可用②決定首項,用①決定第二項,然後,再用①決定第三項……。重複此過程,便可決定一般項 a_n。這種數列的決定法稱為**歸納式定義**,而表示項與項之間關係的①、②則叫**遞迴關係式**。

●用遞迴關係式求一般項

若給定一遞迴關係式,只需以首項為基礎,反覆代入遞迴關係式,最後一定可以求出「任意第 n 項」。然而,難道沒有更有效率的方法嗎。其實,根據遞迴關係式的內容,一般項 a_n 可以寫成用 n 表達的數學式。例如遞迴關係式①、②,一般項一定可以像③、④那樣寫成以 n 表達的數學式。

●創造遞迴關係式

從給定的遞迴關係式求出一般項雖然重要,但更重要的是,面對某個問題時,該如何將問題的本質表示成遞迴關係式。下面就讓我們一起挑戰看看吧。

(1) 當 $p=1$ 時

遞迴關係式①為 $a_{n+1}=a_n+q$，數列 $\{a_n\}$ 為首項為 a，公差為 q 的等差數列，可得到③。

(2) 當 $p\neq1$ 時

以 $a_n-\alpha=b_n$ 為例。我們可以將此數列視為 $\{a_n\}$ 平移 α 後的數列。如此一來，①可寫成 $b_{n+1}+\alpha=p(b_n+\alpha)+q$

$$b_{n+1}+\alpha=pb_n+p\alpha+q \quad \cdots\cdots⑤$$

其中， $\alpha=p\alpha+q \quad \cdots\cdots⑥$ 換言之，若 $\alpha=\dfrac{q}{1-p}$

則⑤為 $b_{n+1}=pb_n$ ，$\{b_n\}$ 為公比 p 的等比數列。

故， $b_n=p^{n-1}b_1=p^{n-1}(a_1-\alpha)=p^{n-1}\left(a-\dfrac{q}{1-p}\right)$

$$\therefore \quad a_n=b_n+\alpha=p^{n-1}\left(a-\dfrac{q}{1-p}\right)+\dfrac{q}{1-p}$$

這裡算出的 α，與將 x 代入原遞迴關係式①的 a_{n+1} 和 a_n 的方程式 $x=px+q$ 的解一致，這個方程式稱為①的**特徵多項式**。另外，遞迴關係式①是 a_n 決定時 a_{n+1} 也會確定的函數。因此，將 a_{n+1} 換成 y，將 a_n 換成 x，想成 $y=px+q$ 時，這個圖形與直線 $y=x$ 交點的 x 座標即為特徵多項式的解。

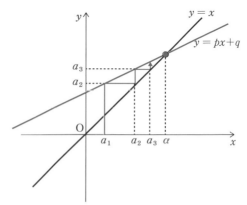

〔例題〕n 個圓盤如下圖所示，以下方放置大的圓盤的規則從地點A往上疊。

河內塔

A   B   C

然後，依照下面的規則，將地點A上所有圓盤移動到地點C（或是B）。

(1) 每次操作只能移動一個圓盤。

(2) 大的圓盤不能放在小的圓盤上。

請問最少需要操作幾次才能完成？

[解答] 這就是俗稱河內塔（梵天塔）的問題。首先從建立遞迴關係式開始吧。

假設一共有 n 個圓盤，且依照上述的規則，將所有圓盤移動到另一個地方所需的最少移動次數為 a_n。則欲將 n 個圓盤從 A 地全部移動到 C 地時，

(i) 需先將 A 地上面 $n-1$ 個圓盤以最少移動次數移動到 B 地。所需次數為 a_{n-1}。

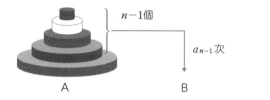

$n-1$個

a_{n-1}次

A   B   C

(ii) 將 A 地剩下的 1 個圓盤移動到 C 地。此時移動次數為 1 次。

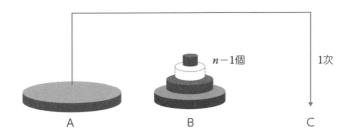

(iii) 將 B 地的 $n-1$ 個圓盤以最少移動次數移動到 C 地。移動次數為 a_{n-1}。

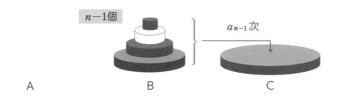

依據(i)(ii)(iii)，可得遞迴關係式　$a_n = a_{n-1} + 1 + a_{n-1} = 2a_{n-1} + 1$

● 由遞迴關係式求一般項

遞迴關係式 $a_n = 2a_{n-1} + 1$ 可寫成 $a_{n+1} = 2a_n + 1$。也就是將 $p=2$、$q=1$ 代入開頭的遞迴關係式①。根據此式，且 $a_1 = 1$，故由④可知此遞迴關係式的一般項為 $a_n = 2^n - 1$

做為參考，下面提供了河內塔的圓盤為 n 個時所需的移動時間。假設移動 1 個圓盤所需的時間為 1 秒。

n	最少移動次數	時間（hour）	日數（day）	年（year）
10	1023	0.2841667	0.0118403	3.24×10^{-5}
50	1.126×10^{15}	3.13×10^{11}	1.3×10^{10}	35702052
100	1.268×10^{30}	3.52×10^{26}	1.47×10^{25}	4.02×10^{22}

§**64**

遞迴關係式 $a_{n+2}+pa_{n+1}+qa_n=0$ 的解法

満足遞迴關係式 $a_{n+2}+pa_{n+1}+qa_n=0$ ……①、

$a_1=a$、$a_2=b$ ……②的數列 $\{a_n\}$ 的一般項為

(1) 當 $\alpha \neq \beta$ 時 $a_n=\dfrac{b-a\beta}{\alpha-\beta}\alpha^{n-1}-\dfrac{b-a\alpha}{\alpha-\beta}\beta^{n-1}$ ……③

(2) 當 $\alpha=\beta$ 時 $a_n=a\alpha^{n-1}+(n-1)(b-a\alpha)\alpha^{n-2}$ ……④

其中，α、β 為①的特徵多項式 $x^2+px+q=0$ 的解。

解說！遞迴關係式的解法？

①的意思是「只要知道前兩項，就能知道後面的其他項」。

$$a_{n+2}=-pa_{n+1}-qa_n$$

前一節我們只介紹了兩項之間的關係，本節我們會進一步討論到三項之間的關係。

為何會如此？

若以 $a_{n+2}+pa_{n+1}+qa_n=0$ ……①的特徵多項式 $x^2+px+q=0$ 的解為 α、β，則根據解與係數的關係（§15），$\alpha+\beta=-p$、$\alpha\beta=q$，故①可變形如下。

$$a_{n+2}-(\alpha+\beta)a_{n+1}+\alpha\beta a_n=0 \quad ……⑤$$

然後將⑤式變形成下面兩式。

$$\left.\begin{array}{l} a_{n+2}-\alpha a_{n+1}=\beta(a_{n+1}-\alpha a_n) \\ a_{n+2}-\beta a_{n+1}=\alpha(a_{n+1}-\beta a_n) \end{array}\right\} \quad ……⑥$$

將⑥的兩式各自重複使用後可得

$$\left.\begin{array}{l} a_{n+1}-\alpha a_n=\beta^{n-1}(a_2-\alpha a_1)=\beta^{n-1}(b-a\alpha) \\ a_{n+1}-\beta a_n=\alpha^{n-1}(a_2-\beta a_1)=\alpha^{n-1}(b-a\beta) \end{array}\right\} \quad ……⑦$$

(1) 當 $\alpha \neq \beta$ 時

將⑦的兩式相減

$$-\alpha a_n + \beta a_n = \beta^{n-1}(b-a\alpha) - \alpha^{n-1}(b-a\beta)$$

故 $a_n = \dfrac{b-a\beta}{\alpha-\beta}\alpha^{n-1} - \dfrac{b-a\alpha}{\alpha-\beta}\beta^{n-1}$

(2) 當 $\alpha = \beta$ 時

由⑦的第一式可得 $a_{n+1} - \alpha a_n = \alpha^{n-1}(b-a\alpha)$

將兩邊同除以 α^{n+1} 後 $\dfrac{a_{n+1}}{\alpha^{n+1}} - \dfrac{a_n}{\alpha^n} = \dfrac{b}{\alpha^2} - \dfrac{a}{\alpha}$ （定值）

可知 $\left\{\dfrac{a_n}{\alpha^n}\right\}$ 為等差數列 $\therefore$ $\dfrac{a_n}{\alpha^n} = \dfrac{a}{\alpha} + (n-1)\left(\dfrac{b}{\alpha^2} - \dfrac{a}{\alpha}\right)$

將此式的兩邊同乘以 α^n 即可得到④。

另外，在 $a_{n+2} + pa_{n+1} + qa_n + r = 0$ 有常數項 r 存在的時候，只要 k 為可使 $a_n = b_n + k$ 中的常數項消失的值，就會回到公式①。

那麼，接下來讓我們以爬樓梯的例子，實際使用三項間的遞迴關係式吧。

〔例題〕假設爬樓梯的時候，可以一步跨 1 階或 2 階。在此條件下爬完 n 階的樓梯，請問有幾種爬法？

[解答] 首先，假設爬完 n 階樓梯的爬法總共有 a_n 種。

(1) 當 $n = 1$、2 時

1 階、2 階的爬法總數為

$$a_1 = 1 、 a_2 = 2 \quad \cdots\cdots ⑧$$

(2) 當 $n \geqq 3$ 時

若只看攀爬 n 階樓梯時的最後一步，則必然是「最後跨 1 階」或「最後跨 2 階」其中之一。

㈲　最後跨1階時

則之前的階梯有 a_{n-1} 種走法（左下圖）。

㈡　最後跨2階時

則之前的階梯有 a_{n-2} 種走法（右下圖）。

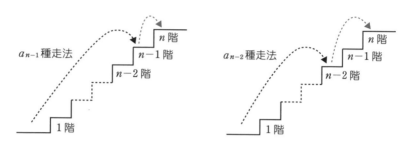

由㈲、㈡可得　$a_n = a_{n-1} + a_{n-2}$　……⑨

● 用遞迴關係式求一般項

由⑨可得　$a_n - a_{n-1} - a_{n-2} = 0$　$(n \geq 3)$

上式可改寫成　$a_{n+2} - a_{n+1} - a_n = 0$　$(n \geq 1)$。因此，滿足此遞迴關係式的一般項，根據開頭的公式，代入 $p = -1$、$q = -1$、$a = 1$、$b = 2$ 後如下。

$$a_n = \frac{1}{\sqrt{5}}\left[\frac{3+\sqrt{5}}{2}\left(\frac{1+\sqrt{5}}{2}\right)^{n-1} - \frac{3-\sqrt{5}}{2}\left(\frac{1-\sqrt{5}}{2}\right)^{n-1}\right]$$

費氏數列與遞迴關係式

數學史上有個知名的數列：

　　　1、1、2、3、5、8、13、21、34、55、89、144、233、377、……

雖然光看就讓人眼花撩亂，但寫成遞迴關係式後，其實是個非常簡單的數列。

　　　$a_{n+2} = a_{n+1} + a_n$、$a_1 = 1$、$a_2 = 1$

這個數列被稱為**費氏數列**，取名自義大利數學家李奧納多‧費波那契（12世紀後半～13世紀前半），最早出現於約800年前出版的《計算之

書》。當時費波那契以兔子的繁殖為例介紹了這個數列。

這個數列出現在很多不同的領域，是個很神祕的數列。例如下圖，將邊長為費氏數列的正方形並排在一起，以各正方形的單邊為半徑，一頂點為中心畫四分之一圓，然後將它們連起來。最後，會出現一個漂亮的渦形。這個圖形叫做**黃金螺線**。在自然界中，例如螺貝和花的紋路上，經常可以看到這種螺形。

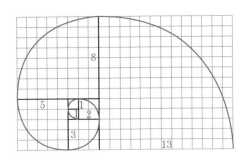

此外，這個數列任兩個連續項的比值，也就是 $\dfrac{a_n}{a_{n-1}}$，當 n 無限大時，比值將收斂至一個特定的值。也就是

$$\lim_{n \to \infty} \frac{a_n}{a_{n-1}} = \frac{1+\sqrt{5}}{2} \fallingdotseq 1.618$$

這個值稱為**黃金比例**，希臘人認為長寬比為黃金比例的長方形是這世上最美麗的方形。還有，正五邊形的頂點連成的星形，AB：BC 也是黃金比例。

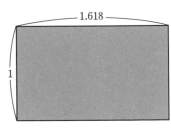

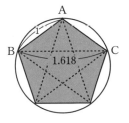

§65

數學歸納法

用下面的兩步驟證明關於自然數 n 的命題 P 對於所有 n 都成立的方法，稱為數學歸納法。

(I) 當 $n=1$ 時命題 P 成立。

(II) 假設當 $n=k$（k 為 $k\geq1$ 的自然數）時命題 P 成立，則 $n=k+1$ 時命題 P 也成立。

解說！推骨牌式的數學歸納法

這種證明方法（數學歸納法）的原理可以比喻成「推將棋」或「推骨牌」。首先，我們從 (II) 到 (I) 的順序來思考看看。

(II) 若一個骨牌倒下，下一個骨牌也會倒下。

（不論 k 的值為何，第 k 個骨牌倒下時，第 $k+1$ 個骨牌也會倒下）

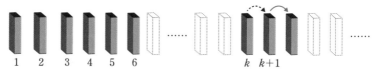

只看某骨牌 k，及其之後的骨牌 $k+1$

(I) 實際上，最前面的骨牌倒下了。

（第 1 個骨牌倒下）

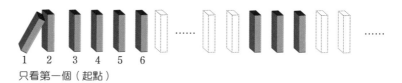

只看第一個（起點）

根據 (I)、(II)，可知所有的骨牌都會倒下。

將「骨牌倒下」這句話換成「命題 P 成立」後，就是數學歸納法了。

● 雖然稱為「歸納法」，但是真的嗎？

數學歸納法雖然叫「**歸納法**」，但令人意外的是，它的本質其實不是歸納法。因為這種方法，其實是用 (I)、(II) 決定基本原理後，再逐步衍生出去，推論出所有命題都是正確的推論方法。

另外，所謂的歸納法，應該是「調查發現幾隻烏鴉的羽毛是黑的。所以，所有烏鴉的羽毛都是黑的」的推論方法。換言之，是以部分為根據，假定某個「全稱判斷」為真的推論法。

與這種推論法相反的是**演繹法**。也就是「因為所有烏鴉都是黑的，所以未來看到的任何一隻烏鴉也會是黑的」的推論方法。換言之，演繹法是先確定結論後，才以此為根據，推論個別的事件也都符合最初的結論。

此外，「數學歸納法」這個名稱的由來，據說是因為數學史上很多事後證明是正確的預測，最初都是由歸納式的推論得出的。

〔例題〕請證明對於任意自然數 n，下面的等式都成立。

$$\frac{1}{1 \cdot 2} + \frac{1}{3 \cdot 4} + \cdots + \frac{1}{(2n-1) \cdot 2n} = \frac{1}{n+1} + \frac{1}{n+2} + \cdots + \frac{1}{n+n}$$

[解答] 證明過程如下。

(I) $\quad \dfrac{1}{1 \cdot 2} = \dfrac{1}{2}$、$\dfrac{1}{1+1} = \dfrac{1}{2}$

故，可知當 $n=1$ 時，給定的命題成立。

(II) 假設當 $\quad n=k \quad$ 時，給定的命題成立。換言之，

$$\frac{1}{1 \cdot 2} + \frac{1}{3 \cdot 4} + \cdots + \frac{1}{(2k-1) \cdot 2k} = \frac{1}{k+1} + \frac{1}{k+2} + \cdots + \frac{1}{k+k}$$

此時，

$$\frac{1}{1\cdot 2}+\frac{1}{3\cdot 4}+\cdots+\frac{1}{(2k-1)\cdot 2k}+\frac{1}{\{2(k+1)-1\}\cdot 2(k+1)}$$

$$=\frac{1}{k+1}+\frac{1}{k+2}+\cdots+\frac{1}{k+k}+\frac{1}{\{2(k+1)-1\}\cdot 2(k+1)}$$

$$=\frac{1}{k+2}+\cdots+\frac{1}{k+k}+\left\{\frac{1}{k+1}+\frac{1}{\{2(k+1)-1\}\cdot 2(k+1)}\right\}$$

$$=\frac{1}{k+2}+\cdots+\frac{1}{k+k}+\left\{\frac{4k+3}{(2k+1)(2k+2)}\right\}$$

$$=\frac{1}{k+2}+\cdots+\frac{1}{k+k}+\left\{\frac{1}{2k+1}+\frac{1}{2k+2}\right\}$$

$$=\frac{1}{(k+1)+1}+\cdots+\frac{1}{(k+1)+k}+\frac{1}{(k+1)+(k+1)}$$

這顯示了當 $n=k+1$ 時，給定的命題同樣成立。

故由 (I)、(II) 可知，給定的命題對所有自然數 n 都成立。

參考

數學歸納法的各種型態

　　數學歸納法有不同的變化形。以下介紹其中幾種。

變化形 1

(I)　命題 P 在 $n=1$、2 時成立。

(II)　假設命題 P 在 $n=k$、$k+1$（k 為 $k\geq 1$ 的自然數）時成立，則當 $n=k+2$ 時，命題 P 也成立。

　　根據 (I)、(II)，可知命題 P 對所有自然數 n 皆成立。

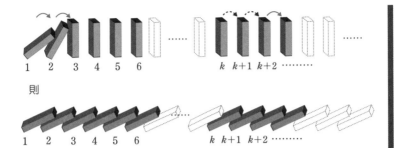

則

變化形 2

(I) 命題 P 在 $n=3$ 時成立。

(II) 假設命題 P 在 $n=k$（k 為 $k \geq 1$ 的自然數）時成立，則當 $n=k+1$ 時，命題 P 也成立。

根據(I)、(II)，可知命題 P 對 3 以上的自然數 n 也成立。

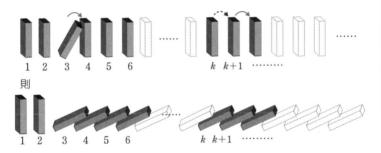

則

變化形 3

(I) 命題 P 在 $n=1$ 時成立。

(II) 假設命題 P 對所有 $n \leq k$ 的自然數 n 成立，則 $n=k+1$ 時命題 P 同樣成立。k 為任意自然數。

根據(I)、(II)，命題 P 對所有自然數 n 皆成立。

最後的這種歸納法又叫**完整歸納法**。

可微性與導數

當 Δx 無限接近 0，且 $\dfrac{f(a+\Delta x)-f(a)}{\Delta x}$ 收斂於某個值時，則我們說函數 $f(x)$ 在 $x=a$ 處可微分（具有**可微性**）。此外，我們稱這個固定值為函數 $f(x)$ 在 $x=a$ 處的**導數**，寫成 $f'(a)$。換言之，

$$f'(a) = \lim_{\Delta x \to 0} \frac{f(a+\Delta x)-f(a)}{\Delta x}$$

解說！導數？

假設函數 $f(x)$ 在 $x=a$ 的附近有定義。此時，

若 $\Delta y = f(a+\Delta x)-f(a)$　則　$\dfrac{\Delta y}{\Delta x}$，也就是說

$\dfrac{f(a+\Delta x)-f(a)}{\Delta x}$ 代表通過 A、B 兩點的直線 l 的斜率。換言之，函數 $f(x)$ 在 $x=a$ 處可微分，也就是說，

$$\lim_{\Delta x \to 0} \frac{\Delta y}{\Delta x} = \lim_{\Delta x \to 0} \frac{f(a+\Delta x)-f(a)}{\Delta x} \quad \cdots\cdots \text{①}$$

為收斂（接近某個值）的意思，就是使點 B 無限靠近點 A 時，直線 l 的斜率也會無限接近某個值。另外，Δx 不論是正是負都沒有關係。右圖為 $\Delta x > 0$ 的情況。

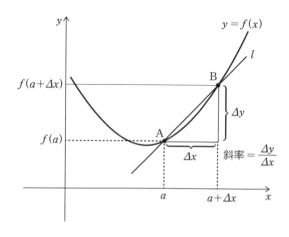

（注）$\lim\limits_{\Delta x \to 0}$ 的意思，就是 Δx 無限接近 0。

第7章
微分

●直線 *l* 的斜率無限接近某個值的意思

　　使點 B 無限靠近點 A 時，直線 *l* 的斜率也無限接近某個值的意思，就是函數 $y=f(x)$ 的圖形在**點 A 周圍看起來會接近直線狀態**。因為接近直線狀態，所以直線 *l* 不會晃動，與直線狀態一致。

　　這可以用在天空盤旋的鳥，跟在地上爬的小蟲的視點差異來理解。在鳥兒眼中，地上的道路是蜿蜒曲折的，但只要該條道路**為平滑的曲線且沒有斷點**，在小蟲眼中就只能看到筆直的道路。

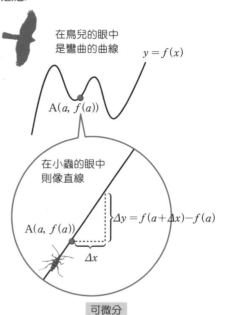

在鳥兒的眼中
是彎曲的曲線

$y=f(x)$

A($a, f(a)$)

在小蟲的眼中
則像直線

A($a, f(a)$)

$\Delta y = f(a+\Delta x) - f(a)$

Δx

可微分

●不可微分的意思

　　當①不收斂於某個值時，我們說函數 $f(x)$ 在 $x=a$ 處**不可微分**。這個意思是，不論此函數的圖形在 $x=a$ 處如何放大，看起來都不會是直線狀態。例如右圖的示例。

$y=f(x)$

中斷　　有折角　　有折角

即使在蟲眼（放大）看來，
也不可能是直線

不可微分

●若 $f(x)$ 在 $x=a$ 處可微分，則 $f(x)$ 在 $x=a$ 處連續

函數 $f(x)$ 在 $x=a$ 處可微分，代表此圖形在 $x=a$ 處沒有斷點，有連續性。

若 $f(x)$ 在 $x=a$ 處可微分，則根據定義，$\lim\limits_{\Delta x \to 0} \dfrac{f(a+\Delta x)-f(a)}{\Delta x}$ 為收斂。此時，由於分母收斂於 0，故分子也必須收斂於 0。這是因為分子不收斂於0的話，此函數就會變成發散。

因此，$\lim\limits_{\Delta x \to 0}(f(a+\Delta x)-f(a))=0$，換言之，$\lim\limits_{\Delta x \to 0}f(a+\Delta x)=f(a)$，不論 $f(a+\Delta x)$ 的值為何都會趨近於 $f(a)$，就像下圖所示。所以若 $f(x)$ 在 $x=a$ 處可微分，則 $f(x)$ 在 $x=a$ 為連續。

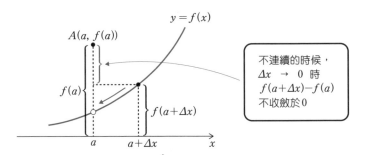

不連續的時候，
$\Delta x \to 0$ 時
$f(a+\Delta x)-f(a)$
不收斂於 0

●切線的算法

前頁的①收斂於特定值時，函數 $f(x)$ 的圖形在 $x=a$ 為直線狀態，與通過 AB 的直線 l 一致。因此，此時直線 l 可想成函數 $y=f(x)$ 在 $x=a$ 的切線（§29、§73）。換言之，通過點 $A(a, f(a))$、斜率為 $f'(a)$ 的直線可想成切線。

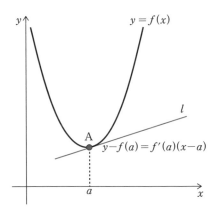

194

●速度的算法

在 y 軸上運動的動點 P 的位置，表示成時間 x 的函數 $y=f(x)$ 時，$\dfrac{\Delta y}{\Delta x}$ 可想成 a 與 $a+\Delta x$ 間的平均速度，$f'(a)$ 可想成在 $x=a$ 上的速度。

試試看！導數

(1) 函數 $f(x)=x^2$ 在 $x=1$ 處的導數 $f'(1)$ 為

$$f'(1)=\lim_{\Delta x \to 0}\frac{f(1+\Delta x)-f(1)}{\Delta x}=\lim_{\Delta x \to 0}\frac{(1+\Delta x)^2-(1)^2}{\Delta x}=\lim_{\Delta x \to 0}(2+\Delta x)=2$$

(2) 函數 $y=f(x)=4.9x^2$ 在 $x=a$ 處的導數為

$$f'(a)=\lim_{\Delta x \to 0}\frac{f(a+\Delta x)-f(a)}{\Delta x}=\lim_{\Delta x \to 0}4.9 \times \frac{(a+\Delta x)^2-(a)^2}{\Delta x}$$
$$=\lim_{\Delta x \to 0}4.9(2a+\Delta x)=9.8a$$

此函數 $f(x)$ 描述的是物體掉落 x 秒後的下落距離（m）。所以，a 秒後的掉落速度為 $9.8a$（m/s）。

永遠的對手，牛頓與萊布尼茲

微積分的誕生是數學史上一個巨大的分水嶺。以此為契機，不只是數學，所有的科學領域都發生了巨大的變化。而在 17、18 世紀奠定了微積分基礎的，乃是生活在同一時代的牛頓（英國：1642～1727）和萊布尼茲（德國：1646～1716）。相傳牛頓是從運動的觀點建立了微積分，而萊布尼茲也在同一時期用自己的途徑建立了微積分。今天我們使用的微積分符號，大多是由萊布尼茲發明的。

§**67**

導函數與基本函數的導函數

使導數 $f'(x)$ 對應於函數 $f(x)$ 定義域內任意 x 的函數，稱為函數 $f(x)$ 的**導函數**，寫做 $f'(x)$、y'、$\dfrac{dy}{dx}$、$\dfrac{d}{dx}f(x)$。換言之，

$$f'(x) = \frac{dy}{dx} = \lim_{\Delta x \to 0} \frac{\Delta y}{\Delta x} = \lim_{\Delta x \to 0} \frac{f(x+\Delta x) - f(x)}{\Delta x} \quad \cdots\cdots①$$

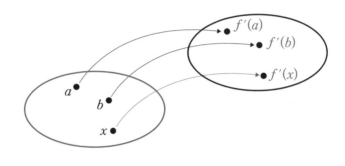

解說！什麼是導函數、微分

對於函數 $f(x)$，若 $\displaystyle\lim_{\Delta x \to 0} \frac{\Delta y}{\Delta x} = \lim_{\Delta x \to 0} \frac{f(a+\Delta x) - f(a)}{\Delta x}$ 收斂於某值，

則該值稱為函數 $f(x)$ 在 $x=a$ 處的導數，寫成 $f'(a)$（§66）。然後，對於每個 a 值都對應一個確定的 $f'(a)$，這就形成一個新的函數。這個函數可寫成 $f'(x)$，稱為 $f(x)$ 的**導函數**。寫成數學式就是上面的①。另外，求函數 $f(x)$ 的導函數的行為，就叫做對函數 $f(x)$ **微分**。

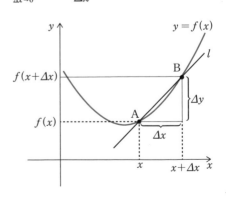

●Δx、Δy、dy、dx的關係

$\dfrac{\Delta y}{\Delta x}$ 讀做「delta x 分之 delta y」，代表 $\Delta y : \Delta x$ 的比值。相對地，$\dfrac{dy}{dx}$ 讀做「$dydx$」，代表 Δx 無限趨近 0 時的「$\Delta y : \Delta x$」的比值之極限值。用圖形表示就如同右圖。

雖然常有人說「$\dfrac{dy}{dx}$ 是一個獨立記號，不是分數」，但它其實也有分數的意義。後面我們依舊會把 $\dfrac{dy}{dx}$ 當成分數看待，屆時請回想起這張圖。

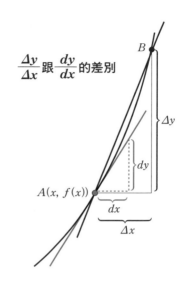

$\dfrac{\Delta y}{\Delta x}$ 跟 $\dfrac{dy}{dx}$ 的差別

（例）由 $y = x^2$ 可得　$\dfrac{dy}{dx} = 2x$

……　關於這部分請參照下面的(1)

　　　故　$dy = 2xdx$

試著求求看！導函數

(1)　函數 $f(x) = x^2$ 的導函數 $f'(x)$ 為

$$f'(x) = \lim_{\Delta x \to 0} \frac{\Delta y}{\Delta x} = \lim_{\Delta x \to 0} \frac{f(x + \Delta x) - f(x)}{\Delta x}$$

$$= \lim_{\Delta x \to 0} \frac{(x + \Delta x)^2 - (x)^2}{\Delta x}$$

$$= \lim_{\Delta x \to 0} (2x + \Delta x) = 2x$$

(2) 函數 $f(x)=\sqrt{5^2-x^2}$ 的導函數為

$$f'(x)=\lim_{\Delta x\to 0}\frac{\Delta y}{\Delta x}=\lim_{\Delta x\to 0}\frac{f(x+\Delta x)-f(x)}{\Delta x}$$

$$=\lim_{\Delta x\to 0}\frac{\sqrt{5^2-(x+\Delta x)^2}-\sqrt{5^2-x^2}}{\Delta x}$$

$$=\lim_{\Delta x\to 0}\frac{(\sqrt{5^2-(x+\Delta x)^2}-\sqrt{5^2-x^2})(\sqrt{5^2-(x+\Delta x)^2}+\sqrt{5^2-x^2})}{\Delta x(\sqrt{5^2-(x+\Delta x)^2}+\sqrt{5^2-x^2})}$$

$$=\lim_{\Delta x\to 0}\frac{-2x-\Delta x}{\sqrt{5^2-(x+\Delta x)^2}+\sqrt{5^2-x^2}}=\frac{-x}{\sqrt{5^2-x^2}}$$

(3) 函數 $f(x)=\cos x$ 的導函數為

$$f'(x)=\lim_{\Delta x\to 0}\frac{\Delta y}{\Delta x}=\lim_{\Delta x\to 0}\frac{f(x+\Delta x)-f(x)}{\Delta x}$$

$$=\lim_{\Delta x\to 0}\frac{\cos(x+\Delta x)-\cos(x)}{\Delta x}$$

$$=\lim_{\Delta x\to 0}\frac{-2\sin\left(x+\dfrac{\Delta x}{2}\right)\sin\dfrac{\Delta x}{2}}{\Delta x}$$

利用下列由三角函數的加法定理得出的和積公式
$$\cos A-\cos B=-2\sin\frac{A+B}{2}\sin\frac{A-B}{2}$$

$$=\lim_{\Delta x\to 0}-\sin\left(x+\dfrac{\Delta x}{2}\right)\dfrac{\sin\dfrac{\Delta x}{2}}{\dfrac{\Delta x}{2}}$$

利用下面的極限式
$$\lim_{\theta\to 0}\frac{\sin\theta}{\theta}=1$$

$$=-\sin x$$

基本函數的導函數

　　一如上述的 (1)~(3) 可看出，求導函數的基本方法是計算極限。然而，極限通常很不好算。所以實際上，對於最基本的函數我們會用極限來求導函數，而對於其他函數，則是用複合函數的微分法（§69）或反函數的微分法（§70）來求導函數。

(基本函數的導函數)

函數 $f(x)$	導函數 $f'(x)$
c （c 為常數）	0
x^a （a 為實數）	ax^{a-1}
$\sin x$	$\cos x$
$\cos x$	$-\sin x$
$\tan x$	$\sec^2 x = \dfrac{1}{\cos^2 x}$
$\cot x = \dfrac{1}{\tan x}$	$-\operatorname{cosec}^2 x = \dfrac{-1}{\sin^2 x}$
e^x （e 為納皮爾常數）	e^x
a^x	$a^x \log_e a$
$\log_e x$、$\log_e |x|$	$\dfrac{1}{x}$
$\log_a x$	$\dfrac{1}{x \log_e a}$

📑 **參考**

納皮爾常數 e

$\lim\limits_{h \to 0}(1+h)^{\frac{1}{h}} = 2.71828\cdots$ 稱為納皮爾常數，符號寫成 e。微分和積分使用的對數，大多都是使用以 e 為底的對數 $\log_e$，稱之為**自然對數**。此時，底數 e 通常省略不寫。另外，自然對數 $\log_e$ 有時也會表示成 $\ln$。還有，以10為底數的對數 $\log_{10}$ 稱為**常用對數**。

導函數的計算公式

> 兩函數 $f(x)$、$g(x)$ 在某區間內若可微分,則該區間內可做以下計算。
>
> (1)　$\{f(x) \pm g(x)\}' = f'(x) \pm g'(x)$　（正負號同順）
>
> (2)　$\{kf(x)\}' = kf'(x)$　k 為定值
>
> (3)　$\{f(x)g(x)\}' = f'(x)g(x) + f(x)g'(x)$
>
> (4)　$\left\{\dfrac{f(x)}{g(x)}\right\}' = \dfrac{f'(x)g(x) - f(x)g'(x)}{\{g(x)\}^2}$
>
> 　　　　　其中　　$\left\{\dfrac{1}{g(x)}\right\} = \dfrac{-g'(x)}{\{g(x)\}^2}$

解說！導函數的公式

　　運用上述導函數的公式,只要是用四則運算組合成的函數,都能輕易求出其導函數。這是一件很厲害的事情。例如運用上面的 (1)、(2) 即可進行以下運算。

$$
\begin{aligned}
(3x^4 + 2x^3 - 5x^2 + 7x + 1)' &= (3x^4)' + (2x^3)' - (5x^2)' + (7x)' + (1)' \\
&= 3(x^4)' + 2(x^3)' - 5(x^2)' + 7(x)' + (1)' \\
&= 12x^3 + 6x^2 - 10x + 7
\end{aligned}
$$

●簡化之後再記憶

　　一般在求導函數的時候,常常會用到 (1)～(4),但由於使用大量 $f(x)$ 和 $g(x)$ 等符號,所以看起來比較複雜。因此,為了便於記憶,可以不要使用 $f(x)$ 或 $g(x)$,簡化成下面的形式。

$$
(u \pm v)' = u' \pm v' \qquad (ku)' = ku'
$$

$$
(uv)' = u'v + uv' \qquad \left(\frac{u}{v}\right)' = \frac{u'v - uv'}{v^2} \qquad \left(\frac{1}{v}\right)' = \frac{-v'}{v^2}
$$

為何會如此？

上述公式皆可從導函數的定義 $f'(x) = \lim\limits_{\Delta x \to 0} \dfrac{f(x+\Delta x)-f(x)}{\Delta x}$ 得到證明，本節只針對較不容易明白的 (3)、(4) 來證明。

(3) 假設 $F(x)=f(x)g(x)$

$$F'(x) = \lim_{\Delta x \to 0} \frac{F(x+\Delta x)-F(x)}{\Delta x} = \lim_{\Delta x \to 0} \frac{f(x+\Delta x)g(x+\Delta x)-f(x)g(x)}{\Delta x}$$

$$= \lim_{\Delta x \to 0} \frac{f(x+\Delta x)g(x+\Delta x)-f(x)g(x+\Delta x)+f(x)g(x+\Delta x)-f(x)g(x)}{\Delta x}$$

$$= \lim_{\Delta x \to 0} \frac{\{f(x+\Delta x)-f(x)\}g(x+\Delta x)+\{g(x+\Delta x)-g(x)\}f(x)}{\Delta x}$$

$$= \lim_{\Delta x \to 0} \left\{ \frac{f(x+\Delta x)-f(x)}{\Delta x}g(x+\Delta x)+\frac{g(x+\Delta x)-g(x)}{\Delta x}f(x) \right\}$$

$$= f'(x)g(x)+f(x)g'(x)$$

第二行的算式（分子），運用了同時加減原本不存在的 $f(x)g(x+\Delta x)$ 的技巧。關於這部分，請參照第203頁「和尚分驢的故事」。

(4) 首先，先證明特殊的情況。為此，先假設 $F(x) = \dfrac{1}{g(x)}$

如此一來，

$$F'(x) = \lim_{\Delta x \to 0} \frac{F(x+\Delta x)-F(x)}{\Delta x} = \lim_{\Delta x \to 0} \frac{\dfrac{1}{g(x+\Delta x)}-\dfrac{1}{g(x)}}{\Delta x}$$

$$= \lim_{\Delta x \to 0} \frac{g(x)-g(x+\Delta x)}{\Delta x g(x+\Delta x)g(x)}$$

$$= \lim_{\Delta x \to 0} -\frac{g(x+\Delta x)-g(x)}{\Delta x} \times \frac{1}{g(x+\Delta x)g(x)} = \frac{-g'(x)}{\{g(x)\}^2}$$

此時，商 $\dfrac{f(x)}{g(x)}$ 為兩函數 $f(x)$ 和 $\dfrac{1}{g(x)}$ 的積，換言之

$$\frac{f(x)}{g(x)} = f(x) \times \frac{1}{g(x)}$$

然後根據(3)，可得到以下結果。

$$\left\{\frac{f(x)}{g(x)}\right\}' = \left\{f(x) \times \frac{1}{g(x)}\right\}' = f'(x)\frac{1}{g(x)} + f(x)\left[\frac{-g'(x)}{\{g(x)\}^2}\right]$$

$$= \frac{f'(x)g(x) - f(x)g'(x)}{\{g(x)\}^2}$$

試著利用導函數的公式！

(1) 導出 $(x^2-5x+3)(3x+2)$ 的導函數。 ……利用 $(uv)' = u'v + uv'$

$$\{(x^2-5x+3)(3x+2)\}' = (x^2-5x+3)'(3x+2) + (x^2-5x+3)(3x+2)'$$
$$= (2x-5)(3x+2) + (x^2-5x+3) \times 3$$
$$= 9x^2 - 26x - 1$$

(2) 導出 $\sin x \cos x$ 的導函數。 ……利用 $(uv)' = u'v + uv'$

$$(\sin x \cos x)' = (\sin x)'\cos x + \sin x(\cos x)' = \cos^2 x - \sin^2 x$$

(3) 導出 $\dfrac{3x+2}{x^2+1}$ 的導函數。 ……利用 $\left(\dfrac{u}{v}\right)' = \dfrac{u'v - uv'}{v^2}$

$$\left\{\frac{3x+2}{x^2+1}\right\}' = \frac{(3x+2)'(x^2+1) - (3x+2)(x^2+1)'}{(x^2+1)^2}$$

$$= \frac{3(x^2+1) - (3x+2) \times 2x}{(x^2+1)^2}$$

$$= \frac{-3x^2 - 4x + 3}{(x^2+1)^2}$$

參考

和尚分驢的故事

我們在第201頁的⑶提過，關於把「不存在的東西」當成「存在」來輔助計算的方法，就像是這個「和尚分驢」的小故事一樣。

以前，有個農夫養了17頭驢子（重要的財產），在過世時分別留了一封遺書給膝下的三個兒子。

長男 ……我把17頭驢子的 $\frac{1}{2}$ 留給你

次男 ……我把17頭驢子的 $\frac{1}{3}$ 留給你

三男 ……我把17頭驢子的 $\frac{1}{9}$ 留給你

按照父親的遺言，長男應分到8.5頭驢子，次男分到5.666……頭，三男分到1.888……頭。但驢子一旦宰了就沒有用了，所以三個兒子為了小數點以下的部分該如何分配而爭執不休。

這時候，一個騎著驢子的和尚恰好經過，知道原委後告訴他們三人。「你們不要吵了。我把我的驢子送給你們，你們用18頭驢子重新分一遍就行了」。結果，不可思議的事情發生了。

長男 ……分得18頭驢子的 $\frac{1}{2}$ 等於 9 頭（＞8.5頭）

次男 ……分得18頭驢子的 $\frac{1}{3}$ 等於 6 頭（＞5.666……頭）

三男 ……分得18頭驢子的 $\frac{1}{9}$ 等於 2 頭（＞1.888……頭）

三人都分到比原本遺書所給的更多的驢子，而且沒有小數，可說是皆大歡喜。然而，三兄弟分完驢子後，卻發現驢子的總數只有 9 ＋ 6 ＋ 2 ＝ 17。而 18 － 17 ＝ 1，於是那個和尚又騎著剩下的一頭驢子悠悠離去了。

§69

複合函數的微分法

> 若 $y=f(u)$ 在 u 處可微分，$u=g(x)$ 在 x 處可微分，則兩者的複合函數 $y=f(g(x))$ 在 x 處可微分，寫成
>
> $$\frac{dy}{dx} = \frac{dy}{du}\frac{du}{dx}$$

什麼是複合函數？

首先，我們來看看**複合函數**到底是什麼吧。舉例而言，假設有下面兩個函數。

$$y=f(u)=u^2 \quad \cdots\cdots ①$$
$$u=g(x)=5x+3 \quad \cdots\cdots ②$$

此時，基於②，當 x 的值決定時，u 的值也會跟著確定，並藉由①接著決定 y 的值。例如，當 $x=1$ 的時候，由②可得 $u=8$，然後再代入①可得 $y=64$。換言之，由①和②兩式，當 x 確定時，y 也跟著確定。

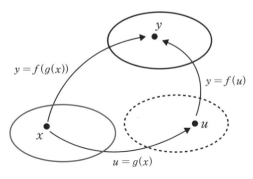

那麼，能不能在 x 確定時，只用一個算式就決定 y 的值呢？在數學上，因為「等價的東西可以自由互換」，故可以整合成以下的形式。

$$y=f(u)=u^2=(g(x))^2=(5x+3)^2 \quad \cdots\cdots ③$$

③是①跟②結合而成的函數，所以稱為**複合函數**。寫成更一般的形式，即是 $y=f(g(x))$

● 複合函數的導函數為原函數導數的積

把③的函數，也就是 $y=(5x+3)^2$ 對 x 微分時，需要先展開方程式，再對各別項微分。也就是，由於 $y=(5x+3)^2=25x^2+30x+9$ 可得

$$\frac{dy}{dx}=(25x^2+30x+9)'=50x+30=10(5x+3) \quad \cdots\cdots④$$

然而，若改用複合函數的微分法，就會簡單許多。簡而言之，就是把 y 對 u 微分的算式，乘上把 u 對 x 微分的算式即可。下面就讓我們實際試試看吧。

$$\frac{dy}{dx}=\frac{dy}{du}\frac{du}{dx}=2u\times 5=10(5x+3) \quad \cdots\cdots⑤$$

④跟⑤是一樣的。但⑤絕對簡單多了對吧！

為何會如此？

為什麼可以變得這麼簡單呢？這是因為對於複合函數，成立以下的分數式。

$$\frac{\Delta y}{\Delta x}=\frac{\Delta y}{\Delta u}\frac{\Delta u}{\Delta x} \quad \cdots\cdots⑥$$

讓我們用圖來解釋吧。將兩函數

$$y=f(u) \quad \cdots\cdots⑦$$
$$u=g(x) \quad \cdots\cdots⑧$$

如右圖所示放到三次元空間中。

當 x 決定時，順著右圖中的藍色箭頭，y 也會跟著確定。同時，x 變化為 Δx 時，u 和 v 也會跟著變化為 Δu 和 Δy。而 Δx、Δu、Δy 的關係滿足前面的⑥。由於此函數可微分，所以每個函數都是連續的，當 Δx 無限接近 0 時，Δu 也無限

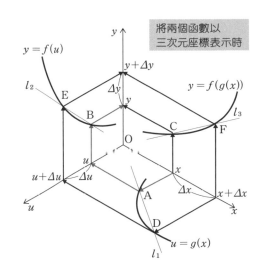

將兩個函數以三次元座標表示時

接近 0，使⑨成立。

$$\frac{\Delta y}{\Delta x} = \frac{\Delta y}{\Delta u}\frac{\Delta u}{\Delta x} \quad \cdots\cdots ⑥$$

$\Delta x \to 0$ 時 $\Delta u \to 0$

$$\frac{dy}{dx} = \frac{dy}{du}\frac{du}{dx} \quad \cdots\cdots ⑨$$

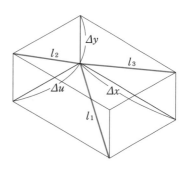

l_3的斜率$=l_2$的斜率$\times l_1$的斜率

●用算式證明

如果不用圖，只用算式證明這個結果，會稍微困難一點。過程大致上如下所示。

若 $y=F(x)=f(g(x))$ 則

$$\frac{dy}{dx} = F'(x) = \lim_{\Delta x \to 0}\frac{F(x+\Delta x)-F(x)}{\Delta x}$$ ——— 導函數的定義

$$= \lim_{\Delta x \to 0}\frac{f(g(x+\Delta x))-f(g(x))}{\Delta x}$$

代入 $\Delta u = g(x+\Delta x)-g(x)$

$$= \lim_{\Delta x \to 0}\frac{f(g(x)+\Delta u)-f(u)}{\Delta x}$$

$$= \lim_{\Delta x \to 0}\frac{f(g(x)+\Delta u)-f(g(x))}{\Delta u}\frac{\Delta u}{\Delta x}$$

由於 $u=g(x)$ 為連續，故 $\Delta x \to 0$ 時 $\Delta u \to 0$

$$= \lim_{\Delta x \to 0}\frac{f(u+\Delta u)-f(u)}{\Delta u} \times \frac{g(x+\Delta x)-g(x)}{\Delta x}$$

$$= \frac{dy}{du}\frac{du}{dx}$$

觀察複合函數的微分法，會發現微分 $\dfrac{dy}{dx}$ 恰好具有分數的性質。

$$\frac{dy}{dx} = \frac{dy}{du} \frac{du}{dx}$$

〔例題〕請求下面三個函數的導函數。

(1) $y = (ax+b)^n$ (2) $y = \sqrt{1-x^2}$ (3) $y = \sin^3(5x+3)$

[解答]

(1) 若將 $y = (ax+b)^n$ 看成 $y = u^n$、$u = ax+b$

$$\frac{dy}{dx} = \frac{dy}{du} \frac{du}{dx} = nu^{n-1} \times a = an(ax+b)^{n-1}$$

(2) 若將 $y = \sqrt{1-x^2}$ 看成 $y = \sqrt{u} = u^{\frac{1}{2}}$、$u = 1-x^2$

$$\frac{dy}{dx} = \frac{dy}{du} \frac{du}{dx} = \frac{1}{2} u^{-\frac{1}{2}} \times (-2x) = \frac{-x}{\sqrt{1-x^2}}$$

(3) 若將 $y = \sin^3(5x+3)$ 看成 $y = u^3$、$u = \sin v$、$v = 5x+3$

$$\frac{dy}{dx} = \frac{dy}{du} \frac{du}{dv} \frac{dv}{dx}$$

$$= 3u^2 \times \cos v \times 5$$

$$= 15 \sin^2(5x+3) \cos(5x+3)$$

§70

反函數的微分法

假設函數 $y=f(x)$ 可微分，且 $f'(x)>0$（或 $f'(x)<0$）。此時，反函數 $x=g(y)$ 可微分，且下述關係成立。

$$\frac{dx}{dy}=\frac{1}{\dfrac{dy}{dx}}$$ （注）也有人用 $\dfrac{dy}{dx}=\dfrac{1}{\dfrac{dx}{dy}}$

解說！什麼是反函數

為了幫助大家複習反函數（§57），下面舉一個簡單的函數為例。

$$y=3x+2 \quad \cdots\cdots ①$$

這個函數的意思是「乘以 3 倍後加上 2」。那麼，該如何才能把 3 倍後加 2 的某數「還原」呢？關於這點，只要看看下面關於①的 x 的解就會明白了。

$$x=\frac{y-2}{3} \quad \cdots\cdots ②$$

沒錯。只要「減 2 後除以 3」，就會變回原來的數了。此時②的函數就稱為①的反函數。那麼接著來實際算算看導函數吧。由①可得

$\dfrac{dy}{dx}=3$，同時由②可得 $\dfrac{dx}{dy}=\dfrac{1}{3}$

因此下面的關係式成立。

$$\frac{dx}{dy}=\frac{1}{\dfrac{dy}{dx}}$$

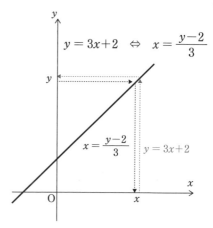

$$y=3x+2 \quad\Leftrightarrow\quad x=\frac{y-2}{3}$$

●將反函數表現成一般形式

　　當函數 $y=f(x)$ 存在時，假設此函數的 x 的解為 $x=g(y)$。此時，$y=f(x)$ 跟 $x=g(y)$ 互為反函數。圖形雖然完全一樣，但寫成函數時方向卻相反。

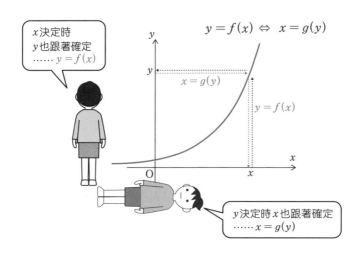

　　另外，如果要用 f 表示函數 $y=f(x)$ 的反函數 $x=g(y)$，可以寫成 $x=f^{-1}(y)$

　　函數存在作為自變因的獨立變數，以及作為結果的應變數。通常，獨立變數用 x 表示，而應變數用 y 表示，故 $y=f(x)$ 的反函數 $x=g(y)$ 有時會把 x 和 y 交換位置寫成 $y=g(x)$（§57）。此時，兩個互為反函數的函數圖形會對稱於直線 $y=x$。此外，微分的時候不會交換 x 和 y 的位置，要特別注意。

為何會如此？

　　因函數 $f(x)$ 可微分且 $f'(x)>0$（或 $f'(x)<0$），故函數 $f(x)$ 為連續且為單調遞增（或單調遞減）函數。因此，$y=f(x)$ 存在反函數 $x=g(y)$

其中，當函數 $y = f(x)$ 的 x 增加 Δx 時，y 也會增加 Δy，而 Δx 和 Δy 滿足以下關係。

$$\frac{\Delta y}{\Delta x} \cdot \frac{\Delta x}{\Delta y} = 1 \quad \cdots\cdots ③$$

將此式變形後，可得

$$\frac{\Delta x}{\Delta y} = \frac{1}{\dfrac{\Delta y}{\Delta x}} \quad \cdots\cdots ④$$

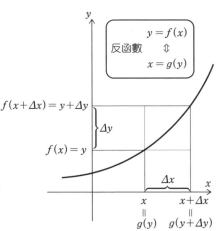

另外，「當 $\Delta y \to 0$ 時，$\Delta x \to 0$」（右圖）。因此根據④，

$$\lim_{\Delta y \to 0} \frac{\Delta x}{\Delta y} = \lim_{\Delta x \to 0} \frac{1}{\dfrac{\Delta y}{\Delta x}} \quad 故 \quad \frac{dx}{dy} = \frac{1}{\dfrac{dy}{dx}}$$

試試看！「反函數的微分法」

下面讓我們試著用 $\dfrac{d}{dx}(\log_e x) = \dfrac{1}{x}$ 求 $y = a^x (a > 0)$ 的導函數吧。

對 $y = a^x$ 的兩邊取自然對數，得到 $\log_e y = x \log_e a$，接著將兩邊對 y 微分，可得 $\dfrac{1}{y} = \dfrac{dx}{dy} \log_e a$

故 $\dfrac{dx}{dy} = \dfrac{1}{y \log_e a}$

然後依照反函數的微分法 $\dfrac{dy}{dx} = \dfrac{1}{\dfrac{dx}{dy}} = y \log_e a = a^x \log_e a$

參考

二階導函數與可微性

　　若函數 $f(x)$ 可微分，其導函數 $f'(x)$ 也是 x 的函數。此時，若 $f'(x)$ 可微分，則可寫出其導函數 $\{f'(x)\}' = f''(x)$。我們把這稱為 $f(x)$ 的**二階導函數**。此時，我們說函數 $f(x)$ 可二次微分，數學形式可寫成 $f''(x)$、$\dfrac{d^2 y}{dx^2}$、$\dfrac{d^2}{dx^2}f(x)$。同理，有些函數還可以找出三階、四階、……的導函數，而第二階以上的導函數稱為**高階導函數**。

　　這裡要注意的是，「即使原函數可微分，其導函數也不一定可微分」。例如下面的例子。

$$f(x) = \begin{cases} x^2 & (x \geqq 0) \\ -x^2 & (x < 0) \end{cases}$$

　　這個函數對所有實數都可微分，但它的導函數如下。

$$f'(x) = \begin{cases} 2x & (x \geqq 0) \\ -2x & (x < 0) \end{cases}$$

　　換言之，$f'(x) = 2|x|$。此函數 $f'(x)$ 從右圖（藍線）便能看出，在 $x = 0$ 的折角處是不可微分的。

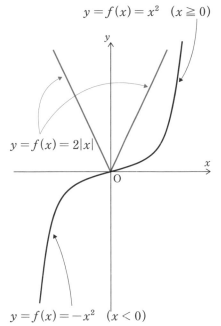

$y = f(x) = x^2 \quad (x \geqq 0)$

$y = f(x) = 2|x|$

$y = f(x) = -x^2 \quad (x < 0)$

§71

隱函數的微分法

給定隱函數 $f(x, y)=0$ 時，可將 y 視為 x 的函數，然後用複合函數微分法求出 $\dfrac{dy}{dx}$。

解說！什麼是隱函數、顯函數？

若有一包含變數 x、y 的關係 $f(x, y)=0$，對於變數 x，由於變數 y 的值是固定的，所以 y 可視為 x 的函數。因此，這種形式的給定函數稱為**隱函數**，相反地，$y=f(x)$ 這種形式的函數則叫**顯函數**。例如，

(1) $y-x^2=0$：這就跟 $y=x^2$ 一樣。

(2) $x^2+y^2-1=0$：此式變形後即是 $y^2=1-x^2$，由此可得
$$y=\pm\sqrt{1-x^2}$$

故可當成兩函數
$$y=\sqrt{1-x^2} \text{ 和 } y=-\sqrt{1-x^2}$$
的複合圖形（下圖）。

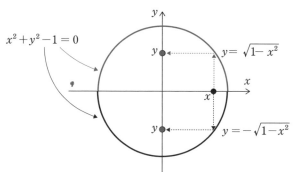

●把 y 當成 x 的函數，用複合函數微分法計算

下面讓我們試著用隱函數 $x^2+y^2-1=0$ ……① 來求出 $\dfrac{dy}{dx}$ 吧。將①的兩邊對 x 微分。不過，此時把 y 視為 x 的函數（上圖）。

由　$\dfrac{d}{dx}x^2+\dfrac{d}{dx}y^2-\dfrac{d}{dx}1=0$　可得　$2x+\dfrac{d}{dy}y^2\dfrac{dy}{dx}-0=0$

因此，由　$2x+2y\dfrac{dy}{dx}=0$　可知若　$y\neq0$　則　$\dfrac{dy}{dx}=-\dfrac{x}{y}$

(注) 此外必須注意的是，嚴格來說，$f(x,\,y)=0$ 無論滿足什麼條件，在存在 x 的變域內，皆存在連續且可微分的函數 $y=g(x)$

試試看！隱函數

(1) 讓我們試著從 $ax^2+2hxy+by^2+2px+2qy+c=0$ ……① 求出 $\dfrac{dy}{dx}$ 。

為此，我們可將 y 視為 x 的函數，將①的兩邊對 x 微分。

$$ax^2+2hxy+by^2+2px+2qy+c=0$$

積的微分法　　　　複合函數的微分法

$$2ax+2h(y+xy')+2byy'+2p+2qy'=0$$

由此，可得　$y'=-\dfrac{ax+hy+p}{hx+by+q}$

(2) 由 $y=\sqrt{9-x^2}$ ……① 用隱函數的微分法求 $\dfrac{dy}{dx}$ 。

將①的兩邊同時平方可得　$y^2=9-x^2$ ……②

將②的兩邊同時對 x 微分，可得　$2y\dfrac{dy}{dx}=-2x$　故　$\dfrac{dy}{dx}=-\dfrac{x}{y}$

此外，在①中，若以 $y=\sqrt{u}$、$u=9-x^2$，則可表示成以下形式。

$$\dfrac{dy}{dx}=\dfrac{dy}{du}\dfrac{du}{dx}=\dfrac{1}{2\sqrt{u}}(-2x)=-\dfrac{x}{\sqrt{u}}=-\dfrac{x}{y}$$

§72

參數式的微分法

當 $x=f(t)$、$y=g(t)$時，$\dfrac{dy}{dx}=\dfrac{\dfrac{dy}{dt}}{\dfrac{dx}{dt}}$ ……①

解說！以第三個變數為媒介決定 x、y 的關係

　　當存在關於 t 的函數 $x=3t+2$、$y=t^2$ 時，例如將 2 代入 t 時，則 x 等於 8、y 等於 4。可以 t 為媒介決定 x 和 y 的關係。

● 存在反函數時，x 和 y 為函數關係

　　對於一般情況，存在兩函數 $x=g(t)$、$y=f(t)$ 時，給定 t 的值，x 和 y 也會跟著確定。換言之，可以 t 為媒介決定 x 和 y 的關係（圖1）。所以，變數 t 稱為參數。此時若 $x=g(t)$ 存在反函數 $t=g^{-1}(x)$，

　　則根據　$y=f(t)$、$t=g^{-1}(x)$ 可得

$$y=f(g^{-1}(x))$$

可知 y 為 x 的函數（圖2）。此時，$\dfrac{dy}{dx}$ 可由①求出，這種方法就是參數式的微分法。

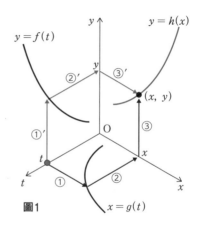

圖1

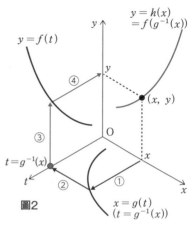

圖2

為何會如此？

根據複合函數的微分法可知 $\dfrac{dy}{dx} = \dfrac{dy}{dt} \dfrac{dt}{dx}$ ……②

同時，根據反函數的微分法可知 $\dfrac{dt}{dx} = \dfrac{1}{\dfrac{dx}{dt}}$ ……③

從②和③可得出①。另外，①的計算嚴格說來帶有

「$x = g(t)$、$y = f(t)$ 在 t 處可微分，且 $x = g(t)$ 擁有反函數 $t = g^{-1}(x)$，$t = g^{-1}(x)$ 在 x 處可微分，且 $\dfrac{dx}{dt} \neq 0$」這項條件。

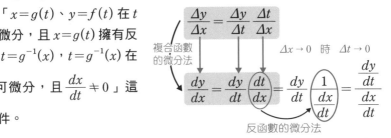

試著使用參數式的微分法！

假設 $x = r\cos t$、$y = r\sin t$ $(0 \leq t \leq 2\pi)$ 則可用以下方式微分。

$$\frac{dy}{dx} = \frac{\dfrac{dy}{dt}}{\dfrac{dx}{dt}} = \frac{r\cos t}{-r\sin t} = -\frac{x}{y}$$

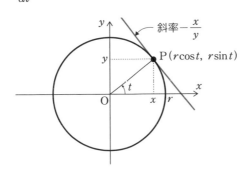

§ **73**

切線·法線的公式

可微函數 $y=f(x)$ 圖形上存在點 (a, b) 時，此點的

切線方程式為　　$y-b=f'(a)(x-a)$ ……①

法線方程式為　　$y-b=-\dfrac{1}{f'(a)}(x-a)$ ……②

其中，②的 $f'(a) \neq 0$

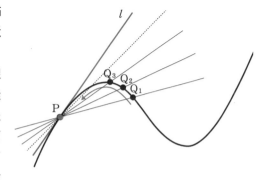

解說！你真的懂什麼是切線嗎？

　　數學上雖然常常用到切線和法線等詞彙，但令人意外地，也有不少人誤會「與圖形相接的直線就是切線」。這種解釋並沒有說明到切線的本質。這裡就讓我們稍微複習一下吧。

　　假設曲線上存在某點 P，以及線上逐漸向 P 靠近的無限個點列 Q_1、Q_2、Q_3、……。此時，當直線 PQ_1、PQ_2、PQ_3、……無限逼近某直線 l 時，l 就是這條曲線上點 P 的**切線**，而點 P 則稱為**切點**。由此可見，切線的定義本身跟可微

分性是不同的東西。然而，函數 $y=f(x)$ 在 $x=a$ 處可微分時，以導數 $f'(a)$ 為斜率，通過 (a, b) 的直線會與上述定義的切線重疊。另外，通過曲線上的某點P，在P點與該曲線的切線垂直的直線，稱為該曲線在P點的**法線**。

〔例題〕請求函數 $y=3x^2$ 圖形上的點 $P(1, 3)$ 的切線和法線的方程式。

[解答] 由 $y'=6x$ 可知切線的斜率為 $6 \times 1 = 6$

∴ 切線方程式為 $y-3=6(x-1)$

然後，假設法線的斜率為 m，
由於法線和切線垂直相交，故
$6m=-1$（參照注）

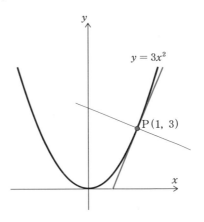

因此 $m=-\dfrac{1}{6}$

∴ 法線方程式為

$y-3=-\dfrac{1}{6}(x-1)$

（注）與軸不平行的兩直線垂直相交時，$m_1 m_2 = -1$ 成立。假設各直線的斜率為 m_1、m_2。

連接「切線」與物體運動的笛卡兒

切線的概念早在古希臘就已出現。然而，長久以來人們一直用靜態的方式看待切線，並未把它跟點的運動聯想在一起。第一個如本節介紹的切線定義，用運動中的點來看待切線的人，是笛卡兒和費馬。直到他們兩人想出了解析幾何的方法後，才有了本節介紹的切線定義。

§74

與函數增減和凹凸性有關的定理

(1) 函數的遞增、遞減
 (i) 在區間 I 內若 $f'(x)>0$，該區間內 $f(x)$ 為單調遞增
 (ii) 在區間 I 內若 $f'(x)<0$，該區間內 $f(x)$ 為單調遞減
(2) 函數的凹凸
 (i) 在區間 I 內若 $f''(x)>0$，該區間內 $f(x)$ 凹口向上
 (ii) 在區間 I 內若 $f''(x)<0$，該區間內 $f(x)$ 凹口向下

解說！函數的遞增、遞減和凹凸

　　本節讓我們來看看函數的遞增、遞減和凹凸是怎麼回事吧。

　　函數 $y=f(x)$ 若為遞增，代表「x 增加時 y 也增加」，圖形為向右上爬升；而若為遞減，代表「x 增加時 y 會減少」，圖形為向右下降低。

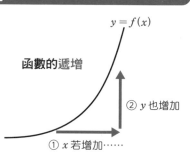

　　這裡用增加、減少等詞彙，是比較感覺性的描述，在數學上則是用不等式來定義函數的遞增和遞減。

　　函數 $f(x)$ 在區間 I 內單調遞增，就是對於區間內的任意點 x_1、x_2，

　　　　「$x_1<x_2$ $\Rightarrow$ $f(x_1)<f(x_2)$」
成立的意思。

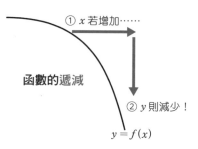

　　而函數 $f(x)$ 在區間 I 內單調遞減，就是對於區間內的任意點 x_1、x_2，

　　　　「$x_1<x_2$ $\Rightarrow$ $f(x_1)>f(x_2)$」
成立的意思。

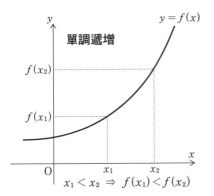

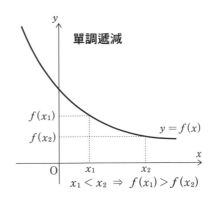

$$x_1 < x_2 \Rightarrow f(x_1) < f(x_2)$$

$$x_1 < x_2 \Rightarrow f(x_1) > f(x_2)$$

●函數的凹凸

函數 $y = f(x)$ 的凹凸又是怎麼回事呢？簡單地說，當函數 $y = f(x)$ 的圖形在某區間內向下突出時，我們就說在該區間為凹口向上；而向上突出時，則說在該區間為凹口向下。當然，凹口向上也可以說成「向下凸」，凹口向下可以說成「向上凸」，但一般不會這麼說。

跟函數的遞增、遞減一樣，下凹上凸都太主觀了。因此，函數的凹凸在數學上同樣是用不等式來定義。

在區間 I 上，對於滿足 $x_1 < x < x_2$ 的任意 x_1、x、x_2，當

$$\frac{f(x) - f(x_1)}{x - x_1} < \frac{f(x_2) - f(x)}{x_2 - x} \quad \cdots\cdots ①$$

總是成立時，我們就說函數 $f(x)$ 在區間 I 內凹口向上。而①的不等號反過來時則說函數 $f(x)$ 在區間 I 內凹口向下。

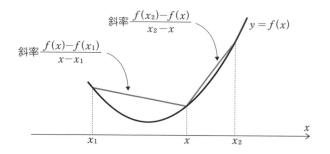

斜率 $\dfrac{f(x_2)-f(x)}{x_2-x}$

斜率 $\dfrac{f(x)-f(x_1)}{x-x_1}$

$y=f(x)$

x_1　x　x_2

原本應該用算式證明的,但這裡我們還是用直觀的方式來說明吧。

關於(1)的函數的遞增和遞減,以及 $f'(x)$ 的符號,可以用右圖所示的切線斜率來理解。

而(2)函數的凹凸性,則如下圖所示,可從切線斜率是逐漸增加還是減少來理解。換言之,

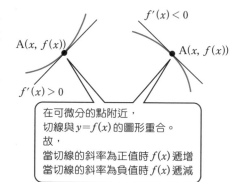

$f'(x)<0$

A$(x,\ f(x))$

A$(x,\ f(x))$

$f'(x)>0$

在可微分的點附近,
切線與 $y=f(x)$ 的圖形重合。
故,
當切線的斜率為正值時 $f(x)$ 遞增
當切線的斜率為負值時 $f(x)$ 遞減

由(1)可知,在 $f''(x)>0$ 的區間內,切線的斜率 $f'(x)$ 是遞增的,故可得出「函數圖形為凹口向上」的結論。而同樣由(1),可知在 $f''(x)<0$ 的區間內,切線的斜率 $f'(x)$ 是逐漸減少的,故可得出「函數圖形為凹口向下」的結論。

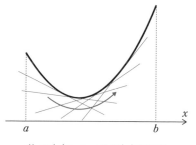

a　b

若 $f''(x)>0$,則 $f'(x)$ 為遞增

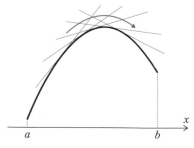

a　b

若 $f''(x)<0$,則 $f'(x)$ 為遞減

〔例題〕請檢查函數 $y=f(x)=x^3-6x^2+9x$ 的遞增、遞減以及凹凸性，並畫出其圖形。

[解答] 首先，求出 $f'(x)$ 和 $f''(x)$，分別檢查每個符號，由此調查函數是遞增、遞減及凹凸性，並將其製作成表格。這張表叫做增減表。

由 $y=f(x)=x^3-6x^2+9x$ 可得

$$y'=f'(x)=3x^2-12x+9=3(x-1)(x-3)$$

$$y''=f''(x)=6x-12=6(x-2)$$

x	$\cdots$	1	$\cdots$	2	$\cdots$	3	$\cdots$
y'	+	0	−	−	−	0	+
y''	−	−	−	0	+	+	+
y	↗	4	↘	2	↘	0	↗

其中，記號 ↗ 為遞增，代表凹口向上；↘ 為遞減，代表凹口向下。其他亦同。此外，如點 P(2, 2) 這種凹凸性位於該點左右兩側，並從凹口向下轉變為凹口向上（或反之）等有所變化的點，稱為反曲點。

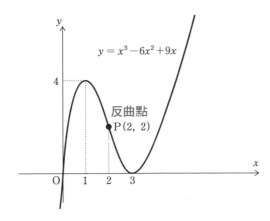

§75

近似公式

$$(1) \quad f(a+h) \doteqdot f(a) + hf'(a) \quad (h \doteqdot 0)$$

$$(2) \quad f(x) \doteqdot f(0) + xf'(0) \quad\quad\quad (x \doteqdot 0)$$

解說！直接套用便利的近似公式

突然被人問到「$\sqrt{3.992}$ 等於多少？」的時候，很少人能馬上答出來。而這種時候，就可以運用**近似公式**。

首先，讓我們需要思考一下 $y = f(x) = \sqrt{x}$ 這個函數。我們遇到的問題是 $\sqrt{3.992}$ 的值。3.992是與 4 相近的數，而 $\sqrt{4} = 2$。所以，運用上述的近似公式(1)，可設 $a = 4$、$h = -0.008$。於是，

$$\sqrt{3.992} = \sqrt{4-0.008} \doteqdot \sqrt{4} + (-0.008)\frac{1}{2\sqrt{4}} = 2 - 0.002 = 1.998$$

（注）$f'(x) = (\sqrt{x})' = (x^{\frac{1}{2}})' = \frac{1}{2}x^{-\frac{1}{2}} = \frac{1}{2\sqrt{x}}$

為何會如此？

(1) 的近似公式的意義用圖形來看，就如右圖所示。由圖可知，「當 h 愈接近 0，誤差就愈小」。

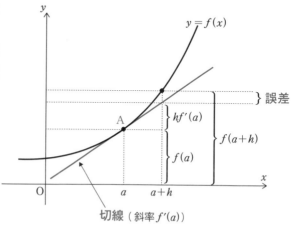

而近似公式(2)的意義用圖形來看，同樣如右圖所示。(2)其實就是對(1)代入 $a=0$、$h=x$ 的情況。

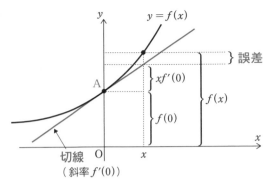

〔例題〕請求下列數的近似值。假設 $\theta \fallingdotseq 0$、$h \fallingdotseq 0$。

(i) $\sqrt[3]{1.006}$　　(ii) $\sin\theta$（θ 為弧度法表示）　　(iii) $(a+h)^{\alpha}$

[解答]（i）使用近似公式(1)，

$$\sqrt[3]{1.006} = \sqrt[3]{1+0.006} \fallingdotseq \sqrt[3]{1} + (0.006)\frac{1}{3\sqrt[3]{1^2}} = 1 + 0.002 = 1.002$$

（注）$f(x) = \sqrt[3]{x}$ 時，$f'(x) = (\sqrt[3]{x})' = (x^{\frac{1}{3}})' = \frac{1}{3}x^{-\frac{2}{3}} = \frac{1}{3\sqrt[3]{x^2}}$

（ii）看到題目後大家可能會疑惑「$\sin\theta$ 的近似值是什麼意思？」，由近似公式(2)可知　$\sin\theta \fallingdotseq \sin 0 + \theta\cos 0 = 0 + \theta = \theta$，近似值也就是「$\theta$」。另外，當 $f(\theta) = \sin\theta$ 時，$f'(\theta) = \cos\theta$（§67）。

（iii）當 $f(x) = x^{\alpha}$ 時，因 $f'(x) = \alpha x^{\alpha-1}$，所以 $(a+h)^{\alpha} \fallingdotseq a^{\alpha} + h\alpha a^{\alpha-1}$

參考

二次近似公式

開頭介紹的近似公式利用了一階導函數，所以稱為一次近似公式；而下面的算式則利用了二階導函數，故稱二次近似公式。

(1)　$f(a+h) \fallingdotseq f(a) + hf'(a) + \dfrac{1}{2}h^2 f''(a)$　$(h \fallingdotseq 0)$

(2)　$f(x) \fallingdotseq f(0) + xf'(0) + \dfrac{1}{2}x^2 f''(0)$　$(x \fallingdotseq 0)$

§76

麥克勞林級數

假設函數 $f(x)$ 在 $x=0$ 附近可微分 n 次。此時，對足夠接近 $x=0$ 的任意 x 下述公式成立。

$$f(x)=f(0)+f'(0)x+\frac{f''(0)}{2!}x^2+\cdots\cdots+\frac{f^{(n-1)}(0)}{(n-1)!}x^{n-1}+\frac{f^{(n)}(\theta x)}{n!}x^n$$

前提是 $0<\theta<1$

解說！麥克勞林級數

雖然看起來很複雜，但這個公式要表達的內容卻很簡單。舉例來說，假如採用 $f(x)=(1+x)^m$，則此函數的導函數如下。

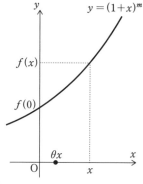

$$f'(x)=m(1+x)^{m-1}$$
$$f''(x)=m(m-1)(1+x)^{m-2}$$
$$f'''(x)=m(m-1)(m-2)(1+x)^{m-3}$$
$$\cdots\cdots$$
$$f^{(n-1)}(x)=m(m-1)(m-2)$$
$$\cdots(m-n+2)(1+x)^{m-n+1}$$
$$f^{(n)}(x)=m(m-1)(m-2)\cdots(m-n+1)(1+x)^{m-n}$$

因此，

$$(1+x)^m=f(0)+f'(0)x+\frac{f''(0)}{2!}x^2+\cdots+\frac{f^{(n-1)}(0)}{(n-1)!}x^{n-1}+\frac{f^{(n)}(\theta x)}{n!}x^n$$

$$=1+mx+\frac{m(m-1)}{2!}x^2+\frac{m(m-1)(m-2)}{3!}x^3+\cdots$$

$$+\frac{m(m-1)\cdots(m-n+2)}{(n-1)!}x^{n-1}$$

$$+\frac{m(m-1)\cdots(m-n+1)(1+\theta x)^{m-n}}{n!}x^n$$

●可當成近似公式使用

　　這個定理的右邊稱為函數 $f(x)$ 的**麥克勞林展開**（Maclaurin）。觀察各項的分母會看到**階乘**（！符號）的計算，代表分母是一個遞增的值，一定的項數之後值會逐漸趨近 0。因此，我們可以只取到中間的項數，找出函數 $f(x)$ 的近似值。§75的一次近似式和二次近似式即是此例。

為何會如此？

　　麥克勞林級數是下面要介紹的**泰勒級數**的一種特殊形態。

泰勒 (Taylor) 級數

　　若函數 $f(x)$ 在區間 $[a, b]$ 可微分 n 次，則

$$f(b)=f(a)+f'(a)(b-a)$$
$$+\frac{f''(a)}{2!}(b-a)^2+\cdots+\frac{f^{(n-1)}(a)}{(n-1)!}(b-a)^{n-1}+R_n$$

其中，$R_n=\dfrac{f^{(n)}(c)}{n!}(b-a)^n \qquad a<c<b$

　　泰勒級數也是看上去很複雜的數學式，但若假設 $n=2$ 的情況，寫出算式並畫圖，其實不難理解。

$$f(b)=f(a)+f'(a)(b-a)+\frac{f''(c)}{2!}(b-a)^2 \quad 其中，a<c<b$$

　　換言之，要用原函數或導函數的值表達 $f(b)$ 在 $x=a$ 處的情況時，那些寫不出來的部分（誤差），可以用 a 和 b 之間的數值 c，寫成

$$\frac{f''(c)}{2!}(b-a)^2$$

來表示。

　　將 $a=0$、$b=x$ 代入這個定理，得到的結果就是麥克勞林級數。另外，泰勒級數是英國數學家泰勒（1685～1731）於1715年在《Linear Perspective》一書中發表的。

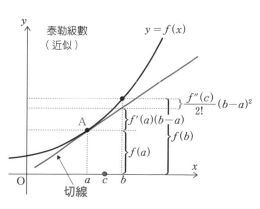

而麥克勞林級數則首次出現於麥克勞林（1698～1746）的著作中，故冠以其名，但此定理實際上是由泰勒導出的。

試著使用麥克勞林級數！

運用麥克勞林級數，可以導出以下的近似式。推導方法就跟在〔解說！麥克勞林級數〕中介紹的 $(1+x)^m$ 的情況相同。

(1)　$e^x = 1 + x + \dfrac{x^2}{2!} + \dfrac{x^3}{3!} + \dfrac{x^4}{4!} + \cdots\cdots + \dfrac{x^n}{n!} + \cdots\cdots$

(2)　$\log(1+x) = x - \dfrac{x^2}{2} + \dfrac{x^3}{3} - \dfrac{x^4}{4} + \dfrac{x^5}{5} + \cdots\cdots$

(3)　$(1+x)^m = 1 + mx + \dfrac{m(m-1)}{2!}x^2 + \dfrac{m(m-1)(m-2)}{3!}x^3 + \cdots\cdots$

(4)　$\sin x = x - \dfrac{x^3}{3!} + \dfrac{x^5}{5!} - \dfrac{x^7}{7!} + \cdots\cdots$

(5)　$\cos x = 1 - \dfrac{x^2}{2!} + \dfrac{x^4}{4!} - \dfrac{x^6}{6!} + \cdots\cdots$

此外，若將 $i\theta$（i 為虛數單位）代入(1)的 x，可得

$$e^{i\theta} = \left(1 - \dfrac{\theta^2}{2!} + \dfrac{\theta^4}{4!} - \dfrac{\theta^6}{6!} + \cdots\cdots\right) + i\left(\theta - \dfrac{\theta^3}{3!} + \dfrac{\theta^5}{5!} - \dfrac{\theta^7}{7!} + \cdots\cdots\right)$$

$$= \cos\theta + i\sin\theta$$

由此可導出歐拉公式（§34）。

麥克勞林級數

從圖形看近似的程度

(1)　$\sin x = x - \dfrac{x^3}{3!} + \dfrac{x^5}{5!} - \dfrac{x^7}{7!} + \cdots\cdots$

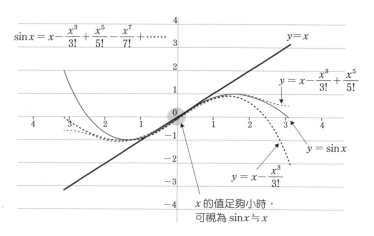

(2)　$e^x = 1 + x + \dfrac{x^2}{2!} + \dfrac{x^3}{3!} + \dfrac{x^4}{4!} + \cdots\cdots + \dfrac{x^n}{n!} + \cdots\cdots$

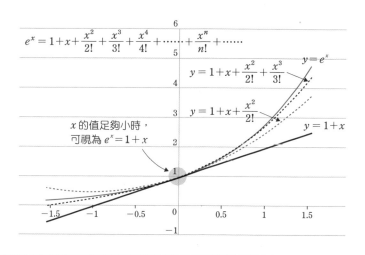

§77

牛頓－拉弗森方法

求 $y=f(x)$ 在點 A(a, $f(a)$) 的切線與 x 軸的交點之 x 座標 a_1，a_1 會比 a 更接近 $f(x)=0$ 的解 α。因此，只要重複此過程，即可求出方程式 $f(x)=0$ 的解 α 的近似值。這個方法稱為牛頓－拉弗森方法。

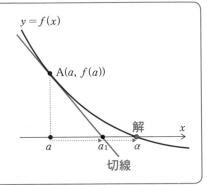

解說！牛頓－拉弗森方法

假設已知方程式 $f(x)=0$ 在區間 (a, b) 只有一個實數解。試求 $y=f(x)$ 在點 $(a, f(a))$ 的切線與 x 軸的交點之 x 座標 $a_1 = a - \dfrac{f(a)}{f'(a)}$，接著求 $y=f(x)$ 在點 $(a_1, f(a_1))$ 的切線與 x 軸的交點之 x 座標 $a_2 = a_1 - \dfrac{f(a_1)}{f'(a_1)}$ ……，然後同樣接著求 a_3、a_4、a_5、a_6、……，將適當的 a_n 視為 $f(x)=0$ 在區間 (a, b) 的解的近似值，這種方法就是牛頓－拉弗森方法。這種方法可以快速收斂，非常方便。

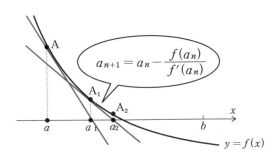

●嚴格來說還需要前提條件

從牛頓–拉弗森方法的原理來看，有的人可能會感到疑惑，a_1、a_2、a_3、a_4、⋯⋯依照不同情況，「難道不會像下圖一樣離解愈來愈遠嗎」。

當然，為了避免這樣的情況發生，我們還需要加上前提條件。由牛頓–拉弗森方法得到的 a_1、a_2、a_3、a_4、⋯⋯要離解愈來愈近，必須滿足下述條件。

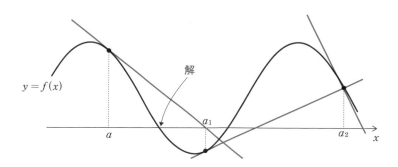

逼近解的條件

若 $f(x)=0$ 在 a 和 b 之間有一個解 α，且此區間內 $f''(x)$ 和 $f(a)$ 的正負號總是相同，則 $a_1 = a - \dfrac{f(a)}{f'(a)}$ 比 a 更近似 α。如果沒有滿足這項條件，就會像上圖那樣 a_1、a_2、a_3、a_4、⋯⋯離解愈來愈遠。

（注）$f''(x)$ 跟 $f(a)$ 正負號相同的意思，就是若 $f(a)>0$ 則 $f''(x)>0$，圖形為凹口向上；若 $f(a)<0$ 則 $f''(x)<0$，圖形為凹口向下。

為何會如此？

我們先假設 x 座標上某點為 a，且 $y=f(x)$ 上的點 A 之切線與 x 軸交點的 x 座標為 a_1，則 $a_1 = a - \dfrac{f(a)}{f'(a)}$。用這個例子來看看為什麼會如此。

$y=f(x)$ 上的點 $A(a, f(a))$ 之切線 l 的方程式如下。

$$y-f(a)=f'(a)(x-a)$$

當 $y=0$ 時，求 x，

$$x = a - \frac{f(a)}{f'(a)}$$

這個 x 就相當於 a_1。

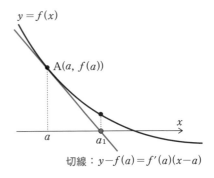

$y = f(x)$

A$(a, f(a))$

x

a　a_1

切線：$y - f(a) = f'(a)(x - a)$

〔例題〕牛頓法
　　請用牛頓–拉弗森法求 $x^2 - 5x + 6 = 0$ 的解。

[解答] 從 a_n 求 a_{n+1} 的算式，由 $f'(x) = 2x - 5$ 可得

$$a_{n+1} = a_n - \frac{a_n^2 - 5a_n + 6}{2a_n - 5}$$

利用這個算式，分別計算 a_0 為 0 時的情況（下方左表）和 5 的情況（下方右表）。兩種情況都只要六步就能求出「$x = 2$、$x = 3$」的正確解答。

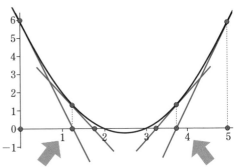

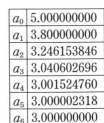

a_0	0.000000000
a_1	1.200000000
a_2	1.753846154
a_3	1.959397304
a_4	1.998475240
a_5	1.999997682
a_6	2.000000000

a_0	5.000000000
a_1	3.800000000
a_2	3.246153846
a_3	3.040602696
a_4	3.001524760
a_5	3.000002318
a_6	3.000000000

參考

用二分法求出近似值

假設有一連續的函數 $y=f(x)$，若 $a<b$ 時，$f(a)f(b)<0$，則對 $x_1=\dfrac{a+b}{2}$ 以下命題成立。

（甲）若 $f(a)f(x_1)<0$ 則此方程式在 區間 (a, x_1) 有解。

（乙）若 $f(x_1)f(b)<0$ 則此方程式在 區間 (x_1, b) 有解。

（丙）若 $f(x_1)=0$ 則此方程式有一解 x_1 。

（甲）或（乙）的情況時，取出區間 (a, x_1) 或區間 (x_1, b) 的中點，用同樣的方法反覆調查下去，縮小解的存在範圍，就能得出解的近似值。這個方法稱為**二分法**。

（甲）

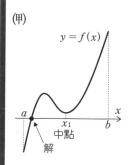

（乙）

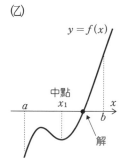

（丙）

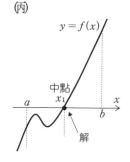

另外，二分法的原理是基於右邊的「**介值定理**」。

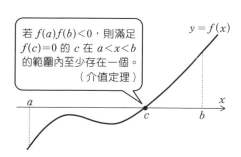

若 $f(a)f(b)<0$，則滿足 $f(c)=0$ 的 c 在 $a<x<b$ 的範圍內至少存在一個。
（介值定理）

§78

數直線上的速度與加速度

> 以 $x=f(t)$ 表示在 x 軸上運動的點 P 的位置與時刻 t 的函數時
>
> (1) 時刻 t 時動點 P 的速度 v 為 $v=\dfrac{dx}{dt}=f'(t)$
>
> (2) 時刻 t 時動點 P 的加速度 a 為 $a=\dfrac{d^2x}{dt^2}=f''(t)$

解說！速度與加速度

假設對應變數 t 的增量 Δt 的函數 $x=f(t)$ 的增量為 Δx 時，$\dfrac{\Delta x}{\Delta t}$ 稱為平均變化率，若 $\lim\limits_{\Delta t\to 0}\dfrac{\Delta x}{\Delta t}$ 存在，則該值稱為在 x 的 t 上之（瞬間）變化率。而在討論物體的運動時，這個變化率就叫做**速度**（$velocity$），速度的變化率就叫**加速度**（$accelerated\ velocity$）。

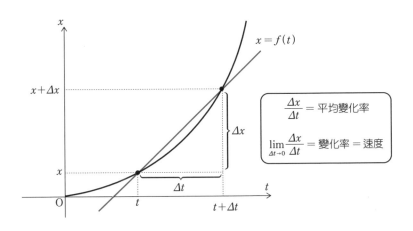

$$\dfrac{\Delta x}{\Delta t}=\text{平均變化率}$$

$$\lim_{\Delta t\to 0}\dfrac{\Delta x}{\Delta t}=\text{變化率}=\text{速度}$$

算算看就懂了！

(i) 物體墜落 t 秒後的下降距離，依測量結果已知為 $x = \dfrac{1}{2}gt^2$ (m)。此時，假設 g 為重力加速度的常數。請問此物體 t 秒後的速度 v 和加速度 a 為多少？

根據(1)的公式， $v = \dfrac{dx}{dt} = \dfrac{1}{2} \times 2gt = gt$ (m/s)

根據(2)的公式， $a = \dfrac{d^2 x}{dt^2} = \dfrac{d}{dt}\left(\dfrac{dx}{dt}\right) = \dfrac{d}{dt}(gt) = g$ (m/s²)

(ii) 以原點為中心，半徑 r 的圓的圓周上有一等速運動的動點，此點在 x 軸上射影點P之座標為 $x = r\cos(\omega t + k)$。請問此動點P的速度 v 和加速度 a 為多少？

根據(1)的公式， $v = \dfrac{dx}{dt} = -r\omega \sin(\omega t + k)$

根據(2)的公式， $a = \dfrac{d^2 x}{dt^2} = \dfrac{d}{dt}\left(\dfrac{dx}{dt}\right) = \dfrac{d}{dt}(-r\omega \sin(\omega t + k))$

$= -r\omega^2 \cos(\omega t + k)$

$= -\omega^2 x$

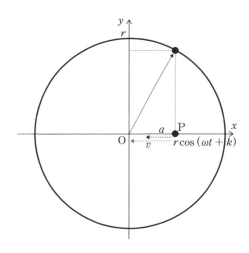

§79

平面上的速度與加速度

假設在平面上運動的點P的座標為 (x, y)，且此點座標與時刻 t 的函數為 $x=f(t)$、$y=g(t)$ 時，

(1) 時刻 t 時此動點P的速度 $\vec{v}$ 為

$$\vec{v}=\left(\frac{dx}{dt}, \frac{dy}{dt}\right)=(f'(t), g'(t))$$

速度 $|\vec{v}|$ 則為 $|\vec{v}|=\sqrt{\left(\frac{dx}{dt}\right)^2+\left(\frac{dy}{dt}\right)^2}$

(2) 時刻 t 時此動點P的加速度 $\vec{a}$ 為

$$\vec{a}=\left(\frac{d^2x}{dt^2}, \frac{d^2y}{dt^2}\right)=(f''(t), g''(t))$$

加速度的大小 $|\vec{a}|$ 則為 $|\vec{a}|=\sqrt{\left(\frac{d^2x}{dt^2}\right)^2+\left(\frac{d^2y}{dt^2}\right)^2}$

解說！速度與加速度的向量

假設在時刻 t 及 $t+\Delta t$ 時，平面上的動點P的位置分別為

P(x, y)、Q$(x+\Delta x, y+\Delta y)$

則平均速度的向量為含有元素 $\frac{\Delta x}{\Delta t}$、$\frac{\Delta y}{\Delta t}$ 的向量。當 $\Delta t \to 0$ 時，含有元素 $\frac{\Delta x}{\Delta t}$、$\frac{\Delta y}{\Delta t}$ 的極限 $v_x=\frac{dx}{dt}$、$v_y=\frac{dy}{dt}$ 的向量即是動點 P(x, y) 在時刻 t 時的速度向量 $\vec{v}$。此外，v_x、v_y 分別為速度向量 $\vec{v}$ 的 x 元素、y 元素。若以速度大小為 $|\vec{v}|$，方向角為 θ，

則 $v_x=|\vec{v}|\cos\theta=\frac{dx}{dt}$、$v_y=|\vec{v}|\sin\theta=\frac{dy}{dt}$。故，

$$\tan\theta=\frac{v_y}{v_x}=\frac{\dfrac{dy}{dt}}{\dfrac{dx}{dt}}=\frac{dy}{dx}$$

然後，就能知道速度向量即是點P描繪而成的曲線的切線上之向量。

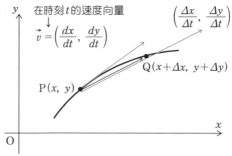

算算看就懂了！

動點P在時刻 t 時的位置為 $x = r\cos t$、$y = r\sin t$ 時，此動點會在以原點為中心、半徑為 r 的圓上做等速運動。試求此點P的速度向量 $\vec{v}$ 和加速度向量 $\vec{a}$。

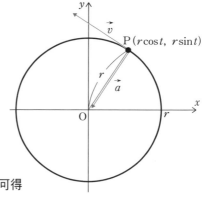

由 $\dfrac{dx}{dt} = -r\sin t$、$\dfrac{dy}{dt} = r\cos t$ 可得

$$\vec{v} = (-r\sin t,\ r\cos t)$$

$$|\vec{v}| = \sqrt{(-r\sin t)^2 + (r\cos t)^2} = r$$

由 $\dfrac{d^2 x}{dt^2} = -r\cos t$、$\dfrac{d^2 y}{dt^2} = -r\sin t$ 可得

$$\vec{a} = (-r\cos t,\ -r\sin t) = -\overrightarrow{OP}$$

$$|\vec{a}| = \sqrt{(-r\cos t)^2 + (-r\sin t)^2} = r$$

此外，計算 $\overrightarrow{OP}$ 和 $\vec{v}$ 的內積，

$$\overrightarrow{OP} \cdot \vec{v} = (r\cos t)(-r\sin t) + (r\sin t)(r\cos t) = 0$$

由此可知 $\overrightarrow{OP} \perp \vec{v}$。

偏微分

> 兩變數函數 $z=f(x, y)$ 是當 y 為固定值時 x 的函數。
>
> 此時 $\displaystyle\lim_{\Delta x \to 0}\frac{f(x+\Delta x, y)-f(x, y)}{\Delta x}$ 稱為 $f(x, y)$ 的**偏導函數**，符號寫
>
> 成 $\dfrac{\partial z}{\partial x}$、$\dfrac{\partial}{\partial x}f(x, y)$、$f_x$、$f_x(x, y)$。也就是說，
>
> $$\frac{\partial z}{\partial x}=\lim_{\Delta x \to 0}\frac{f(x+\Delta x, y)-f(x, y)}{\Delta x} \quad (\partial x \text{讀做} round\ x)$$
>
> 同樣地，
>
> $$\frac{\partial z}{\partial y}=\lim_{\Delta y \to 0}\frac{f(x, y+\Delta y)-f(x, y)}{\Delta y}$$

解說！活躍於三次元的偏微分

前面我們討論的都是 $y=f(x)$，也就是以「平面」為基礎的圖形的微分，但函數 $z=f(x, y)$ 的圖形如右圖所示，乃是三次元的圖形。

上述的第一行提到「當 y 為固定值時」，這句話的意思就是不直接從三次元的角度，而是從這個圖形切一塊與 xz 平面平行的「平面」出來，限定在這個切面討論函數 $z=f(x, y)$。此時，$z=f(x, y)$ 的圖形為一平面上的曲線，此曲線上的

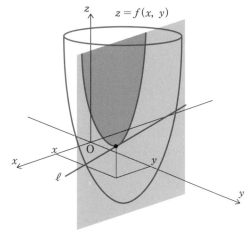

ℓ 是此平面上斜率為 $\dfrac{\partial z}{\partial x}$
（即為偏導函數）的切線

點(x, y)的切線之斜率，即是**偏導函數** $\dfrac{\partial z}{\partial x}$ 的值。

● **極大值、極小值的基準**

偏導函數表示的是函數 $z=f(x, y)$ 的軸方向的增減。因此，它的其中一個用途就是取得關於函數 $z=f(x, y)$ 的極大值、極小值的資訊。

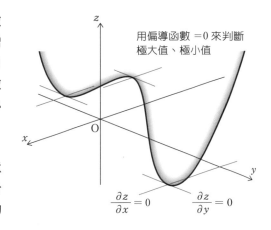

用偏導函數 $=0$ 來判斷極大值、極小值

$\dfrac{\partial z}{\partial x}=0$　　$\dfrac{\partial z}{\partial y}=0$

極大值就是局部最大，極小值則是局部最小的意思，在可微分的函數中，於極大和極小處的偏導函數的值為0。

換句話說，$\dfrac{\partial z}{\partial x} = \dfrac{\partial z}{\partial y} = 0$為必要條件。

〔例題〕請利用偏微分求出函數$z=x^2+y^2-2x-4y+8$的最小值。

[解答] 此函數為x、y的二次函數，兩者的二階係數皆為正，故此函數為凹口向上的拋物面。因此，此函數在偏導函數$=0$處為最小值。

由　$\dfrac{\partial z}{\partial x} = 2x-2 = 0$　可得　$x=1$

由　$\dfrac{\partial z}{\partial y} = 2y-4 = 0$　可得　$y=2$

因此，在$x=1$、$y=2$處有最小值3。

區分求積法

要求圖形的面積或體積時，可以先把要計算的圖形切割成數個小部分，變成容易計算的圖形後，再計算出個別的面積或體積，算出近似的和。接著，再把圖形分割得更細，求其極限值，以此算出圖形面積或體積的方法，就叫**區分求積法**。

解說！區分求積法

區分求積法的思維非常單純。也就是把難以計算的圖形，切割成好計算的圖形後，再計算其近似值。

●用方格紙計算池塘的面積

現實生活中，例如計算地圖上的池塘面積時，就會用到這種計算方法。如右圖所示，將一張方格紙疊在地圖的池塘上，然後以池塘內側的正方形（可計算面積）總和為 s_1，以包含內側和池塘邊線的正方形面積和為 S_1。

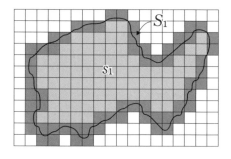

假設池塘的面積為 X，則

$$s_1 < X < S_1$$

接著，再換上一張格子更細的方格紙，以內側的正方形面積和為 s_2，以包含內側和池塘邊線的正方形面積和為 S_2。則此時以下的不等式成立。

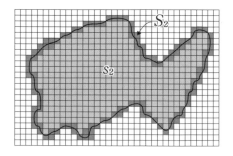

$$s_1 < s_2 < X < S_2 < S_1$$

第8章 積分

以此類推，繼續用更細的方格紙疊上去，當 X 逐漸收斂於特定值時，此值即可視同「池塘的面積」。

〔例題〕半徑 r 的圓，面積為 πr^2，請想想看該如何用區分求積法計算此圓的面積。

[解答] 要計算這問題，只需①等分此圓的圓心角，將圓切割成細小的扇形。然後，②將扇形如右圖所示上下交錯咬合，排成帶狀。

把扇形切得愈來愈細後，最後得到的圖形會愈來愈接近以圓周的一半為長，也就是 πr，以半徑 r 為寬的長方形。所以，可知半徑 r 的圓面積為 πr^2。

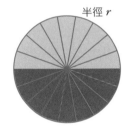

半徑 r

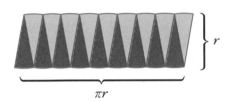

r

πr

克卜勒的酒桶求積法

區分求積法的起源，啟發自西元前的阿基米德（窮舉法）和16～17世紀的克卜勒（酒桶求積法）。

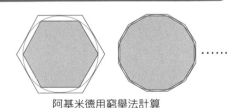

阿基米德用窮舉法計算圓的面積

§82

積分法

假設函數 $f(x)$ 被定義在區間 $a \leq x \leq b$ 內（圖1）。此時，將此區間分成 n 等分，將各區間的分界點命名為 x_0、x_1、x_2、……、x_n（圖2），並計算以下的和。

$$\sum_{i=1}^{n} f(x_i)\Delta x \quad \cdots\cdots ① \qquad 假設 \Delta x = \frac{b-a}{n}$$

當這個分割無限細的時候，換言之 $n \to \infty$ 時，若①逐漸逼近特定值，則我們說函數 $f(x)$ 在區間 $a \leq x \leq b$ 內**可積分**，且該特定值的符號表示成 $\int_a^b f(x)dx$。換言之，

$$\int_a^b f(x)dx = \lim_{n \to \infty} \sum_{i=1}^{n} f(x_i)\Delta x \quad \cdots\cdots ②$$

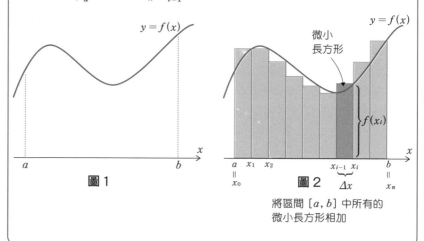

圖1

圖2

將區間 $[a, b]$ 中所有的微小長方形相加

（注1）區間 $a \leq x \leq b$ 稱為**閉區間**，符號表示成 $[a, b]$。另外，區間 $a < x < b$ 稱為**開區間**，表示成 (a, b)。

（注2）符號 Σ 是代表總和的符號，$\displaystyle\sum_{i=1}^{n} f(x_i)\Delta x = f(x_1)\Delta x + f(x_2)\Delta x + \cdots + f(x_n)\Delta x$

（注3）本節所定義的積分稱為**黎曼積分**，是以函數為連續為前提。不連續的時候所使用的擴張積分法，則是**勒貝格積分**。

$\int_a^b f(x)dx$ 稱為「函數 $f(x)$ 由 a 到 b 的**定積分**」。

由 $\int_a^b f(x)dx = \lim_{n \to \infty} \sum_{i=1}^{n} f(x_i) \Delta x$ 的圖形就能看出，所謂的定積分，就是乘上 $f(x_i)$ 和 Δx，也就是**將微小長方形的面積無限相加時，面積和無限逼近的值**。此外，$f(x)$ 稱為被積函數。

●為什麼符號寫成 $\int_a^b f(x)dx$

將圖形切割成 n 等分的長方形時，每個長方形的面積為 $f(x_i)\Delta x$；分割得愈細，則每個微小長方形的寬愈接近 0。這個長方形表示成 $f(x)dx$。定積分的定義就是在閉區間 $[a, b]$ 內，無數的微小長方形相加起來的總值，故我們利用 S（總和英文 sum 的首字母），將字母 S 上下伸展寫成 $\int_a^b$。明白這個原理後，就能將現實世界的各種現象簡單替換成積分來算。

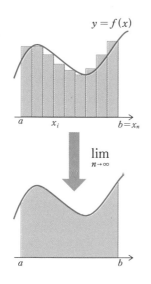

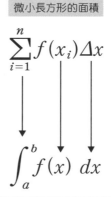

微小長方形的面積

$$\sum_{i=1}^{n} f(x_i) \Delta x$$

$$\int_a^b f(x)\ dx$$

將無數個寬逼近 0 的微小長方形面積相加

（注）積分就是將圖形分割成長方形後重新堆積起來。

●從積分的定義導出定積分的性質

$\displaystyle\int_a^b f(x)dx$ 的定義如下。

$$\int_a^b f(x)dx = \lim_{n\to\infty}\sum_{i=1}^n f(x_i)\Delta x = \lim_{n\to\infty}(f(x_1)\Delta x + f(x_2)\Delta x + \cdots + f(x_n)\Delta x)$$

由上式可知，定積分就是將 $f(x_i)\Delta x$ 無限相加的計算。這種無限相加的計算稱為**無窮級數**。由定積分的定義和無窮級數的性質，就能證明定積分具有下列的性質。

定理1　若函數 $f(x)$ 在閉區間 $[a, b]$ 內連續（圖形為不中斷的平滑曲線），則 $f(x)$ 在區間 $[a, b]$ 內可積分。

定理2　對於連續函數 $f(x)$、$g(x)$ 以下性質成立。

(1)　$\displaystyle\int_a^b kf(x)dx = k\int_a^b f(x)dx$　　k 為常數

(2)　$\displaystyle\int_a^b \{f(x)\pm g(x)\}dx = \int_a^b f(x)dx \pm \int_a^b g(x)dx$

(3)　$\displaystyle\int_a^b f(x)dx = \int_a^c f(x)dx + \int_c^b f(x)dx$

（無關 a、b、c 的大小）

(4)　若在 $[a, b]$ 內 $f(x) \geqq 0$　則　$\displaystyle\int_a^b f(x)dx \geqq 0$

(5)　若在 $[a, b]$ 內 $f(x) \geqq g(x)$　則　$\displaystyle\int_a^b f(x)dx \geqq \int_a^b g(x)dx$

（注）$f(x) \geqq 0$ 時，$\displaystyle\int_a^b f(x)dx$ 為區間 $[a, b]$ 內被函數 $y=f(x)$ 的圖形與 x 軸，以及兩直線 $x=a$、$x=b$ 包圍的圖形面積（§90）。

〔例題〕請計算下列的定積分。

(1) $\displaystyle\int_0^1 x^2\,dx$　　(2) $\displaystyle\int_0^2 x^3\,dx$

[解答]

(1) $\displaystyle\int_0^1 x^2\,dx = \lim_{n\to\infty}\sum_{i=1}^{n}\left(\frac{i}{n}\right)^2\frac{1}{n}$

$\displaystyle\qquad\qquad = \lim_{n\to\infty}\frac{1^2+2^2+3^2+\cdots n^2}{n^3}$

$\displaystyle\qquad\qquad = \lim_{n\to\infty}\frac{n(n+1)(2n+1)}{6n^3}$

$\displaystyle\qquad\qquad = \lim_{n\to\infty}\frac{1}{6}\left(1+\frac{1}{n}\right)\left(2+\frac{1}{n}\right)$

$\displaystyle\qquad\qquad = \frac{1}{6}(1+0)(2+0)=\frac{1}{3}$

(注)　$1^2+2^2+3^2+\cdots+n^2=\dfrac{n(n+1)(2n+1)}{6}$　　(§62)

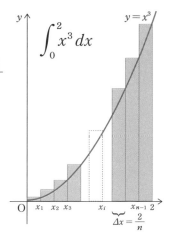

(2) $\displaystyle\int_0^2 x^3\,dx = \lim_{n\to\infty}\sum_{i=1}^{n}\left(\frac{2i}{n}\right)^3\frac{2}{n}$

$\displaystyle\qquad\qquad = \lim_{n\to\infty}\frac{16(1^3+2^3+3^3+\cdots+n^3)}{n^4}$

$\displaystyle\qquad\qquad = \lim_{n\to\infty}\frac{4n^2(n+1)^2}{n^4}$

$\displaystyle\qquad\qquad = \lim_{n\to\infty}4\left(1+\frac{1}{n}\right)^2$

$\displaystyle\qquad\qquad = 4(1+0)^2=4$

(注)　$1^3+2^3+3^3+\cdots+n^3=\left\{\dfrac{n(n+1)}{2}\right\}^2$　　(§62)

微積分基本定理

當 $f(x)$ 為連續函數時， $\dfrac{d}{dx}\displaystyle\int_a^x f(t)dt = f(x)$

解說！微積分基本定理

微分和積分是各自獨立建構出來的理論。本書雖然先介紹微分才介紹積分，但其實積分的歷史比微分更古老，最早可追溯至阿基米德的**窮舉法**。

與此相對地，微分的歷史始於18世紀，牛頓、費馬和萊布尼茲活躍的時代。積分和微分的發展軌跡雖然大相逕庭，卻因本節介紹的「**微積分基本定理**」緊緊相連。

為何會如此？

微積分的基本定理，可用下面的「積分的平均值定理」得到證明。

●積分的平均值定理

若函數 $f(x)$ 在閉區間 $[a, b]$ 為連續，則 (a, b) 上至少存在一個滿足下列等式的點 c。

$$\int_a^b f(x)dx = f(c)(b-a) \quad \cdots\cdots ②$$

這個定理的成立可用**無窮級數**的概念來證明，但本節讓我們改用右圖，用更直觀的方式理解②的意義吧。

右圖中， $\displaystyle\int_a^b f(x)dx$ 為函數 $y=f(x)$ 的圖形與 x 軸和兩直線 $x=a$、$x=b$ 圍成的圖形面積（圖中的灰色部分）（§90）。這個面

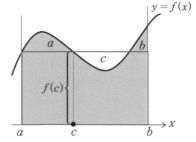

積與區間 (a, b) 上以適當的 c 為基準，高為 $f(c)$ 之圖中藍色長方形面積相等，這就是②的直觀意義。

證明為何會如此

接著讓我們來證明前頁的「微積分基本定理」公式吧。首先，由於 $\int_a^x f(t)dt$ 為 x 的函數，故我們假設一函數 $F(x)$。也就是

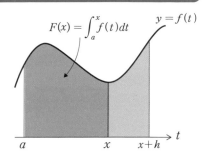

$$F(x) = \int_a^x f(t)dt$$

然後，根據定積分的性質（§82，第242頁）

$$F(x+h) = \int_a^{x+h} f(t)dt = \int_a^x f(t)dt + \int_x^{x+h} f(t)dt$$
$$= F(x) + \int_x^{x+h} f(t)dt$$

再根據上式和積分的平均值定理可得

$$F(x+h) - F(x) = \int_x^{x+h} f(t)dt = hf(x+\theta h) \quad (0 < \theta < 1)$$

故，$F'(x) = \lim_{h \to 0} \dfrac{F(x+h) - F(x)}{h} = \lim_{h \to 0} f(x+\theta h) = f(x)$

因此，$\dfrac{d}{dx} \int_a^x f(t)dt = f(x)$

算算看就懂了！

(1)　$\dfrac{d}{dx} \int_1^x t^2 \, dt = x^2$ 　　　　(2)　$\dfrac{d}{dx} \int_0^x \sin t \, dt = \sin x$

§84

不定積分及其公式

(1) 若 $F(x)$ 為 $f(x)$ 的一個原始函數，
則 $F(x)+C$ 也是 $f(x)$ 的原始函數。其中，C 為常數。

(2) 函數 $f(x)$ 的所有原始函數表示為 $\displaystyle\int f(x)dx$，
稱為**不定積分**。
　　若 $F(x)$ 為 $f(x)$ 的一個原始函數，則可寫成

$$\int f(x)dx = F(x)+C \quad (C為常數)$$

（注）$\int$ 符號讀做integral，求不定積分的過程則叫「積分」。

解說！不定積分的 C ？

　　一如前一節介紹過的，$\dfrac{d}{dx}\displaystyle\int_a^x f(t)dt = f(x)$。換言之，$\displaystyle\int_a^x f(t)dt$ 在 x 處微分可得到 $f(x)$。而這種微分後可得到 $f(x)$ 的函數 $F(x)$，就叫做 $f(x)$ 的**原始函數**。下圖是 $f(x)$ 所有的原始函數，共有無限多個。而這些函數的差別只在「常數(C)」。

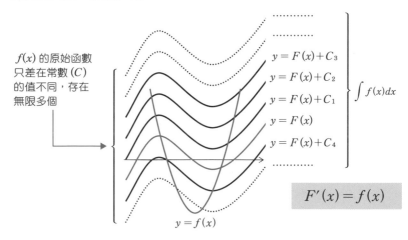

$f(x)$ 的原始函數只差在常數 (C) 的值不同，存在無限多個

$y = F(x)+C_3$
$y = F(x)+C_2$
$y = F(x)+C_1$
$y = F(x)$
$y = F(x)+C_4$

$\displaystyle\int f(x)dx$

$y = f(x)$

$$F'(x) = f(x)$$

●積分具有線性

積分具有線的性質。也就是說，

(1) $\displaystyle\int kf(x)dx = k\int f(x)dx$　（k為常數）

(2) $\displaystyle\int \{f(x)\pm g(x)\}dx = \int f(x)dx \pm \int g(x)dx$　（正負號同順）

（注）對應的規則 f 具有以下兩個性質時，我們就說 f 具有線性。也就是
  (1) $f(x)$ 對應 x 時，$af(x)$ 對應 ax。
    $f(ax)=af(x)$
  (2) $f(x)$ 對應 x、$f(y)$ 對應 y 時，$f(x)+f(y)$ 對應 $x+y$。
    $f(x+y)=f(x)+f(y)$

基本函數的不定積分

以下介紹基本函數的不定積分。

(1) $\displaystyle\int kdx = kx+C$　　　(2) $\displaystyle\int x^{\alpha}dx = \frac{x^{\alpha+1}}{\alpha+1}+C$　$(\alpha \neq -1)$

(3) $\displaystyle\int \frac{1}{x}dx = \log|x|+C$　(4) $\displaystyle\int \sin xdx = -\cos x+C$

(5) $\displaystyle\int \cos xdx = \sin x+C$　(6) $\displaystyle\int e^{x}dx = e^{x}+C$　（e為納皮亞常數）

(7) $\displaystyle\int a^{x}dx = \frac{a^{x}}{\log a}+C$　(8) $\displaystyle\int \log xdx = x(\log x-1)+C$

(9) $\displaystyle\int \log_{a}xdx = \frac{x(\log x-1)}{\log a}+C$

要檢證上述等式的正確性，只需檢查右項微分後是否為左項的被積分函數（也就是寫在 $\int$ 和 dx 中間的函數）即可。

§**85**

分部積分法（不定積分）

對積的函數積分時，利用下面的公式求不定積分的方法，就叫**分部積分法**。

$$\int f'(x)g(x)dx = f(x)g(x) - \int f(x)g'(x)dx \quad \cdots\cdots ①$$

解說！什麼是分部積分法

微分方法的其中一種，是將兩個函數相乘後再微分，稱為「**積的微分法**」（§68），是種非常方便的方法。而把這個手法利用於積分，就是**分部積分法**。例如以下的計算。

$$\int (\cos x)xdx = \int (\sin x)'xdx = (\sin x)x - \int (\sin x)x'dx$$
$$= (\sin x)x - \int \sin xdx = x\sin x + \cos x + C$$

在此，假設①的 $f'(x) = \cos x$、$g(x) = x$

不過，套用①不一定會使 $f'(x) g(x)$ 的不定積分算起來更簡單。例如以 $f'(x) = x$、$g(x) = \cos x$ 代入①的話，就會變成

$$\int x\cos xdx = \int \left(\frac{x^2}{2}\right)'\cos xdx = \frac{x^2}{2}\cos x + \int \left(\frac{x^2}{2}\right)\sin xdx$$

反而讓積分計算變得更麻煩。所以計算時必須審慎判斷後再使用。

積的微分法是分部積分法的基礎

「積的微分法」是對兩函數 $f(x)$ 和 $g(x)$ 的乘積 $f(x)g(x)$ 微分時所用的方法。下面就讓我們利用這個方法推導分部積分法的公式。首先，用積的微分法，

$$\{f(x)g(x)\}' = f'(x)g(x) + f(x)g'(x)$$

將上式的兩邊用 x 積分，

$$f(x)g(x) = \int \{f'(x)g(x) + f(x)g'(x)\}dx$$
$$= \int f'(x)g(x)dx + \int f(x)g'(x)dx$$

$$(uv)' = u'v + uv'$$

積分 ↓　微分 ↑

$$uv = \int u'v + \int uv'$$

移項後即是　　$\int f'(x)g(x)dx = f(x)g(x) - \int f(x)g'(x)$ ……①

①乍看之下很複雜，要唸出來也很麻煩。所以，各位只要記住用簡單的記號表示①本質的下面公式即可。

$$\int u'v = uv - \int uv' \,\text{、}\, \int uv' = uv - \int u'v$$

〔例題〕請使用分部積分法，解答下列問題。

(1) $\displaystyle\int \log x dx$　　(2) $\displaystyle\int xe^x dx$

[解答]

(1) $\displaystyle\int \log x dx = \int x' \log x dx = x\log x - \int x(\log x)'dx = x\log x - \int x\frac{1}{x}dx$
$$= x\log x - \int dx = x\log x - x + C$$

(2)

$$\int xe^x dx = \int x(e^x)'dx = xe^x - \int x'e^x dx = xe^x - \int e^x dx = xe^x - e^x + C$$

換元積分法（不定積分）

在積分的計算中，將積分變數置換成其他變數的計算方法，稱為**換元積分法**。

其概念可有以下兩種類型。

(1)　用一個字母置換複雜的數學式

$$\int f(g(x))g'(x)dx \quad = \quad \int f(t)dt$$

令 $g(x)=t$（此時，$g'(x)dx=dt$）

(2)　用其他數學式置換積分變數 x

$$\int f(x)dx \quad = \quad \int f(g(t))g'(t)dt$$

令 $x=g(t)$（此時，$dx=g'(t)dt$）

解說！換元積分法

給定函數 $f(x)$ 時，其不定積分可寫成 $\int_0^x f(x)dt$（§83），而不定積分通常不使用 ∫ 很難表達。然而，只要利用本節介紹的換元積分法和前一節介紹的分部積分法，就能減少用到 ∫ 的情境。

● 用一個字母替換複雜的數學式

比起複雜的數學式，簡單的算式想當然更好處理。所以，才產生了用一個字母替換掉一串複雜數學式的構想。

例如 $\int x(x^2-1)^3\,dx$ 可變形成 $\int x(x^2-1)^3\,dx = \int \frac{1}{2}(x^2-1)^3\,2xdx$

然後，我們用 t 置換 x^2-1。也就是令 $t=x^2-1$

於是，由　$\dfrac{dt}{dx}=2x$　可得　$dt=2xdx$

因此，$\int x(x^2-1)^3\,dx = \int \dfrac{1}{2}(x^2-1)^3\, 2x\,dx = \int \dfrac{1}{2}t^3\,dt = \dfrac{1}{8}t^4+C$

接著再把 x^2-1 代入 t，得到 $\quad \int x(x^2-1)^3\,dx = \dfrac{1}{8}(x^2-1)^4+C$

換言之，$\int x(x^2-1)^3\,dx$ 的計算只需替換一下變數，就能以更簡單的

算式 $\int \dfrac{1}{2}t^3\,dt$ 完成計算。

● 將積分變數 x 置換成其他數學式

　　乍看之下，故意把積分變數 x 置換成其他更複雜的數學式，好像是在自找麻煩，但藉由這種方法，有時反而可以讓計算變得更加簡單。這就是 (2) 的發想。下面讓我們來看看具體的例子。

試求 $\int \dfrac{1}{\sqrt{a^2-x^2}}\,dx \quad (a>0)$

函數 $\dfrac{1}{\sqrt{a^2-x^2}}$ 的定義域為 $\quad -a<x<a$

這裡，若令 $x=a\sin t \ \left(-\dfrac{\pi}{2}<t<\dfrac{\pi}{2}\right)$，則 $\quad dx=a\cos t\,dt$

故，

$$\int \dfrac{1}{\sqrt{a^2-x^2}}\,dx = \int \dfrac{1}{\sqrt{a^2(1-\sin^2 t)}}\, a\cos t\,dt$$

$$= \int \dfrac{a\cos t}{a\cos t}\,dt = \int dt = t+C = \sin^{-1}\dfrac{x}{a}+C$$

(注) $t=\sin^{-1}\dfrac{x}{a} \ (-a<x<a)$ 是 $\quad x=a\sin t \ \left(-\dfrac{\pi}{2}<t<\dfrac{\pi}{2}\right)$ 的反函數（§57）。

換元積分法（不定積分）

換言之，只需置換掉變數，就能把 $\displaystyle\int \frac{1}{\sqrt{a^2-x^2}}dx$ 的計算變成 $\displaystyle\int dt$ 的計算。

為何可以這麼做？

(1)的部分，

假設 $\displaystyle\int f(t)dt = F(t)+C$。把函數 $y=F(g(x))$ 看成兩函數 $y=F(t)$ 和 $t=g(x)$ 結合成的函數，則依照複合函數的微分法

$$\frac{dy}{dx} = \frac{d}{dx}F(g(x)) = \frac{d}{dt}F(t) \quad \frac{dt}{dx} = f(t)g'(x) = f(g(x))g'(x)$$

故， $\displaystyle\int f(g(x))g'(x)dx = F(g(x))+C = F(t)+C = \int f(t)dt$

（注）將 $t=g(x)$ 代入右邊的 $\displaystyle\int f(t)dt$ 計算後的結果，即可用 x 求出 $\displaystyle\int f(g(x))g'(x)dx$。

(2)的部分，

交換(1)的 x 和 t 扮演的角色來思考，則 $\displaystyle\int f(x)dx = \int f(g(t))g'(t)dt$

（注）將 $x=g(t)$ 的反函數 $t=g^{-1}(x)$ 代入右邊計算後的結果，即可用 $g^{-1}(x)$ 求出 $\displaystyle\int f(x)dx$。

〔例題〕請用換元積分法，求出下面的不定積分。

(1) $\displaystyle\int \sin^2 x\cos x\, dx$ (2) $\displaystyle\int \cos\left(\frac{1}{4}x+2\right)dx$ (3) $\displaystyle\int \frac{1}{a^2+x^2}dx$

［解答］

(1) 在 $\displaystyle\int \sin^2 x\cos x\, dx$ 式中，令 $t=\sin x$，則由 $\dfrac{dt}{dx} = \cos x$ 可得

$dt = \cos x\, dx$

$$\therefore \quad \int \sin^2 x\cos x\, dx = \int t^2\, dt = \frac{t^3}{3}+C = \frac{1}{3}\sin^3 x+C$$

(2) 在 $\int \cos\left(\dfrac{1}{4}x+2\right)dx$ 式中，令 $t=\dfrac{1}{4}x+2$，則由 $\dfrac{dt}{dx}=\dfrac{1}{4}$ 可得

$4dt=dx$

$$\therefore \quad \int \cos\left(\dfrac{1}{4}x+2\right)dx = \int (\cos t)4dt = 4\int \cos t\,dt$$

$$= 4\sin t + C$$

$$= 4\sin\left(\dfrac{1}{4}x+2\right)+C$$

(3) 對 $\int \dfrac{1}{a^2+x^2}dx$，令 $x=a\tan\theta\left(-\dfrac{\pi}{2}<\theta<\dfrac{\pi}{2}\right)$，則由

$\dfrac{dx}{d\theta}=a\sec^2\theta$ 可得 $dx=a\sec^2\theta\,d\theta$

$$\therefore \quad \int \dfrac{1}{a^2+x^2}dx = \int \dfrac{1}{a^2+a^2\tan^2\theta}a\sec^2\theta\,d\theta$$

$$= \int \dfrac{1}{a^2\sec^2\theta}a\sec^2\theta\,d\theta$$

$$= \dfrac{1}{a}\int d\theta = \dfrac{1}{a}\theta + C$$

$$= \dfrac{1}{a}\tan^{-1}\dfrac{x}{a}+C$$

(注) $\theta=\tan^{-1}\dfrac{x}{a}$ 是 $x=a\tan\theta\left(-\dfrac{\pi}{2}<\theta<\dfrac{\pi}{2}\right)$ 的反函數（§57）。

用不定積分計算定積分的方法

$$\int_a^b f(x)dx = \left[F(x)\right]_a^b = F(b) - F(a) \quad \text{其中} \ F'(x) = f(x)$$

解說！由不定積分求定積分

定積分的定義就是下面這種無限項的和（無窮級數）。

$$\int_a^b f(x)dx = \lim_{n\to\infty}\sum_{i=1}^n f(x_i)\Delta x$$
$$= \lim_{n\to\infty}(f(x_1)\Delta x + f(x_2)\Delta x + \cdots + f(x_n)\Delta x)$$

要實際計算這個算式非常麻煩。然而，根據微積分的基本定理，定積分跟微分是有關連的。所以，依照上述的定理，只要求出被積分函數的原始函數，代入定積分的上端b的值後，減去代入下端值a的結果，就能求出定積分了。

（注）以上為日本高中課本對定積分的定義。

● 簡化積分的計算

運用此定理，只需求出被積分函數$f(x)$的原始函數$F(x)$，就能用$F(b)-F(a)$輕鬆算出定積分，是種非常方便的方法。

例如，以前一節介紹的定積分計算為例。

$$\int_0^1 x^2\,dx = \lim_{n\to\infty}\sum_{i=1}^n\left(\frac{i}{n}\right)^2\frac{1}{n} = \lim_{n\to\infty}\frac{1^2+2^2+3^2+\cdots+n^2}{n^3}$$
$$= \lim_{n\to\infty}\frac{n(n+1)(2n+1)}{6n^3} = \lim_{n\to\infty}\frac{1}{6}\left(1+\frac{1}{n}\right)\left(2+\frac{1}{n}\right)$$
$$= \frac{1}{6}(1+0)(2+0) = \frac{1}{3}$$

這種計算方法非常辛苦。然而,若利用 $f(x) = x^2$ 的不定積分為
$F(x) = \dfrac{1}{3}x^3$,便可簡化成

$$\int_0^1 x^2\,dx = \left[\dfrac{1}{3}x^3\right]_0^1 = \dfrac{1}{3} - 0 = \dfrac{1}{3}$$

一下子輕鬆了許多。

為何會如此?

根據微積分的基本定理,$\displaystyle\int_a^x f(t)dt$ 是 $f(x)$ 的原始函數。

因此,由 $F'(x) = f(x)$,可寫成 $\displaystyle\int_a^x f(t)dt = F(x) + C$

因為上下兩端相等時定積分為 0,故

由 $\displaystyle\int_a^a f(t)dt = F(a) + C = 0$ 可得 $C = -F(a)$

$$\therefore \quad \int_a^x f(t)dt = F(x) - F(a)$$

將 b 代入 x,並把積分變數 t 置換成 x 後,即可得到下面的數學式。

$$\int_a^b f(x)dx - F(b) - F(a) \quad (\text{此式的右邊寫成 } \left[F(x)\right]_a^b)$$

試試看!便利的定積分計算法

(1) $\displaystyle\int_a^b x^n\,dx = \left[\dfrac{1}{n+1}x^{n+1}\right]_a^b = \dfrac{1}{n+1}(b^{n+1} - a^{n+1})$

(2) $\displaystyle\int_0^\pi \sin x\,dx = [-\cos x]_0^\pi = 1 - (-1) = 2$

(3) $\displaystyle\int_0^1 \sqrt{x}\,dx = \left[\dfrac{2}{3}x^{\frac{3}{2}}\right]_0^1 = \dfrac{2}{3}(1-0) = \dfrac{2}{3}$

§ **88**

分部積分法（定積分）

$f(x)$、$g(x)$在閉區間 $[a, b]$ 內可微分，且$f'(x)$、$g'(x)$為連續時

$$\int_a^b f'(x)g(x)dx = [f(x)g(x)]_a^b - \int_a^b f(x)g'(x)dx \quad \cdots\cdots ①$$

$$\int_a^b f(x)g'(x)dx = [f(x)g(x)]_a^b - \int_a^b f'(x)g(x)dx \quad \cdots\cdots ②$$

解說！分部積分法

不定積分的分部積分法（§85）的定積分版，就是上面的①、②。用法就如同下面的範例。

$$\int_0^\pi x\sin x dx = \int_0^\pi x(-\cos x)'\, dx = \left[-x\cos x \right]_0^\pi - \int_0^\pi x'(-\cos x)dx$$

$$= \left[-x\cos x \right]_0^\pi + \int_0^\pi \cos x dx = \pi + \left[\sin x \right]_0^\pi = \pi + 0 = \pi$$

其中，②的$f(x)$可視為x，$g(x)$ 可視為$-\cos x$。

為何會如此？

由 $\{f(x)g(x)\}' = f'(x)g(x)+f(x)g'(x)$ 可知 $f'(x)g(x)+f(x)g'(x)$ 的不定積分為$f(x)g(x)$。因此，根據使用不定積分的定積分計算法（§87）可得

$$\int_a^b \{f'(x)g(x)+f(x)g'(x)\}dx = \left[f(x)g(x) \right]_a^b$$

根據定積分的性質（§82）可知

$$\int_a^b \{f'(x)g(x)+f(x)g'(x)\}dx = \int_a^b f'(x)g(x)dx + \int_a^b f(x)g'(x)dx$$

故 $\displaystyle\int_a^b f'(x)g(x)dx+\int_a^b f(x)g'(x)dx=\Big[f(x)g(x)\Big]_a^b$

將上面的等式移項後，即可得到①、②。

算算看就懂了！

下面一起來挑戰看看可用分部積分法（定積分）解決的典型問題吧。

(1) $\displaystyle\int_1^e \log x\,dx=\Big[x\log x\Big]_1^e-\int_1^e dx=e-\Big[x\Big]_1^e=1$

(2) $\displaystyle\int_\alpha^\beta (x-\alpha)(x-\beta)dx=\left[\frac{(x-\alpha)^2}{2}(x-\beta)\right]_\alpha^\beta-\int_\alpha^\beta \frac{(x-\alpha)^2}{2}dx$

$$=0-\left[\frac{(x-\alpha)^3}{6}\right]_\alpha^\beta=-\frac{(\beta-\alpha)^3}{6}$$

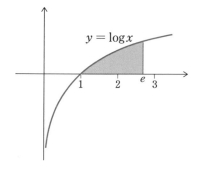

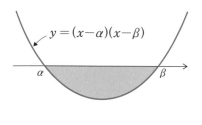

(注) $\displaystyle\int(ax+b)^n dx=\frac{(ax+b)^{n+1}}{a(n+1)}+C$ ……(§69)

換元積分法（定積分）

在積分的計算中，將積分變數置換成其他變數的計算方法稱為換元積分法。

其概念有以下兩種類型。

(1) 用一個字母置換複雜的數學式

$$\int_a^b f(g(x))g'(x)dx = \int_\alpha^\beta f(t)dt$$

令 $g(x)=t$（此時，$g'(x)dx=dt$）

x	a	$\rightarrow$	b
t	α	$\rightarrow$	β

(2) 將積分變數 x 換成其他數學式

$$\int_a^b f(x)dx = \int_\alpha^\beta f(g(t))g'(t)dt$$

令 $x=g(t)$（此時，$dx=g'(t)dt$）

x	a	$\rightarrow$	b
t	α	$\rightarrow$	β

解說！換元積分法

給定一函數 $f(x)$ 時，要計算其定積分通常是很困難的。換言之通常是算不出來的。然而，只要利用本節介紹的換元積分法，或是前一節介紹的分部積分法，就能夠計算某些原本算不出來的定積分。

●透過變換改變「積分區間」！

　　用其他變數 t 置換積分變數 x，換成 $t=g(x)$ 或 $x=g(t)$ 時，積分變數 x 的可取值範圍，會被繼承至新的積分變數 t 的範圍，這點必須要留意。以下讓我們看看具體的例子。

(1)的例子

$$\int_1^2 x(x^2-1)^3\,dx = \int_0^3 t^3\,\frac{1}{2}\,dt = \left[\frac{t^4}{8}\right]_0^3 = \frac{81}{8}$$

令 $t=x^2-1$（此時，$dt=2x\,dx$）

x	1	→	2
t	0	→	3

(2)的例子

$$\int_0^r \sqrt{r^2-x^2}\,dx = \int_0^{\frac{\pi}{2}} \sqrt{r^2-r^2\sin^2\theta}\,r\cos\theta\,d\theta = r^2\int_0^{\frac{\pi}{2}}\cos^2\theta\,d\theta$$

令 $x=r\sin\theta$（此時，$dx=r\cos\theta\,d\theta$）

x	0	→	r
θ	0	→	$\dfrac{\pi}{2}$

$$= r^2\int_0^{\frac{\pi}{2}}\frac{1+\cos 2\theta}{2}\,d\theta = \frac{r^2}{2}\left[\theta+\frac{\sin 2\theta}{2}\right]_0^{\frac{\pi}{2}} = \frac{\pi r^2}{4}$$

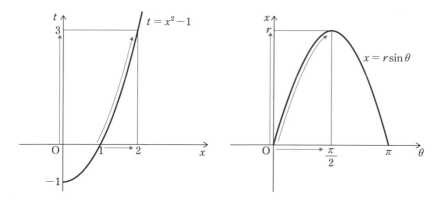

89 第8章 積分

換元積分法（定積分）

259

先來看看換元積分法（定積分）的公式(1)。

假設 $\int f(t)dx = F(t)+C$。用複合函數的微分法對兩函數 $y=F(t)$ 和 $t=g(x)$ 結合成的函數 $y=F(g(x))$ 微分，

$$\frac{dy}{dx} = \frac{d}{dx}F(g(x)) = \frac{d}{dt}F(t)\frac{dt}{dx} = f(t)g'(x) = f(g(x))g'(x)$$

可知，$F(g(x))$ 是 $f(g(x))g'(x)$ 的不定積分。因此，綜合此結果和 $\alpha=g(a)$、$\beta=g(b)$ 可得

$$\int_a^b f(g(x))g'(x)dx = \Big[F(g(x))\Big]_a^b$$
$$= F(g(b))-F(g(a)) = F(\beta)-F(\alpha)$$
$$= \int_\alpha^\beta f(t)dt$$

同理，接著再看看換元積分法（定積分）的公式(2)。

交換 (1) 的 $\int_a^b f(g(x))g'(x)dx = \int_\alpha^\beta f(t)dt$ 中的積分變數 x 和 t、α 和 a、β 和 b，即可得到 (2)。

本書雖將(1)和(2)分開說明，但兩者的本質並沒有不同。只差在兩個變數的關係「以誰為主角」而已。

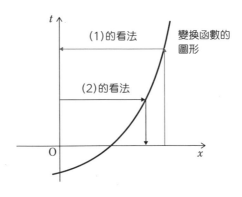

讓我們用換元積分法，推導看看下面的公式吧。

(1) 若函數 $f(x)$ 為偶函數，$\displaystyle\int_{-a}^{a} f(x)dx = 2\int_{0}^{a} f(x)dx$

(2) 若函數 $f(x)$ 為奇函數，$\displaystyle\int_{-a}^{a} f(x)dx = 0$

所謂的**偶函數**就是滿足 $f(-x)=f(x)$ 的函數，其圖形對稱於 y 軸。而**奇函數**則是滿足 $f(-x)=-f(x)$ 的函數，其圖形對稱於原點。

那麼，讓我們來推導看看 (1) 和 (2)。

依據定積分的性質，畫出積分區間，

$$\int_{-a}^{a} f(x)dx = \int_{-a}^{0} f(x)dx + \int_{0}^{a} f(x)dx$$

在右邊第一項的定積分中，令 $x=-t$，則由於 $dx=-dt$ 可知

$$\int_{-a}^{0} f(x)dx = \int_{a}^{0} -f(-t)dt = \int_{0}^{a} f(-t)dt = \int_{0}^{a} f(-x)dx$$

故 $\displaystyle\int_{-a}^{a} f(x)dx = \int_{-a}^{0} f(x)dx + \int_{0}^{a} f(x)dx = \int_{0}^{a} \{f(-x)+f(x)\}dx$

此時，若 $f(x)$ 為偶函數，由 $f(-x)=f(x)$ 可得

$$\int_{-a}^{a} f(x)dx = \int_{0}^{a} \{f(-x)+f(x)\}dx = 2\int_{0}^{a} f(x)dx$$

而若 $f(x)$ 為奇函數，由 $f(-x)=-f(x)$ 可得

$$\int_{-a}^{a} f(x)dx = \int_{0}^{a} \{f(-x)+f(x)\}dx = 2\int_{0}^{a} 0dx = 0$$

學會換元積分法（定積分）的公式 (1)、(2) 的話，積分計算就會輕鬆得多。

§90

定積分與面積公式

連續的函數 $y=f(x)(\geq 0)$ 跟 x 軸與兩直線 $x=a$、$x=b$ 圍成的圖形面積 S，可用以下公式得出。

$$S=\int_a^b f(x)dx$$

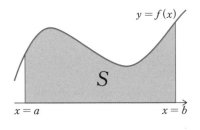

解說！以積分為基礎的面積公式

長方形面積是「長× 寬」。

一般而言，函數 $y=f(x)(\geq 0)$ 跟 x 軸與兩直線 $x=a$、$x=b$ 圍成的圖形面積是多少呢？要計算這問題，首先需要如下圖所示，將此圖形分成 n 等分，再求 n 個長方形的面積總和。

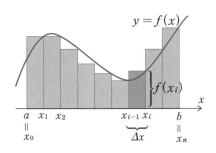

$$\sum_{i=1}^{n} f(x_i)\Delta x = f(x_1)\Delta x + f(x_2)\Delta x + \cdots + f(x_n)\Delta x \quad \cdots\cdots\text{①}$$

此處，當我們把此圖形切成無限細，也就是 n 趨近無限大的時候，若①逼近某特定值，則該值可視同此圖形的「面積」。換言之，我們可以用這種方式定義一般曲線圍成的圖形面積。

●面積的定義就是定積分

定積分 $\int_a^b f(x)dx$ 的定義如下。

$$\int_a^b f(x)dx = \lim_{n\to\infty}\sum_{i=1}^n f(x_i)\Delta x$$

$$= \lim_{n\to\infty}(f(x_1)\Delta x + f(x_2)\Delta x + \cdots + f(x_n)\Delta x) \quad \cdots\cdots ②$$

這正好就是①的極限值。換句話說，若函數值為 0 以上，則藉由 $\int_a^b f(x)dx$ 的值，可以定義 $y=f(x)$ 與 x 軸和兩直線 $x=a$、$x=b$ 圍成的圖形面積。

●用圖形表示微積分的基本定理

「微積分基本定理（§83）」，就是當

$$\frac{d}{dx}\int_a^x f(t)dt = f(x)$$

的被積分函數為 0 以上的時候，對面積微分的結果會等於被積分函數。

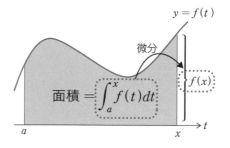

$y=f(t)$

微分

面積 $=\displaystyle\int_a^x f(t)dt$

$f(x)$

●函數 $y=f(x)$ 的圖形在 x 軸下時的面積 S

$y=f(x)$ 相對於 x 軸鏡像移動時，由於此圖形在 x 軸上方，故可得到以下公式。

$$S = \int_a^b -f(x)dx = -\int_a^b f(x)dx$$

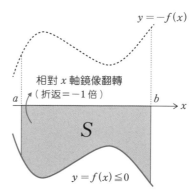

$y=-f(x)$

相對 x 軸鏡像翻轉
（折返＝－1 倍）

S

$y=f(x)\leqq 0$

●兩函數的圖形所圍成的面積S

　　左下圖的情況，面積S可用$y=f(x)$的曲線所圍成的圖形面積，減去$y=g(x)$的曲線所圍成的圖形面積求出。

$$S=\int_a^b f(x)dx-\int_a^b g(x)dx=\int_a^b \{f(x)-g(x)\}dx$$

　　而右下圖的情況，只要在$f(x)$和$g(x)$的兩邊同加上適當的正數，圖形就會移動到x軸上方，回歸左下圖的情況。

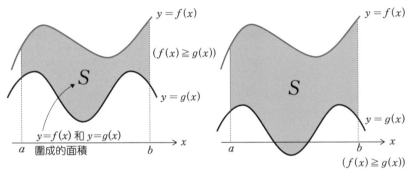

　　故兩者的面積都是　　$S=\int_a^b \{f(x)-g(x)\}dx$

算算看就懂了！

　　雖然面積如前頁的公式②所示，但實際計算時不是用無限項的和，而是用下面的方式計算（§87）。

$$\int_a^b f(x)dx=\Big[F(x)\Big]_a^b=F(b)-F(a)\quad 其中，F'(x)=f(x)$$

(1)　當　$0\leqq x\leqq \pi$　時，　$y=\sin x$　的圖形與x軸圍成的圖形面積S如下。

$$S=\int_0^\pi \sin x dx=\Big[-\cos x\Big]_0^\pi=-\cos \pi-(-\cos 0)=1+1=2$$

　　這裡我們利用了$\sin x$的原始函數等於$-\cos x$的特性。

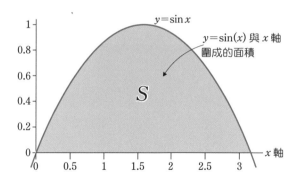

$y=\sin x$

$y=\sin(x)$ 與 x 軸
圍成的面積

S

x 軸

(2) 當 $-1\leqq x\leqq 1$ 時，$y=x^2-1$
的圖形與 x 軸圍成的圖形面積 S 如下。

　　當 $-1\leqq x\leqq 1$ 時，由於

$y=x^2-1\leqq 0$ ，故

$$S=\int_{-1}^{1}-ydx=\int_{-1}^{1}(-x^2+1)dx$$

$$=2\int_{0}^{1}(-x^2+1)dx=2\left[-\frac{x^3}{3}+x\right]_{0}^{1}=\frac{4}{3}$$

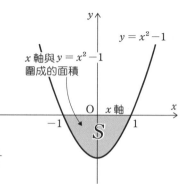

$y=x^2-1$

x 軸與 $y=x^2-1$
圍成的面積

S

(3) 當 $-\dfrac{3}{4}\pi \leq x \leq \dfrac{1}{4}\pi$ 時，兩

曲線 $y=\sin x$、$y=\cos x$ 圍成的右
圖面積 S 如下。

$$S=\int_{-\frac{3\pi}{4}}^{\frac{\pi}{4}}(\cos x-\sin x)dx$$

$$=\left[\sin x+\cos x\right]_{-\frac{3\pi}{4}}^{\frac{\pi}{4}}=2\sqrt{2}$$

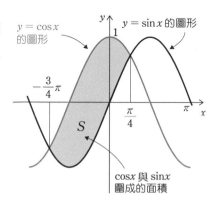

$y=\cos x$
的圖形

$y=\sin x$ 的圖形

$-\dfrac{3}{4}\pi$

$\dfrac{\pi}{4}$

S

$\cos x$ 與 $\sin x$
圍成的面積

§91

定積分與體積公式

假設以垂直於 x 軸的平面切開某立體時，其截面積為 $S(x)$，當此立體存在的範圍為閉區間 $[a, b]$ 時，此立體的體積 V 可用下面的定積分求出。

$$V = \int_a^b S(x)dx$$

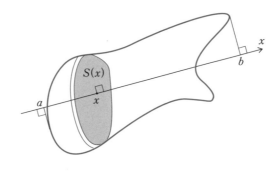

解說！體積就是無限片薄板的總和

直方體的體積是「長×寬×高」。那麼，一般立體的體積又是多少呢？

為了解決問題，我們需要將立體存在的區間切成 n 等分，分成 n 片厚度 Δx 的薄板，假設每片薄板為截面積為 $S(x_i)$、厚度 Δx 的立體，再把所有薄板相加。換言之即是

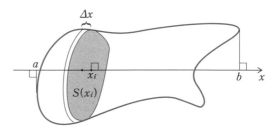

$$\sum_{i=1}^{n} S(x_i)\Delta x = S(x_1)\Delta x + S(x_2)\Delta x + \cdots + S(x_n)\Delta x \quad \cdots\cdots ①$$

接著，將此立體切成無限薄時，也就是 n 為無限大的時候，若①趨近於某個特定值，則該值就可視為「**體積 V**」。用這種方法定義立體的體積時，根據定積分的定義，可知

$$V = \lim_{n \to \infty}\{S(x_1)\Delta x + S(x_2)\Delta x + \cdots + S(x_n)\Delta x\} = \lim_{n \to \infty}\sum_{i=1}^{n} S(x_i)\Delta x = \int_a^b S(x)dx$$

● 旋轉體的體積更簡單

旋轉體是立體的一種，沿旋轉軸垂直切開時的切面為「圓形」，故很容易計算其截面積。因此，函數 $y=f(x)$ 圖形以 x 軸為中心旋轉畫出的立體體積，可用以下公式求出。假設此函數圖形在閉區間 $[a, b]$ 內。

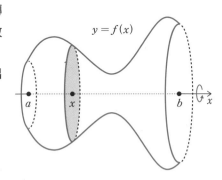

$$V = \int_a^b \pi y^2\, dx = \int_a^b \pi\{f(x)\}^2\, dx$$

〔例題〕請求右圖圓錐的體積。

[解答] 旋轉體體積的算法如下。

$$V = \int_0^a \pi y^2\, dx = \int_0^a \pi m^2 x^2\, dx$$

$$= \pi m^2 \int_0^a x^2\, dx = \pi m^2 \left[\frac{1}{3}x^3\right]_0^a$$

$$= \frac{\pi m^2 a^3}{3} \quad \cdots\cdots 圓柱體體積的 \frac{1}{3}$$

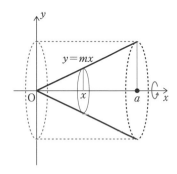

§92

定積分與曲線長公式

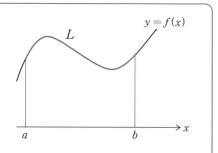

$y=f(x)$ 的圖形在閉區間 $[a, b]$ 部分的曲線長 L 可用以下公式算出。

$$L = \int_a^b \sqrt{1+\{f'(x)\}^2}\, dx$$

解說！曲線長的公式

　　小學生的時候，要計算地圖上彎曲道路的長度時，是用把繩子彎曲重疊在道路上，然後再拉直、用尺測量與道路重疊部分的繩長。然而，可彎曲的意思就代表可伸長也可縮短，令人不禁懷疑用那種東西來拉直測量真的可靠嗎？話說回來，曲線的長度究竟是什麼呢？

●曲線的長度可當成細切後的無數條直線段

　　若劈頭被問到什麼是曲線的長度，一時恐怕也答不出來。因此，我們將曲線的長度定義如下。

　　將連接兩點 P、Q 的曲線 C 切成 n 段後，如右圖將各分點取名為

　　P_0、P_1、P_2、P_3、$\cdots P_i$、$\cdots$、P_n

此時，

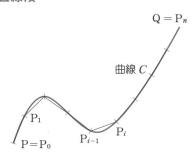

$$\lim_{n\to\infty}\sum_{i=1}^{n}\overline{P_{i-1}P_i} = \lim_{n\to\infty}(\overline{P_0P_1}+\overline{P_1P_2}+\cdots+\overline{P_{i-1}P_i}+\cdots+\overline{P_{n-1}P_n})$$

當各線段的長無限接近 0，也就是曲線切成無限多段時，若此無限多條線段的和收斂於某特定值 l，則 l 可視為曲線 C 的「**長度**」。完全就是定積分的概念。

　　欲計算 $y = f(x)$ 的圖形在 $[a, b]$ 部分的長度，首先要將該區間 n 等分成 n 條線段。如此，由左至第 i 條線段的長度如下。

$$\overline{P_{i-1}P_i}$$
$$= \sqrt{\Delta x^2 + \Delta y_i{}^2}$$
$$= \sqrt{1 + \left(\frac{\Delta y_i}{\Delta x}\right)^2} \, \Delta x$$

　　因此，n 條線段的長度總和如下。

$$\overline{P_0P_1} + \overline{P_1P_2} + \cdots + \overline{P_{i-1}P_i} + \cdots + \overline{P_{n-1}P_n} = \sum_{i=1}^{n} \sqrt{1 + \left(\frac{\Delta y_i}{\Delta x}\right)^2} \, \Delta x$$

　　其中，當 n 無限大時，Δx 無限趨近 0，故 $\dfrac{\Delta y_i}{\Delta x}$ 逼近導函數 $f'(x)$ 的值。因此根據定積分的定理，即是

$$\lim_{n \to \infty} \sum_{i=1}^{n} \sqrt{1 + \left(\frac{\Delta y_i}{\Delta x}\right)^2} \, \Delta x = \int_a^b \sqrt{1 + \{f'(x)\}^2} \, dx$$

　　曲線的長度公式中，被積分函數帶有根號，故積分的計算並不簡單。所以，這裡我們改計算相對較簡單的半徑 r 的圓之圓周長。

　　以原點為中心、半徑 r 的圓，其半圓如下圖可寫成 $y = \sqrt{r^2 - x^2}$，圓周 L 可用下述方式算出。

$$\frac{L}{4} = \int_0^r \sqrt{1+(y')^2}\,dx = \int_0^r \sqrt{1+\left(\frac{-x}{\sqrt{r^2-x^2}}\right)^2}\,dx$$

$$= \int_0^r \frac{r}{\sqrt{r^2-x^2}}\,dx = \int_0^{\frac{\pi}{2}} \frac{r}{r\cos\theta}\,r\cos\theta\,d\theta$$

令 $x = r\sin\theta$

$$= \int_0^{\frac{\pi}{2}} r\,d\theta = \Big[r\theta\Big]_0^{\frac{\pi}{2}} = \frac{\pi r}{2}$$

由上，可得 $L = 2\pi r$

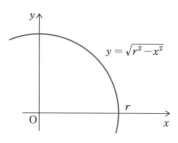

(注)　$y = \sqrt{r^2-x^2}$ 中，

若令 $t = r^2 - x^2$，則 $y = \sqrt{t} = t^{\frac{1}{2}}$

故 $\dfrac{dy}{dx} = \dfrac{dy}{dt}\dfrac{dt}{dx} = \dfrac{1}{2}t^{-\frac{1}{2}}(-2x) = \dfrac{-x}{\sqrt{r^2-x^2}}$

作為參考，拋物線 $y = mx^2$ 的 $[a,\ b]$ 部分的長 L 之計算方式如下。雖然拋物線是生活中常見的形狀，但計算起來卻非常麻煩。

$$L = \int_a^b \sqrt{1+(y')^2}\,dx = \int_a^b \sqrt{1+4m^2x^2}\,dx$$

$$= \frac{1}{4}\left[2x\sqrt{4m^2x^2+1} + \frac{1}{m}\log\left(\sqrt{4m^2x^2+1}+2mx\right)\right]_a^b$$

$$= \frac{1}{4}\left\{2b\sqrt{(2mb)^2+1} - 2a\sqrt{(2ma)^2+1} + \frac{1}{m}\log\frac{\sqrt{(2mb)^2+1}+2mb}{\sqrt{(2ma)^2+1}+2ma}\right\}$$

旋轉體的表面積

$$y = f(x) \quad (a \leq x \leq b)$$

的圖形繞著 x 軸旋轉一圈畫出

的旋轉體的表面積為

$$S = 2\pi \int_a^b |y| \sqrt{1+(y')^2}\, dx$$

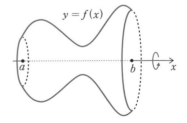

以垂直平面沿旋轉軸切開

旋轉體所得到的極小平板的側面面積，將其如下圖般置換成圓錐台

的側面積後，用積分計算得到的就是上述公式。

 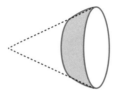

使用此公式計算半徑 r 的球面表面積 S 時，運算過程如下。

$$S = 2\pi \int_{-r}^{r} |y| \sqrt{1+(y')^2}\, dx = 2\pi \int_{-r}^{r} \sqrt{r^2-x^2} \sqrt{1+\left(\frac{-x}{\sqrt{r^2-x^2}}\right)^2}\, dx$$

$$= 2\pi \int_{-r}^{r} \sqrt{r^2-x^2}\, \frac{r}{\sqrt{r^2-x^2}}\, dx = 2\pi \int_{-r}^{r} r\, dx = 2\pi \left[rx\right]_{-r}^{r} = 4\pi r^2$$

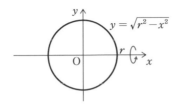

§93

古爾丁定理

平面上的圖形F，沿同一平面上不相交的直線旋轉形成的旋轉體的體積V，等於該圖形的面積S，乘以圖形重心G的移動距離$2\pi r$。也就是，

$$V = 2\pi rS$$

其中，r為重心G的旋轉半徑。

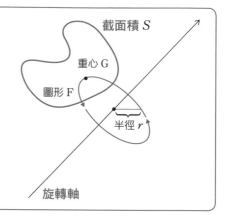

截面積 S
重心 G
圖形 F
半徑 r
旋轉軸

解說！古爾丁定理

旋轉體沿著軸垂直切開的切面為甜甜圈形，所以跟其他立體圖形相比，可以更簡單地計算出體積。不僅如此，若運用**古爾丁定理**，也就是圖形F旋轉形成的旋轉體體積等於

「圖形F的面積」×「圖形F的重心移動距離（＝圓周）」

的定理，更可在已知重心與旋轉軸的距離時快速算出體積。

為何會如此？

這裡，讓我們從立體的體積V和重量W的關係，來探討古爾丁定理成立的原因。

現在，已知由均質材料構成的立體體積V和重量W的關係為

$$W = kV \quad (k為比例常數)$$

接著，首先來計算將圖形F沿同一平面上的直線旋轉一圈形成的旋轉體的重量W。旋轉體的截面圖形F

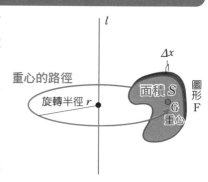

l
Δx
重心的路徑
旋轉半徑 r
面積 S
G
重心
圖形 F

的重心G，也就是圖形F（可視為面積S、厚度Δx的薄板）所有質量聚集的點。如此，則旋轉體全體的重量W可視為此圖形F的重量$kS\Delta x$沿重心G的移動路徑的積分。

$$W = \lim_{n \to \infty} \sum_{i=1}^{n} k \times S \times \Delta x = kS \lim_{n \to \infty} \sum_{i=1}^{n} \Delta x = kS \times 2\pi r$$

此時，由 $W = kV$ 可得 $V = 2\pi rS$

算算看就懂了！甜甜圈體的體積

接著讓我們使用古爾丁定理，算算看截面為半徑r的圓，此圓中心的旋轉半徑為a $(a>r)$ 的甜甜圈體的體積吧。

半徑r的圓面積為πr^2。由於圓的圓心就是重心，故「重心的旋轉半徑」即是「圓心的旋轉半徑a」。

因此，我們要求的體積就是 $\pi r^2 \times 2\pi a = 2\pi^2 ar^2$

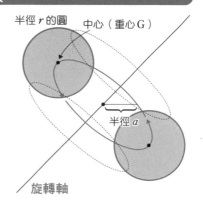

半徑r的圓　　中心（重心G）

半徑a

旋轉軸

帕普斯和古爾丁

帕普斯是活躍於西元4世紀前半葉的亞歷山卓（埃及）的數學家，而古爾丁（1577～1643）則是活躍於牛頓誕生前夕的瑞士數學家。本節介紹的定理是由兩人分別發現的，故又稱帕普斯幾何中心定理。是在微積分建立前就被發現的定理。

年輪蛋糕形積分

函數 $y=f(x)$ 的圖形在 $a \leq x \leq b$ 的區間與 x 軸圍成的圖形，繞著 y 軸旋轉形成的旋轉體體積 V 如下。

$$V = 2\pi \int_a^b |x| |f(x)| dx \quad \cdots\cdots ①$$

其中，$a \geq 0$　或　$b \leq 0$。

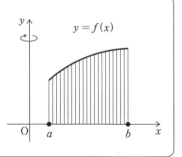

解說！年輪蛋糕形積分

這個公式稱為「**年輪蛋糕形積分**」。

這個公式在需要計算兩個函數所圍成的圖形F繞著 y 軸旋轉形成的旋轉體體積 V 時會用到。因為只要知道圖形F的 x 的縱長即可。此時，①的公式可變形如下。

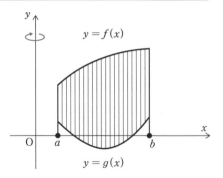

$$V = 2\pi \int_a^b |x| |f(x) - g(x)| dx \quad \cdots\cdots ②$$

另外，年輪蛋糕的德文 Baumkuchen 中 Baum 就是「木頭」，而 kuchen 則是「點心」的意思，因為紋路很像樹木的年輪而得名。

為何會如此？

　　這個公式的成立，只要用真正的年輪蛋糕類比即可明白。首先，將區間 $[a, b]$ 分成 n 等分，並假設其中一個區間為 Δx，此時下圖的長方形（藍色部分）繞著 y 軸旋轉而成的「管」狀立體的體積 V_i，可用下面的③求出近似值。

$$V_i = 2\pi |x_i| |f(x_i)| \Delta x \quad \cdots\cdots ③$$

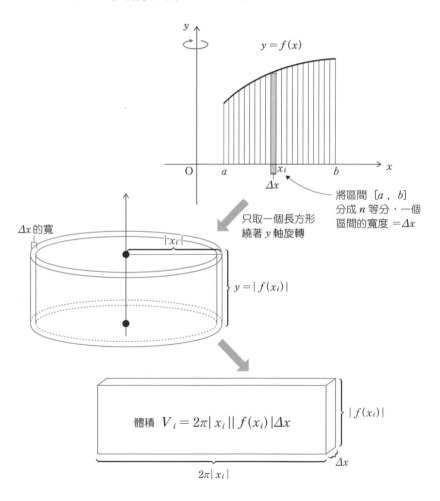

然後算出切成 n 等分、各區間的③的體積 V_i，計算其總和 $V(n)$。

$$V(n) = V_1 + V_2 + V_3 + \cdots + V_n = \sum_{i=1}^{n} 2\pi |x_i| \| f(x_i) |\Delta x \quad \cdots\cdots④$$

這恰好就等於右圖的年輪蛋糕
體中，同心圓狀的 n 個薄「管」的
體積總和。

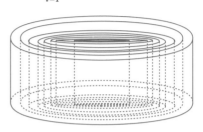

　　然後，我們將此年輪蛋糕切成
無限細，也就是計算 $n\to\infty$　　時④
的極限值。所以，依照積分的定
義，則為

$2\pi \displaystyle\int_a^b |x| \| f(x) |dx$。換言之，

$$\lim_{n\to\infty} V(n) = \lim_{n\to\infty} \sum_{i=1}^{n} 2\pi |x_i| \| f(x_i) |\Delta x = 2\pi \int_a^b |x| \| f(x) |dx$$

〔例題 1〕請計算拋物線 $y = x^2$ 與 x 軸以及直線 $x = 2$ 圍成的圖形，繞
著 y 軸旋轉形成的立體體積。

[解答] 根據開頭的公式①，

$$V = 2\pi \int_0^2 |x| \| f(x) |dx$$

$$= 2\pi \int_0^2 |x| \| x^2 |dx$$

$$= 2\pi \int_0^2 x^3 \, dx$$

$$= 2\pi \left[\frac{1}{4} x^4 \right]_0^2$$

$$= 8\pi$$

∴　體積為 8π

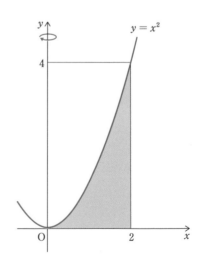

〔例題 2〕請計算拋物線 $y=(x-1)^2$ 跟直線 $y=x+1$ 圍成的圖形，繞著 y 軸旋轉而成的立體體積。

[解答] 拋物線 $y=(x-1)^2$ 與直線 $y=x+1$ 交點的 x 座標為

$(x-1)^2=x+1$ 的解，

$x=0 \cdot 3$

所以，所求的體積 V 根據公式②，

$$V = 2\pi \int_0^3 |x\,|\,f(x)-g(x)\,|dx$$

$$= 2\pi \int_0^3 |x\,|\,x+1-(x-1)^2\,|dx$$

$$= 2\pi \int_0^3 (-x^3+3x^2)dx$$

$$= 2\pi \left[-\frac{1}{4}x^4+x^3 \right]_0^3$$

$$= \frac{27}{2}\pi$$

$\therefore$ 體積為 $\dfrac{27}{2}\pi$

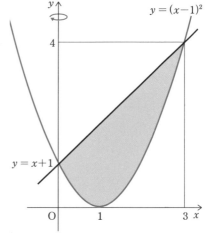

（注）　$y=-x^3+3x^2$

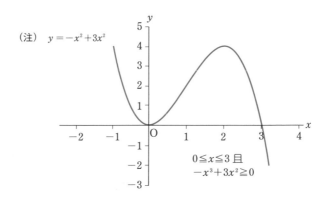

$0 \leqq x \leqq 3$ 且
$-x^3+3x^2 \geqq 0$

等冪等積定理

(1) 用固定方向的直線切過兩個平面圖形時，若無論切在何處，其中一方的切口線段長是另一方的 k 倍，則面積也會是 k 倍。

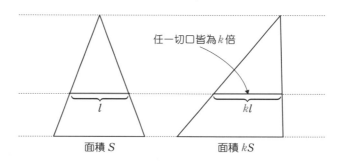

任一切口皆為 k 倍

l

kl

面積 S　　　　面積 kS

(2) 用固定方向的平面切過兩個立體圖形時，若無論切在何處，其中一方的切面面積是另一方的 k 倍，則體積也會是 k 倍。

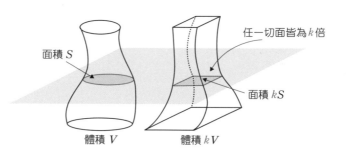

面積 S

任一切面皆為 k 倍

面積 kS

體積 V　　　　體積 kV

解說！等冪等積定理

因為平面圖形就是線段的集合，故「若線段的比無論在哪裡都相同時，該比也是面積比」，這就是**等冪等積定理**。

體積的部分也一樣。「若截面積的比無論在哪裡都相同時，該比也會是體積比」。不過，前提是無論是何種圖形，「高都必須相同」。

用圖理解等冪等積定理！

如果從文字看不懂什麼是等冪等積定理的話，大家可以看看下面的圖。左下的圖是把三角形細切成數個與底邊平行的短條後，左右錯開而成的圖形。只要左右兩圖的所有短線橫長都相同，則兩圖形的面積就可視為相等。體積的情況也一樣。

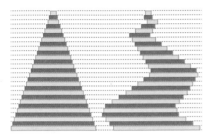
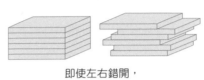

即使左右錯開，
體積也不會變

●用積分來想

換用積分的思維來看，這個定理的有效性也非常明顯。簡而言之，在積分中，左下圖的藍色部分面積 S 無限細分時，會與右下圖的長方形面積總和非常相近。而將圖形無限細分時，各長方形就相當於線段。

$$S = \int_a^b f(x)dx = \lim_{n \to \infty}\{f(x_1)\Delta x + f(x_2)\Delta x + \cdots + f(x_n)\Delta x\}$$

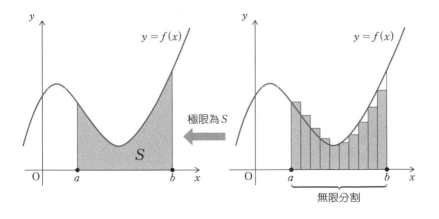

極限為 S

無限分割

此時，$f(x)$ 就相當於線段的長。而若線段的長不論在哪裡都是 k 倍的 $kf(x)$ 的話，則由

$$\int_a^b kf(x)dx = k\int_a^b f(x)dx$$

可知面積也會是 k 倍。

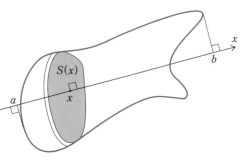

體積的情況也一樣。對截面積 $S(x)$ 積分的結果就是體

積 $V = \int_a^b S(x)dx$，故體積的本質就是截面積。不是截面的形狀。因此，若截面積無論在哪裡都是 k 倍的話，則體積也會是 k 倍。

試試看！等冪等積定理

接下來，讓我們來用等冪等積定理，算算看橢圓的面積，以及球體的體積。

(1) 求橢圓的面積

橢圓 $\dfrac{x^2}{a^2} + \dfrac{y^2}{b^2} = 1$ 是圓

$x^2 + y^2 = a^2$ 沿 y 軸方向壓縮

（放大）$\dfrac{b}{a}$ 倍而成的圖形。因

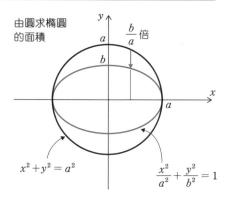

此，y 軸方向的線段長為半徑 a 的圓的 $\dfrac{b}{a}$ 倍，故所求橢圓的面積為

$$\pi a^2 \times \frac{b}{a} = \pi ab$$

(2) 求球體的體積

根據等冪等積定理，半徑 r 的半球體積如右頁圖所示，可知半球體積即等於圓柱的體積減去圓錐的體積。

這是因為，下圖截面中的藍色部分面積相等。

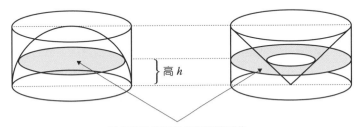

藍色部分的圓盤與甜甜圈形的
圓盤面積皆為 $\pi(r^2 - h^2)$

因此，半徑 r 的半球體積為
圓柱的體積 πr^3 減去圓錐的體積
$\dfrac{1}{3}\pi r^3$ 等於 $\dfrac{2}{3}\pi r^3$，故球體的體
積為 $\dfrac{4}{3}\pi r^3$。

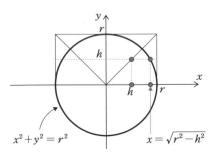

巨人的肩膀之一

　　卡瓦列里是17世紀的義大利數學家，他在1635年的著作《不可分割
之連續體的新幾何學（Geometria indivisibilibus continuorum nova
quadam ratione promota）》中發表了等冪等積定理。多虧了古爾丁定理
和等冪等積定理等前人累積的知識和思想，牛頓和萊布尼茲才能站在這些
巨人的肩膀上，建構了微積分學。

§96

梯形公式（近似式）

定積分的近似值可用以下公式求出。

$$S = \int_a^b f(x)dx \doteqdot \frac{h}{2}\{y_0 + 2(y_1 + y_2 + \cdots\cdots + y_{n-1}) + y_n\}$$

其中，$h = \dfrac{b-a}{n}$

$y = f(x)$

y_0　y_1　y_2　　　　　y_i　　y_n

a　x_1　x_2　　　　x_{i-1}　x_i　　b
$\parallel$　　　　　　　　　　　　　　$\parallel$
x_0　　　　　　　　　　h　　　x_n

解說！為求近似值而誕生的梯形公式

在定積分的計算中，被積分函數的不定積分不一定總是算得出來。然而，在應用上，有時我們一定得求出不定積分的值。所以，數學家們想出了很多高精度的近似值求法。其中之一就是**梯形公式**。

定積分原來的定義，是將積分區間分割成許多細塊，把各區間當成下圖般的長方形，計算當分割成無限細的時候，所有長方形面積總和的近似值。而這個值就相當於函數圖形所圍成的面積。

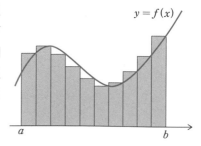

$y = f(x)$

a　　　　　　　b

282

●梯形比長方形更精準

但實際計算的時候，我們不可能真的把區間切割到無限細。所以只能妥協於某種程度的分割。而這種時候，梯形會比長方形更加契合函數的曲線，因此才有梯形公式的誕生。

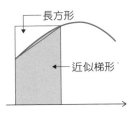

長方形
近似梯形

為何梯形公式可成立？

由左數來第 i 個梯形的面積 S_i，根據梯形公式可知

$$S_i = (y_{i-1} + y_i) \times h \div 2 \quad \cdots\cdots \quad (\text{上底} + \text{下底}) \times \text{高} \div 2$$

因此，n 個微小梯形的和為

$$S_1 + S_2 + S_3 + \cdots\cdots + S_{i-1} + S_i + \cdots\cdots + S_n$$

$$= \{(y_0 + y_1)$$
$$+ (y_1 + y_2)$$
$$+ (y_2 + y_3)$$
$$+ \cdots\cdots$$
$$+ (y_{i-2} + y_{i-1})$$
$$+ (y_{i-1} + y_i)$$
$$+ \cdots\cdots$$
$$+ (y_{n-2} + y_{n-1})$$
$$+ (y_{n-1} + y_n)\} \times h \div 2$$

$$= \frac{h}{2} \{y_0 + 2(y_1 + y_2 + \cdots\cdots + y_{i-1}) + y_n\} \quad \cdots\cdots①$$

$y = f(x)$

S_i

y_i

y_{i-1}

x_{i-1}

x_i

x

h

當區間被分割得愈細，也就是 n 的值愈大時，①的值就是定積分 $S = \int_a^b f(x)dx$ 的近似值，也就是梯形公式。

〔例題1〕請使用梯形公式，計算拋物線 $y=-x^2+1$ 與 x 軸、y 軸圍成之圖形的面積（可用計算機）。

[解答] 如下表，分割成10等分後約為0.665。

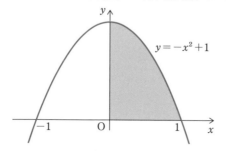

分割數n	梯形公式的值
10	0.6650000
100	0.6666500
1000	0.6666665

另外，要計算實際定積分的精確值則為

$$\int_0^1 (-x^2+1)dx = \left[-\frac{x^3}{3}+x\right]_0^1 = \frac{2}{3} = 0.666666\cdots\cdots$$

〔例題2〕請使用梯形公式，計算 $y=\sin x$ $(0 \le x \le \pi)$ 與 x 軸圍成之圖形的面積（可用計算機）。

[解答] 如下表，分割成10等分後約為1.98。

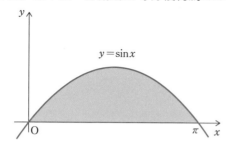

分割數n	梯形公式的值
10	1.98352354
100	1.99983550
1000	1.99999836

另外，要計算實際定積分的精確值則為

$$\int_0^\pi \sin x\,dx = \left[-\cos x\right]_0^\pi = 1-(-1) = 2$$

參考

用長方形求近似值

那麼如果不用梯形，而是在定積分原本的定義下，用長方形計算近似值又會如何呢？下面我們就介紹前面兩例的計算法。各位可以跟用梯形公式的計算結果比較看看。

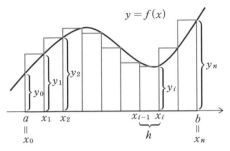

$$S = \int_a^b f(x)dx \doteqdot h(y_1 + y_2 + y_3 + \cdots\cdots + y_n)$$

$$其中，h = \frac{b-a}{n}$$

(1)　用長方形近似法計算拋物線 $y = -x^2 + 1$ 跟 x 軸、y 軸圍成之圖形的面積。

分割數n	長方形近似公式的值
10	0.615
100	0.66165
1000	0.66616649999999

(2)　使用長方形近似法計算 $y = \sin x \ (0 \le x \le \pi)$ 與 x 軸圍成之圖形的面積。

分割數n	長方形近似公式的值
10	1.98352353744071
100	1.99983550388096
1000	1.99999835506502

上述(1)、(2)的結果，跟梯形近似法幾乎沒有差異。

§97

辛普森積分法（近似式）

定積分的近似值可用下面的公式求出。

$$S = \int_a^b f(x)dx$$

$$\fallingdotseq \frac{h}{3}\{(y_0+y_{2n})+4(y_1+y_3+\cdots\cdots+y_{2n-1})+2(y_2+y_4+\cdots\cdots+y_{2n})\}$$

$$h = \frac{b-a}{2n}$$

解說！辛普森的近似式

定積分的計算中，被積分函數的不定積分並非總是算得出來。然而，有時我們就是想知道它的值。前一節我們介紹了梯形公式，此外，還有另一個名叫**辛普森積分法**的有名方法。這個方法是用拋物線來求取被積分函數的圖形近似值。簡單來說，辛普森認為拋物線應該比直線更契合曲線的圖形。

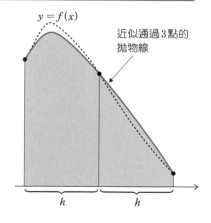

$y = f(x)$

近似通過3點的拋物線

●為何是二次曲線

曲線有很多種，而選擇拋物線的原因，是因為通過3個點的拋物線所圍成的部分（右圖的藍色部分）的面積，可以只用區間寬和3點的 y 座標簡單表達。換言之，藍色部分的面積是

$$\frac{h}{3}(l+4m+n) \quad \cdots\cdots ①$$

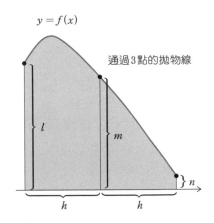

$y = f(x)$

通過3點的拋物線

為何辛普森積分法會成立？

將積分區間 $[a, b]$ 分成 $2n$ 等分，假設每塊區間的寬度為 h。此時根據前頁開頭的圖形，$[x_{2i-2}, x_{2i}]$ 部分（藍色部分）用拋物線近似的面積如下。

$$\frac{h}{3}(y_{2i-2}+4y_{2i-1}+y_{2i}) \quad \cdots\cdots ②$$

因此，將②的各區間 $[x_0, x_2]$、$[x_2, x_4]$、$[x_4, x_6]$、$\cdots\cdots$、$[x_{2i-2}, x_{2i}]$、$\cdots\cdots$、$[x_{2n-2}, x_{2n}]$ 相加後，便是

$$\frac{h}{3}(y_0+4y_1+y_2)+\frac{h}{3}(y_2+4y_3+y_4)+\frac{h}{3}(y_4+4y_5+y_6)$$

$$+\cdots+\frac{h}{3}(y_{2i-2}+4y_{2i-1}+y_{2i})+\cdots+\frac{h}{3}(y_{2n-2}+4y_{2n-1}+y_{2n})$$

$$=\frac{h}{3}\{(y_0+y_{2n})+4(y_1+y_3+\cdots+y_{2n-1})+2(y_2+y_4+\cdots+y_{2n})\}$$

即可得到辛普森公式。

另外，這裡我們也順便介紹一下前頁的①成立的原因。要證明①。只需要用①表示通過 A$(-h, l)$、B$(0, m)$、C(h, n) 三個點的拋物線與 x 軸圍成的下圖藍色部分的面積即可。這是因為，就算把圖形平移，面積也不會改變。

現在，假設通過 A、B、C 三點的拋物線為 $y = ax^2 + bx + c$，則

$$l = ah^2 - bh + c$$
$$m = c$$
$$n = ah^2 + bh + c$$

故，

$$l + 4m + n = 2ah^2 + 6c$$

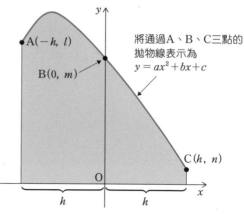

將通過A、B、C三點的拋物線表示為 $y = ax^2 + bx + c$

其中，藍色部分的面積可用下列的定積分計算得出。

$$\int_{-h}^{h}(ax^2 + bx + c)dx = \int_{-h}^{h}(ax^2 + c)dx = 2\int_{0}^{h}(ax^2 + c)dx$$

$$= 2\left[\frac{1}{3}ax^3 + cx\right]_{0}^{h} = \frac{h}{3}(2ah^2 + 6c) = \frac{h}{3}(l + 4m + n)$$

這樣子，就能明白①成立的原因了。

〔例題1〕 請使用辛普森積分法（近似式），計算拋物線 $y = -x^2 + 1$ 與 x 軸、y 軸圍成之圖形的面積（可用計算機）。

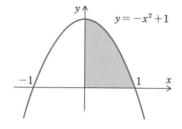

分割數n	辛普森積分法的值
20	0.66666666666666
200	0.66666666666666
2000	0.66666666666666

實際定積分的精確值為，

$$\int_0^1 (-x^2+1)dx = \left[-\frac{x^3}{3}+x\right]_0^1 = \frac{2}{3}$$

觀察前頁的表，可發現20等分已可得到相當接近的近似值。然而，仔細想想，因為是用拋物線近似拋物線，所以會很接近也是理所當然的。

〔例題2〕請使用辛普森積分法（近似式），計算 $y = \sin x$（$0 \leqq x \leqq \pi$）與 x 軸圍成之圖形的面積（可用計算機）。

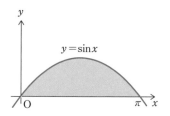

分割數n	辛普森積分法的值
20	2.00000678446328
200	2.00000000067862
2000	2.00000000000028

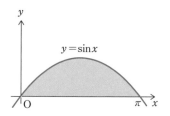

分割20次後約為2.0。而實際定積分的精確值如下。

$$\int_0^\pi \sin x\, dx = \left[-\cos x\right]_0^\pi = 1-(-1) = 2$$

另外，辛普森積分法的辛普森，乃是紀念英國數學家湯瑪士・辛普森（1710～1761）。

§98

集合之和的定律

> 　　假設有兩個事件 A、B，且兩事件不會同時發生。若 A 發生的可能情況有 p 種，B 發生的可能情況有 q 種，則 A 或 B 發生的情況有 $p+q$ 種。

解說！無例外且不重複

　　本節要介紹的「**和的定律**」，跟下節才要介紹的「**積的定律**」，是在**「沒有例外、沒有重複」的情況下計算**事物時最基本、重要的思考方式。乍聽之下可能聽不太懂，所以下面就讓我們實際用例題來看看吧。

〔例題 1〕同時投擲兩個一大一小的骰子，請問兩者的點數和為 5 或 7 的情況一共有幾種？

[解答] 點數和為 5 的情況分別有 {(1、4)、(2、3)、(3、2)、(4、1)} 四種。其中，（ ）內左邊的數字為大骰子的點數，右邊的數字則是小骰子的點數。同樣地，點數和為 7 的情形則有 {(1、6)、(2、5)、(3、4)、(4、3)、(5、2)、(6、1)} 六種。

　　此時，點數和為 5 與點數和為 7 的情況不可能同時出現。因此答案是
　　　$4+6＝10$ 種
此關係用座標平面來表示就如右圖所示。

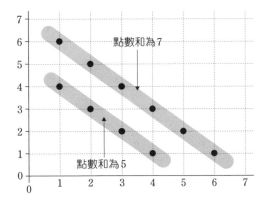

第 9 章
排列、組合

為何會如此？

前述兩顆骰子的情況，用座標平面來看，「點數和為 5」的集合和「點數和為 7」的集合的共通部分是空的。因此，此處我們用集合的角度來看和的定律。

把「存在 A、B 兩事件，且兩者不同時發生」的條件想成集合 A 和集合 B，A 和 B 的共同部分（以 $\cap$ 來表示）不存在，換言之 $A \cap B = \phi$（ϕ 讀做空集）。此時，$n(A \cup B) = n(A) + n(B)$ 成立，此即和的定律。其中，$n(A)$ 代表 A 集合的元素數，ϕ 則是**空集**，代表不含任何元素的集合。故 $n(\phi) = 0$

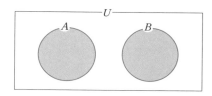

$$若 A \cap B = \phi \ 則$$
$$n(A \cup B) = n(A) + n(B)$$
（和的定律）

試試看！和的定律

運用和的定律，需要在複雜的世界計算數量時，只需先將彼此不共通的複數部分分開，然後再把兩種情況的數量相加即可。我們在日常生活中經常無意識地運用這種方法，其中特別需要留意**「不同時發生」的部分**。

現在，假設有一副抽掉鬼牌、總共 52 張的撲克牌，然後從中抽一張牌。此時抽到的牌是紅心（共 13 張）或黑桃（共 13 張）的情況，一共是 13＋13 等於 26 種。然而，如果條件換成紅心或人頭（共 12 張），那麼因為兩種條件有可能同時出現，故總共就不會是 13＋12 種。

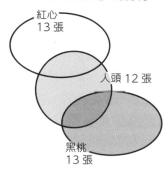

紅心
13 張

人頭 12 張

黑桃
13 張

第 9 章　排列、組合

98

集合之和的定律

§99

集合之積的定律

> 假設有 A、B 兩事件，A 發生的情況有 p 種，且對於每種情況，B 也發生的情況有 q 種。此時，B 接著 A 發生的情形總共有 pq 種。

解說！相乘的積的定律

假設從 A 鎮到 B 鎮一共有兩種路線的公車，從 B 鎮到 C 鎮則有三種路線的電車。此時，從 A 鎮經過 B 鎮再到 C 鎮的交通手段有幾種呢？

從 A 鎮到 B 鎮的兩種公車路線，都分別有三種電車可以轉乘到 C 鎮，所以兩者相乘即是 $2 \times 3 = 6$ 種交通手段。這種思考方式即是「**積的定律**」。

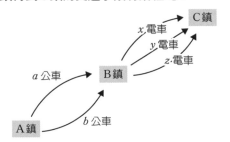

為何會如此？

● 用樹狀圖看「積的定律」

要以無例外、不重複的方式計算「情況」的數量——此時最有效的方法就是用「樹枝的分歧型態」，也就是**樹狀圖**。積的定律在圖形上就是基於樹狀圖。例如上面的通勤手段，首先分成兩種，然後再各自分成三種。因此，可表現成總共 $2 \times 3 = 6$ 種分歧的樹狀圖。

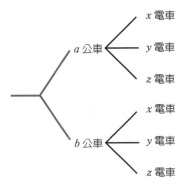

●用集合理解「積的定律」

前面提到的六種通勤手段，用集合來表示則如下。

$$\{(a \cdot x) \cdot (a \cdot y) \cdot (a \cdot z) \cdot (b \cdot x) \cdot (b \cdot y) \cdot (b \cdot z)\} \quad \cdots\cdots ①$$

此時，假設從 A 鎮到 B 鎮的兩種公車路線之集合為 P，從 B 鎮到 C 鎮的三種電車路線之集合為 Q。換言之，$P=\{a \cdot b\}$、$Q=\{x \cdot y \cdot z\}$。因此，①的集合可表示成集合 P 和集合 Q 的**直積** $P \times Q$（參照下面的＜參考＞）。因為直積中「$n(P \times Q)=n(P) \times n(Q)$」，故與本節介紹的「積的定律」一致。這時，$n(\quad)$ 代表括號內的集合之元素數量。

試試看！積的定律

(1) 72 可分解成 $72=2 \times 2 \times 2 \times 3 \times 3=2^3 3^2$。其中 72 的因數有 2 的指數「0、1、2、3」四種，3 的指數「0、1、2」三種。因此，依照積的定律，72 的因數數量共有 $4 \times 3 = 12$ 個。

(2) 男性四人、女性三人彼此相親的配對種類，共有 $4 \times 3 = 12$（種）。

參考

什麼是直積？

對於兩個集合 $A=\{a_1 \cdot a_2 \cdot \cdots\cdots \cdot a_m\}$、$B=\{b_1 \cdot b_2 \cdot \cdots\cdots \cdot b_n\}$，按下圖的順序組成的 (a_i, b_j) 集合，就叫 A 和 B 的**直積**，表示成 $A \times B$。

	b_1	b_2	$\cdots$	b_i	$\cdots$	$\cdots$	b_n	→B
a_1	(a_1, b_1)	(a_1, b_2)	$\cdots$	(a_1, b_i)	$\cdots$		(a_1, b_n)	
a_2	(a_2, b_1)	(a_2, b_2)	$\cdots$	(a_2, b_i)	$\cdots$		(a_2, b_n)	
$\cdots$	$\cdots$	$\cdots$	$\cdots$	$\cdots$	$\cdots$		$\cdots$	
	$\cdots$	$\cdots$	$\cdots$	$\cdots$	$\cdots$		$\cdots$	
a_i	(a_i, b_1)	(a_i, b_3)	$\cdots$	(a_i, b_j)	$\cdots$		(a_i, b_n)	←$A \times B$
$\cdots$	$\cdots$	$\cdots$	$\cdots$	$\cdots$	$\cdots$		$\cdots$	
$\cdots$	$\cdots$	$\cdots$	$\cdots$	$\cdots$	$\cdots$		$\cdots$	
a_m	(a_m, b_1)	(a_m, b_2)	$\cdots$	(a_m, b_j)	$\cdots$		(a_m, b_n)	

A→

§100

個數定理

> (1)　$n(A \cup B) = n(A) + n(B) - n(A \cap B)$
>
> (2)　$n(A \cup B \cup C) = n(A) + n(B) + n(C) - n(A \cap B) - n(B \cap C) - n(C \cap A) + n(A \cap B \cap C)$
>
> (注) $n(A)$代表有限集合A的元素數量。

解說！什麼是個數定理

　　個數定理，是一種**在眾多條件中尋找至少滿足一個條件的情況之數量**時，非常好用的定理。下面讓我們看看具體的例子。

　　現在，假設有某個活動，該活動只允許小孩和女性參加。預定參加活動的小孩子有100人，女性有200人，其中80個是女性孩童時，請問會場應該準備多少椅子呢？

　　假設小孩的集合為A，女性的集合為B，則根據上述條件，

　　　$n(A) = 100$、$n(B) = 200$、$n(A \cap B) = 80$

　　其中，參加者是女性或小孩的集合是$A \cup B$，故根據個數定理，

　　　$n(A \cup B) = n(A) + n(B) - n(A \cap B) = 100 + 200 - 80 = 220$

為何會如此？注意重複的部分！

　　對於兩集合A、B，$A \cup B$代表至少屬於A或B其中之一的集合，$A \cap B$則是同時屬於A和B的元素集合。

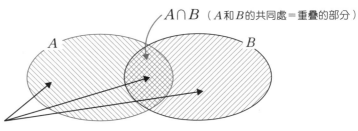

$A \cap B$ （A和B的共同處＝重疊的部分）

$A \cup B$
（A和B全部）

因此，$A \cup B$ 的三種情況各個部分的元素數量如左下圖的 p、q、r，且以下等式成立。

$$n(A \cup B) = p + r + q \quad \cdots\cdots\text{①}$$

$$n(A) + n(B) - n(A \cap B) = (p+r) + (r+q) - r = p + r + q \quad \cdots\cdots\text{②}$$

由①、②可知(1)成立。另外，(1)成立的意思，代表 A 和 B 的元素數簡單相加時，$A \cap B$ 的元素數會被計算兩次。

同樣地，如右下圖將各部分的元素分割成 p、q、r、s、t、u、v 來計算，即可知(2)也成立。

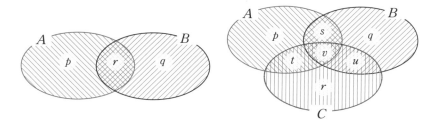

另外，(2)的公式意即，A、B、C 的元素簡單相加時，$A \cap B$、$B \cap C$、$C \cap A$ 分別會被計算兩次（重複），所以這三者的元素數要除以二，但這麼一來 $A \cap B \cap C$ 三者重疊的部分又會被減掉，所以最後要再加回來。

〔例題〕請使用個數定理的公式(1)，計算100以下的自然數中，是4的倍數或6的倍數之數字共有幾個。

[解答] 4的倍數為 4×1、4×2、$\cdots\cdots$、4×25，共有25個。6的倍數有 6×1、6×2、$\cdots\cdots$、6×16，共有16個。其中既是4的倍數又是6的倍數者，也就是12的倍數，故有 12×1、12×2、$\cdots\cdots$、12×8，總共8個。所以，是4的倍數或6的倍數之數字，根據個數定理一共有 $25 + 16 - 8 = 33$ 個。

§101

排列的公式

> 從 n 個相異的東西中，取出 r 個依序排列的排列法總數寫成
> $_n\mathrm{P}_r$，且 $_n\mathrm{P}_r$ 的值可用下列公式算出。
>
> $$_n\mathrm{P}_r = \underbrace{n(n-1)(n-2)(n-3)\cdots(n-r+1)}_{r\text{ 個的積}} \quad \cdots\cdots ①$$

解說！用來計算「排列法的總數」的排列公式

　　將多個事物按照順序排成一列，就叫排列。排列的符號通常用P表示，取自英文的 permutation。「排列」的概念存在於家具的配置、料理的順序等各種不同領域。因此，若能了解與「排列」有關的數學公式，可使生活更方便。而這個公式就是上面提到的 $_n\mathrm{P}_r$。只要利用這個工具，我們就能馬上知道「排列法的總數」。例如「從 7 本書挑出 4 本，由左至右依序排列，共有幾種排法」，用數學表示就是 $_7\mathrm{P}_4$，可以直接套用上面的公式。然後，我們就能利用下面的計算得到840的答案。

$$_7\mathrm{P}_4 = 7 \cdot 6 \cdot 5 \cdot 4 = 840$$

● 「!」階乘的符號

　　要計算 n 個相異事物所有排列法的總數，我們只需把 $r=n$ 代入排列的公式，

$$_n\mathrm{P}_n = n(n-1)(n-2)(n-3)\cdots\cdots 3 \cdot 2 \cdot 1$$

因為等號的右邊是經常用到的公式，所以我們可以用「!」的符號來代替，寫成下面的形式。

$$n! = n(n-1)(n-2)(n-3)\cdots\cdots 3 \cdot 2 \cdot 1$$

$n!$ 讀做「n 的階乘」。

當 n 為 1、2、3 等小數值時，$n!$ 的值還可以輕易算出，但當 n 愈來愈大，$n!$ 就會變得異常龐大（所以才使用驚嘆號？）。例如 12! 的值已超過 1 億，70! 更超過 10^{100}。

另外，排列公式①若用階乘「!」表示，則會長得下面這樣。

$$_nP_r = \frac{n!}{(n-r)!} \quad \cdots\cdots ②$$

n	$n!$
1	1
2	2
3	6
4	24
5	120
6	720
7	5040
8	40320
9	362880
10	3628800

為何會如此？ $_nP_r$ 的公式

現在，假如我們從「a、b、c、d、e、f、g」等 7 個字母中選 3 個出來排列，則排法的總數為 $_7P_3$。

首先，因為要選 3 個，所以我們在紙上畫出 3 個座位（下圖）。此時，座位(1)隨便寫入 a、b、c、d、e、f、g 任何字母都可以，所以一共有「7 種情況」。

在座位(1)放入 1 個字母後，座位(2)也一樣可以隨意放入剩下 6 個字母，所以有「6 種情況」。

當(1)、(2)的座位都放入字母時，對於每種排列情況，座位(3)同樣可以隨意放入剩下的 5 個字母，所以一共有「5 種情況」。因此，根據積的定律，$_7P_3$ 為

$$_7P_3 = 7 \cdot 6 \cdot 5 = 210$$

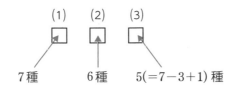

〔例題1〕從5個字母 a、b、c、d、e 任選3個出來排列，請問總共有幾種排法？

[解答] 跟前頁的問題相同，一共有 $_5P_3 = 5 \times 4 \times 3 = 60$ 種排法。

〔例題2〕從40人中挑2個人出來擔任議長和書記時，請問共有幾種選法。

[解答] $_{40}P_2 = 40 \cdot 39 = 1560$ 種選法。乍看之下，這題感覺好像不是排列的問題，但其實這就跟「從40人中各選一人出來坐在議長和書記的座位上」的排列是一樣的。

參考

其他「好用的排列公式」

　　要思考排列的總數時，開頭的公式①

$$_nP_r = n(n-1)(n-2)(n-3)\cdots(n-r+1)$$

是最基本的，但要處理某些附帶條件的特殊排列時，我們還可以運用以下的公式。

● 「可重複取」的重複排列公式

　　從 n 個相異事物中，允許「重複取」的情況下取 r 個出來排列（**重複排列**），總共有 n^r 種排法。

　　讓我們用從7個字母 a、b、c、d、e、f、g 中任取且可重複選3個出來，放入3個指定座位（下圖）的情況來想。

　　座位 (1) 可以自由放入 a~g 任意字母，所以共有「7種」放法。而對於這7種放法，座位 (2) 同樣可以自由放入 a~g 任意字母，所以也有「7種」放法。而

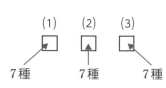

對於⑴、⑵的所有情況，座位⑶同樣也有「7種」放法。因此，根據積的定律，總共有 $7 \times 7 \times 7 = 7^3 = 343$ 種放法。相信這樣大家都可看出這跟剛才（第297頁）排法的差異。

● **不同於橫列的「圓排列」公式**

　　將數個事物排成圓形，只考慮每個元素相對位置關係的排列，稱為圓排列。n 個相異事物的圓排列為 $(n-1)!$。

　　如將3個符號○、□、△依序排列時，若排成橫列，則下面3種排列方式是不一樣的排列。

　　　　$(○、□、△)、(△、○、□)、(□、△、○)$

　　但排成圓形的時候，這3種排法只要稍微轉一下就能重疊。

　　因此，考慮3個符號○、□、△的圓排列時，只需固定其中一者，然後思考剩下2個符號的序列即可。換言之，圓排列的總數為 $(3-1)! = 2 \cdot 1 = 2$。

● **包含同類事物的排列公式**

　　假設有 n 張卡片，卡面上寫著 a 的卡片有 p 張，寫著 b 的卡片有 q 張，寫著 c 的卡片有 r 張……依此類推。

　　　　$\{a、a、a、\cdots、a、b、b、\cdots、b、c、c、\cdots、c、d、\cdots\}$　……③

　　此時，將這 n 張卡片全部排開，總共有

$$\frac{n!}{p!q!r!\cdots}$$ 種相異的排法，且 $p+q+r+\cdots = n$

跟全部相異的 n 個元素

　　　　$\{a_1、a_2、a_3、\cdots、a_p、b_1、b_2、\cdots、b_q、c_1、c_2、\cdots、c_r、\cdots\}$　……④

的排法比較一下，就會發現兩者的不同之處。③的排列，若 p 個 a 可互相區別，則會變成 $p!$ 倍；若 q 個 b 可互相區別就是 $q!$ 倍；r 個 c 可互相區別就是 $r!$ 倍……最後就等於排列④的 $n!$。

組合的公式

從 n 個相異元素中取出 r 個時，可做出的組合總數為 $_n\mathrm{C}_r$，且 $_n\mathrm{C}_r$ 的值可用下列公式算出。

$$_n\mathrm{C}_r = \frac{_n\mathrm{P}_r}{r!} = \frac{n(n-1)(n-2)\cdots(n-r+1)}{r!} \quad \cdots\cdots①$$

其中，$_n\mathrm{C}_n = 1$、$_n\mathrm{C}_0 = 1$

解說！組合

組合的英文是 combination，所以符號也用 C 代表。「組合」跟前一節的「排列」有著密切的關係。而這個關係就是上面的公式①。只要運用①，即能輕鬆地計算出組合的方法數。

例如，要計算從 40 人的團體中選出 5 個人當代表，一共有幾種選法時，只要將 $n=40$、$r=5$ 代入上面的公式①即可算出。

$$_{40}\mathrm{C}_5 = \frac{_{40}\mathrm{P}_5}{5!} = \frac{40 \cdot 39 \cdot 38 \cdot 37 \cdot 36}{5 \cdot 4 \cdot 3 \cdot 2 \cdot 1} = 658008$$

竟然共有將近 66 萬種選法，真令人吃驚。

● $_n\mathrm{C}_r$ 的性質

$_n\mathrm{C}_r$ 具有以下的性質。只要知道這些性質，在使用 $_n\mathrm{C}_r$ 計算的時候就會輕鬆許多。

(1) $_n\mathrm{C}_r = {_n\mathrm{C}_{n-r}}$

(2) $_n\mathrm{C}_r = {_{n-1}\mathrm{C}_{r-1}} + {_{n-1}\mathrm{C}_r} \qquad (1 \leq r \leq n-1)$

以下簡單解說一下這兩種性質的原因。

(1) 的性質可從組合的原理輕易導出。換言之，「從 n 個相異元素中取出 r 個」時，從結果來看，「剩下 $n-r$ 個」跟「選 $n-r$ 個」的意思是一樣的。

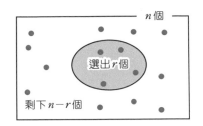

n 個

選出 r 個

剩下 $n-r$ 個

而 (2) 的性質，只需著眼於特定一個元素即可明白。現在，假設有 n 個相異元素 $\{a_1 、 a_2 、 a_3 、 \cdots\cdots 、 a_n\}$。從這 n 個元素中取出 r 個時，若我們只看特定一個元素 a_1，則可用「是否取到 a_1」將所有取出 r 個的方法分成兩種。

(i) 有取到 a_1 的情況

此時，就相當於從剩下的 $n-1$ 個中取出 $r-1$ 個，所以共有 ${}_{n-1}C_{r-1}$ 種。

(ii) 沒有取到 a_1 的情況

此時，就相當於從剩下的 $n-1$ 個中取出 r 個，所以共有 ${}_{n-1}C_r$ 種。

因為把 (i) 和 (ii) 合在一起就等於 ${}_nC_r$，故可知 (2) 是成立的。

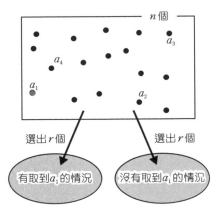

n 個

a_3

a_4

a_1

a_2

選出 r 個　　選出 r 個

有取到 a_1 的情況　　沒有取到 a_1 的情況

為何 ${}_nC_r$ 的公式成立？

${}_nC_r$ 的公式①成立的原因，只要從 ${}_nP_r$ 來想就明白了。也就是說，

$\quad {}_nP_r =$ 從 n 個相異元素中取出 r 個排列的排法總數

$\qquad =$ 從 n 個相異元素中，先取出 r 個，再對於每一種取法（積的定律）

$\qquad$ 計算這 r 個的排法總數

$\qquad = {}_nC_r \times r!$

〔例題〕請問從一副沒有鬼牌的撲克牌（52張）中隨機抽出4張時，一共有幾種可能的結果？

[解答] $_{52}C_4 = \dfrac{52 \cdot 51 \cdot 50 \cdot 49}{4 \cdot 3 \cdot 2 \cdot 1} = 270725$ 種

參考

其他好用的組合公式

據說早在西元前的時代，印度文明就已經開始研究排列和組合的問題。而到了9世紀時，人類終於想出排列和組合的公式。那麼下面就一起來看看這些堪稱人類智慧結晶的排列・組合公式吧。公式①是組合的基本公式，除此之外，若能進一步掌握下面的「重複組合」公式，解題的時候將會更方便。

●好用的重複組合公式

若從 n 個相異元素中，在允許重複取的情況下，任取出 r 個組合的方法有 $_nH_r$ 種，則下列公式成立。

$$_nH_r = {}_{n+r-1}C_r \quad \cdots\cdots②$$

例如從3個字母 a、b、c 中，在可重複取的情況下，任取出5個組合，將有

$\{a,a,a,a,a\}$、$\{a,a,a,a,b\}$、$\cdots$、$\{a,a,b,b,c\}$、$\cdots$、$\{a,b,c,c,c\}$、$\cdots$、$\{c,c,c,c,c\}$

等各種結果。而利用②能計算其總數為 $_3H_5 = {}_{3+5-1}C_5 = {}_7C_5 = 21$

那麼，讓我們來看看為什麼重複組合的結果表示為②。

上面的題目中，因為是取5個出來，所以我們用5個○表示；而為了區分3種字母，我們準備2根木棒（＝3種字母－1）。然後，在可重複取的情況下從3個字母 a、b、c 中取出5個組合，就如同右頁圖，可以用「5個○和2根棒子」的排列來代替。

$\{a,a,a,a,a\} \quad \longleftrightarrow \quad \bigcirc\bigcirc\bigcirc\bigcirc\bigcirc\mid\mid$

$\{a,a,a,a,b\} \quad \longleftrightarrow \quad \bigcirc\bigcirc\bigcirc\bigcirc\mid\bigcirc\mid$

....

$\{a,a,b,b,c\} \quad \longleftrightarrow \quad \bigcirc\bigcirc\mid\bigcirc\bigcirc\mid\bigcirc$

....

$\{a,b,c,c,c\} \quad \longleftrightarrow \quad \bigcirc\mid\bigcirc\mid\bigcirc\bigcirc\bigcirc$

....

$\{c,c,c,c,c\} \quad \longleftrightarrow \quad \mid\mid\bigcirc\bigcirc\bigcirc\bigcirc\bigcirc$

而這「5個○、2根棒子的排列」總數,就與從7個空位中任選5個出來放入○(或是任選2個出來放入木棒)的選法總數相同。

因此, $_3H_5 = {}_{3+5-1}C_5 = {}_7C_5 = {}_7C_2 = 21$

而一般情況下,從 n 個元素中任選 r 個出來,且可重複取的選法總數如下(說明起來非常複雜)。

將「r 個○、區分 n 個字母的 $n-1$ 根木棒」置入 $n+r-1$ 個空位的擺法總數,就等於「任選 r 個空位放入○」的放法總數,故可知②成立。

〔例題〕 請使用重複組合的公式②,計算 $(x+y+z)^8$ 的展開式中「有幾種不同的項」。

[解答] 展開此式,寫出來的項將如以下形式。

$x^p y^q z^r$ 且 $p+q+r=8$

因此,總項數即是滿足方程式 $p+q+r=8$ ($p \geq 0$、$q \geq 0$、$r \geq 0$) 的整數解個數,相當於從 p、q、r 三個字母中以可重複取的方式任取出8個的組合數。所以,

$_3H_8 = {}_{3+8-1}C_8 = {}_{10}C_8 = {}_{10}C_2 = 45$ 共有45個不同的項。

機率的定義

在某次試驗中,事件 A 發生的機率 $P(A)$ 的定義如下。

$$P(A) = \frac{n(A)}{n(U)} = \frac{\text{事件} A \text{的情況數}}{\text{所有可能發生的情況數}}$$

其中,U 為樣本空間,且所有基本事件發生的機率相同。

解說!首先認識機率的用詞

在相同條件下重複進行某個行為,且行為結果完全隨機的實驗或觀測,就稱為**試驗**。進行試驗時,所有可能發生的結果之集合,稱為**樣本空間**(符號寫成 U 或 Ω),而樣本空間的子集就叫**事件**。其中,只含有一個元素的事件叫**基本事件**,與樣本空間

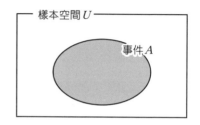

完全重疊的事件叫**全事件**,含有 0 個元素的事件叫**空事件**(用 ϕ 代表)。

● 用骰子認識事件

譬如做一個試驗,擲出一個骰子,看看擲出的是什麼點數。此時,此試驗的樣本空間和事件如下。

樣本空間 = {1、2、3、4、5、6}

事件　{1}、{2}、{3}、{4}、{5}、{6}　……　**基本事件**

　　　　{1、2}、{1、3}、……、{5、6}

　　　　{1、2、3}、{1、2、4}、……、{4、5、6}

　　　　{1、2、3、4}、{1、2、3、5}、……、{3、4、5、6}

　　　　{1、2、3、4、5}、{1、2、3、4、6}、……、{2、3、4、5、6}

　　　　{1、2、3、4、5、6}　……　**全事件**

　　　　ϕ　……　**空事件**

（注）假設樣本空間的元素數為 n 個，則全部共有 2^n 個的事件。此例中，一共存在 $2^6 = 64$ 個事件。

103

第 10 章　機率、統計

機率的定義

●用骰子認識機率

例如，讓我們來看看擲一個骰子時，丟出 3 的倍數之機率。

若以丟出 3 的倍數之事件為 A，則 $A = \{3 \cdot 6\}$。其中，若 6 個基本事件 $\{1\}$、$\{2\}$、$\{3\}$、$\{4\}$、$\{5\}$、$\{6\}$ 的發生機率相同，則根據機率的定義，所求的機率如下。

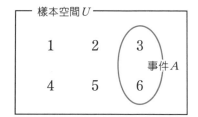

$$P(A) = \frac{n(A)}{n(U)} = \frac{2}{6} = \frac{1}{3}$$

●真的「機率相同」嗎？

上面我們在算擲一個骰子丟出 3 的倍數之機率時，做了以下的假設。

「若基本事件的發生機率相同」

然而，在現實中，我們很難找到100％滿足這個假設的骰子。因為嚴格來說，不可能把骰子做成完美的立方體。就算真的做得出來，每個骰子上印的 1〜6 數字（大多數還會再挖洞），以及表面的顏料厚度也會有些微差異。所以，包含骰子上的點數在內，人類是做不出「完美的骰子」的。當然，我們仍可嘗試盡量接近該假設。

●與現實相異的「數學機率」

如果現實的骰子沒辦法保證「所有基本事件的發生機率相同」，那麼我們前面算的機率，就不是真實的骰子機率。換句話說，充其量只是理想世界的骰子（數學模型）機率。因此，本節開頭所說的機率定義，乃是「數學機率（先驗機率）」。

雖然數學機率跟現實中的機率不一樣，但不代表這種機率就完全沒有意義。刻意將每個面擲出的機率做得幾乎相同的骰子，以及正反兩面完全一樣的硬幣等現實的機率現象，都會用到數學機率當作參考。

另外，相對於數學上的機率，基於現實經驗的機率則叫**統計機率**（後驗機率）。關於這部分請參照「§109大數法則」的部分。

〔例題〕假設有 a、b 兩枚硬幣。請計算同時扔出這兩枚硬幣時，一枚為正面，另一枚為反面的機率。

[解答] 首先，求此試驗的樣本空間，

$$樣本空間 = \{(正、正)、(正、反)、(反、正)、(反、反)\}$$

其中，( ) 內的左邊為硬幣 a，右邊為硬幣 b 的結果。

然後，假設一枚為正面，另一枚為反面的事件為 A，則

$$A = \{(正、反)、(反、正)\}$$

若樣本空間的四個基本事件發生機率相同，則根據數學機率的定義，

$$P(A) = \frac{n(A)}{n(U)} = \frac{2}{4} = \frac{1}{2}$$

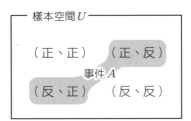

機率的發現與公理定義

　　「基本事件的發生機率相同」是不可能驗證的。然而，俄國數學家柯爾莫哥洛夫（1903〜1987）想出了一個**公理定義**來解決數學機率論中的模糊地帶。

　　「給定樣本空間 U 時，對於 A、B 兩事件，使滿足以下條件的數 $P(A)$ 與之對應。

　　(1)　$P(A) \geqq 0$

　　(2)　$P(U) = 1$

　　(3)　若 $A \cap B = \phi$　則　$P(A \cup B) = P(A) + P(B)$

此時，**$P(A)$ 為事件 A 的機率。」**

　　決定這三個條件後，就能導出機率的各種性質。

$$P(\phi) = 0 \, \cdot \, P(\overline{A}) = 1 - P(A) \, \cdot \, 0 \leqq P(A) \leqq 1$$
$$P(A \cup B) = P(A) + P(B) - P(A \cap B)$$
　　‥‥‥‥‥‥‥‥‥

　　數學機率可說是這個公理機率的特殊情況。換言之，就是樣本空間中的所有基本事件給定的機率都相同的情形。

§104

機率的加法法則

> 若兩事件 A、B 互斥，則
> $$P(A \cup B) = P(A) + P(B) \quad \cdots\cdots \text{①}$$

解說！機率的加法法則

　　兩事件 A 和 B **互斥**的意思，就是**當其中一邊發生時，則另一邊必不發生**。寫成集合的符號就是 $A \cap B = \phi$（空集）。此時，「A 和 B 至少其中一邊發生的機率即是兩者的機率和」，這就是**機率的加法法則**。這是一個相當直觀好理解的定理。

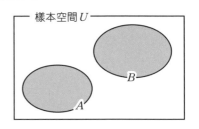

●用骰子舉例

　　例如，我們用丟骰子的試驗來看。假設以丟出 3 的倍數之事件為 A，丟出 5 的事件為 B。此時，$A = \{3 \cdot 6\}$、$B = \{5\}$，$A \cap B = \phi$。換言之，A 和 B 兩事件互斥。因此，根據加法法則，A 或 B 至少其中一方發生的機率如下。

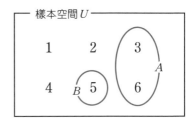

$$P(A \cup B) = P(A) + P(B)$$
$$= \frac{n(A)}{n(U)} + \frac{n(B)}{n(U)} = \frac{2}{6} + \frac{1}{6} = \frac{3}{6} = \frac{1}{2}$$

●三事件互斥的情形

　　機率的加法法則①雖然是探討兩個互斥事件的定理，但也可以延伸至三個以上的互斥事件。

　　例如假設 A、B、C 三個事件互斥，則

$$P(A\cup B\cup C)=P(A)+P(B)+P(C)$$

其中，三個事件 A、B、C 互斥的意思，就是任取兩個事件出來都是互斥。用圖來表示的話，就是三個不相交的圓。

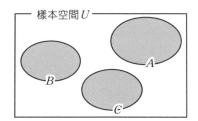

樣本空間 U

為何會如此？

　　機率的加法法則，只要畫圖（文氏圖）就能一目瞭然，不過這裡我們特地用數學式來證明。根據個數定理（§100）可知

　　當 $A\cap B=\phi$ 時，$n(A\cup B)=n(A)+n(B)$

故，

$$P(A\cup B)=\frac{n(A\cup B)}{n(U)}=\frac{n(A)+n(B)}{n(U)}$$

$$=\frac{n(A)}{n(U)}+\frac{n(B)}{n(U)}=P(A)+P(B)$$

這裡讓我們把加法法則的表示形式一般化。

　　事件間若沒有「互斥」的條件，那麼加法法則可表現成如下形式（這也叫加法法則）。

$$P(A\cup B)=P(A)+P(B)-P(A\cap B)$$
$$P(A\cup B\cup C)=P(A)+P(B)+P(C)-P(A\cap B)$$
$$-P(B\cap C)-P(C\cap A)+P(A\cap B\cap C)$$

　　可見事件的數量愈多，數學式也會變得愈複雜。所以在計算機率的時候，如果帶有互斥的條件會方便得多。

§105

餘事件定理

若以事件A的餘事件為$\overline{A}$，則　$P(A)=1-P(\overline{A})$

解說！什麼是餘事件定理

相對於事件A，所有不包含A的事件就稱為A的**餘事件**。A的餘事件大多時候寫成$\overline{A}$。這項定理也就是

A發生的機率＝$1-A$不發生的機率

是非常好理解的定理。如果把樣本空間分成兩塊，那麼只要知道其中一邊的機率，就能知道另一邊的機率，因此我們只需要去調查比較容易計算的那邊的機率就行了。是非常合理的發想。

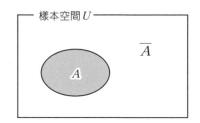

尤其遇到**機率問題中帶有「至少……」**的字眼時，請務必回想起這項定理。

● 「至少」出現一次1的機率

擲五次骰子，至少出現一次1的事件為A。此時，A的可能情況會非常複雜。如果直接去想，會需要依次調查「1出現一次的機率」、「出現兩次的機率」……等很多種情形。而且，即使只看出現一次的情形，也必須考慮是五次中的哪一次出現1。

那麼，如果這裡我們改用A的餘事件$\overline{A}$想的話會如何呢？這樣我們只需要列出五次中一次都沒有骰出1的事件就行了，所以機率是（§108重複試驗的定理）

$$P(\overline{A})=\left(\frac{5}{6}\right)^5$$

因此，根據餘事件定理，我們可以用下面的算式快速算出答案。

$$P(A) = 1 - P(\overline{A}) = 1 - \left(\frac{5}{6}\right)^5 \fallingdotseq 0.6$$

● A 與 $\overline{A}$ 互斥的餘事件

事件 A 與事件 $\overline{A}$ 互斥，而且互為餘事件。此時事件 A 不是主角，事件 $\overline{A}$ 也不是配角。餘事件定理純粹是知道其中一方的機率時，可依據「1－該事件的機率」得知另外一方的機率而已。

為何餘事件定理成立？

一如在〔解說〕中解釋的，餘事件定理用文氏圖來看便一目了然，而用數學式證明的話則如下。

由 $A \cap \overline{A} = \phi$ 可知 A 與 $\overline{A}$ 互斥。此外　$A \cup \overline{A} = U$

因此，根據機率的加法法則可得　$P(A \cup \overline{A}) = P(A) + P(\overline{A}) = 1$

〔例題〕有一組總共 20 支，含有 5 支紅籤的竹籤。請問從這組籤中同時抽出 3 支籤時，至少抽中 1 支紅籤的機率是多少？

[解答]　「至少抽中 1 支紅籤」的事件，就是「3 支都沒抽中紅籤」的事件 A 的餘事件 $\overline{A}$。

此時，從 20 支裡抽 3 支的抽法有 $_{20}C_3 = 1140$ 種，而從 15 支白籤中抽出 3 支的抽法則有 $_{15}C_3 = 455$ 種。

故，$P(A) = \dfrac{_{15}C_3}{_{20}C_3} = \dfrac{455}{1140} = \dfrac{91}{228}$

因此，$P(\overline{A}) = 1 - P(A) = \dfrac{137}{228}$

機率的乘法法則

$$P(A \cap B) = P(A)P(B \mid A) \quad \cdots\cdots①$$

解說！什麼是機率的乘法法則？

同時滿足 A、B 兩事件的事件 $A \cap B$ 發生的機率，即等於 A 事件的機率乘上 B 事件的機率，這就是**乘法法則**。但機率的乘法並非單純相乘就好，而是要乘上「**條件機率**」。

●什麼是條件機率

事件 A 發生的機率，根據定義可寫成如下數學式（§103）。

$$P(A) = \frac{n(A)}{n(U)} = \frac{\text{事件} A \text{的情況數}}{\text{所有可能發生的情況數}}$$

例如，從放有 1 張鬼牌，總共 53 張的撲克牌中隨機抽出 1 張牌時，該牌為人頭牌的事件為 A；由於人頭牌共有 12 張，故其機率 $P(A)$ 如下。

$$P(A) = \frac{n(A)}{n(U)} = \frac{12}{53}$$

那麼，如果我們在抽牌的瞬間，旁邊有個人無意間瞄到我們抽到的花色是紅心，此時我們抽到人頭的機率又會如何變化呢？當確定花色是紅心的瞬間，對那個人而言，樣本空間就已經不是 53 張，而縮小到了 13 張。此時，因為人頭只有 3 張（紅心的 J、Q、K），所以對那人而言，抽到人頭的機率是 $\frac{3}{13}$。當我們「知道那張牌是紅心的時候，此時的機率就是該牌為人頭的條件機率」。

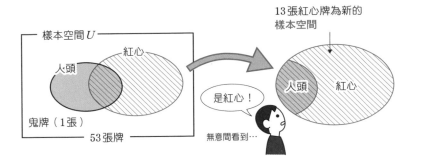

●用數學式表現條件機率

假設存在 A、B 兩事件，把事件 A 當成新的樣本空間時，事件 B 發生的機率寫成 $P(B \mid A)$。我們把 $P(B \mid A)$ 定義為事件 A 發生時，發生事件 B 的**條件機率**。

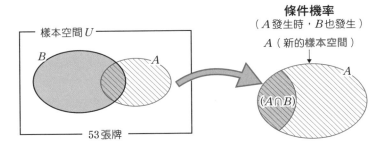

依照 $P(B \mid A)$ 的定義，$P(B \mid A) = \dfrac{n(A \cap B)}{n(A)}$ ……②。此時，②右邊的分母、分子同除以 $n(U)$ 可得到以下數學式。

$$P(B \mid A) = \frac{n(A \cap B)}{n(A)} = \frac{\dfrac{n(A \cap B)}{n(U)}}{\dfrac{n(A)}{n(U)}} = \frac{p(A \cap B)}{P(A)} \quad \cdots\cdots③$$

故，條件機率 $P(B \mid A)$ 的定義如下。

$$P(B \mid A) = \frac{P(A \cap B)}{P(A)} \quad \cdots\cdots ④$$

將條件機率的定義④兩邊同乘以 $P(A)$ 即可得到乘法法則①。

(注) 另外，上面雖然把條件機率寫成 $P(B \mid A)$，但也有某些高中課本會寫成 $P_A(B)$。

● 事件的獨立

「對於 A、B 兩事件，當 $P(A \cap B) = P(A)P(B)$ $\quad \cdots\cdots ⑤$ 時，事件 A 與事件 B 互相獨立」。此時，根據④，

$$P(B \mid A) = P(B)$$

成立，故 A 發生時 B 發生的機率單純等同 B 發生的機率，代表 B 發生的機率不受 A 影響。

例如請看下面兩個機率的模型。下表是同時擲出兩個正反面出現的機率皆為 1/2 的硬幣甲、乙時，兩枚硬幣出現正反面的機率。此處，我們以甲擲出正面的事件為 A，乙擲出正面的事件為 B。兩者皆為 $P(A)P(B) = (1/2)(1/2) = 1/4$。

<table>
<tr><td></td><td colspan="3" align="center">B</td></tr>
<tr><td>甲　　乙</td><td>正面</td><td>反面</td><td>總計</td></tr>
<tr><td>A　正面</td><td>1/4</td><td>1/4</td><td>1/2</td></tr>
<tr><td>反面</td><td>1/4</td><td>1/4</td><td>1/2</td></tr>
<tr><td>總計</td><td>1/2</td><td>1/2</td><td>1</td></tr>
</table>

<table>
<tr><td></td><td colspan="3" align="center">B</td></tr>
<tr><td>甲　　乙</td><td>正面</td><td>反面</td><td>總計</td></tr>
<tr><td>A　正面</td><td>2/6</td><td>1/6</td><td>1/2</td></tr>
<tr><td>反面</td><td>1/6</td><td>2/6</td><td>1/2</td></tr>
<tr><td>總計</td><td>1/2</td><td>1/2</td><td>1</td></tr>
</table>

如果是如左邊的模型，兩者皆擲出正面的機率 $P(A \cap B)$ 為 1/4，則⑤成立，故 A 和 B 獨立。然而，如果是如右邊的模型，兩者皆擲出正面的機率 $P(A \cap B)$ 是 2/6 的話，則因為⑤不成立，所以 A 和 B 不獨立。可解釋成因為某種影響，容易出現「兩枚都是正面」的情況。

〔例題〕袋子中放入5支籤，其中3支為中獎籤。a君和b君輪流從袋中抽一支籤，請問兩人抽到中獎籤的機率分別是多少。前提是兩人抽完後不把籤放回袋中。

[解答] 以a君抽中中獎籤的事件為A，b君抽中中獎籤的事件為B。首先，先抽的a君抽中的機率為$\dfrac{3}{5}$。而第二個抽的b君抽中的機率則分成兩種情況。

(1) a君抽中，b君也抽中

此時的機率為 $\quad P(A \cap B) = P(A)P(B \mid A) = \dfrac{3}{5} \times \dfrac{2}{4} = \dfrac{3}{10}$

(2) a君沒抽中，b君抽中

此時的機率為 $\quad P(\overline{A} \cap B) = P(\overline{A})P(B \mid \overline{A}) = \dfrac{2}{5} \times \dfrac{3}{4} = \dfrac{3}{10}$

因為(1)和(2)互斥，所以根據機率的加法法則，b君抽中的機率是

$$P(B) = P(A \cap B) + P(\overline{A} \cap B) = \dfrac{3}{10} + \dfrac{3}{10} = \dfrac{3}{5}$$

因此，可知抽中中獎籤的機率「跟抽籤順序無關」。

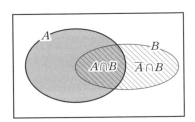

A：a君中獎的事件

B：b君中獎的事件

　　身兼牧師和數學家的湯瑪士・貝茲（1702～1761），後來進一步發展條件機率的概念，奠定了現代統計學的一大派系貝茲統計學的基礎。這是距今大約200年前的事情。

§107

獨立試驗的定理

若兩試驗 α 和 β 獨立，則

$$P(A \times B) = P(A) \times P(B) \quad \cdots\cdots ①$$

試驗 α 中發生的事件為 A，試驗 β 中發生的事件為 B。

解說！獨立試驗的定理

擲一枚硬幣，看其結果是正面或反面的試驗 α，跟扔一個骰子，看扔出的是什麼點數的試驗 β，兩者組合成試驗 γ 時，我們會預設試驗 α 跟試驗 β 不互相影響。那麼這個想法該如何用數學式表達呢？

首先，來看看擲硬幣和扔骰子兩個試驗各自的樣本空間。

試驗 α 的樣本空間 $U_\alpha =$ {正面、反面}

試驗 β 的樣本空間 $U_\beta =$ {1、2、3、4、5、6}

試驗 γ 的樣本空間 $U_\gamma = U_\alpha \times U_\beta =$ {（正、1）、（正、2）、（正、3）、（正、4）、（正、5）、（正、6）、（反、1）、（反、2）、（反、3）、（反、4）、（反、5）、（反、6）}

樣本空間 U_α、U_β、U_γ 用表格表示就像下表。

$\alpha \backslash \beta$	1	2	3	4	5	6	U_β
正面	（正、1）	（正、2）	（正、3）	（正、4）	（正、5）	（正、6）	
反面	（反、1）	（反、2）	（反、3）	（反、4）	（反、5）	（反、6）	
U_α				U_γ			

● 若試驗不會互相影響……

此處，我們假定試驗 α 和 β 組合進行的試驗 γ 的樣本空間 $U_\gamma = U_\alpha \times U_\beta$ 的每個基本事件的機率，等於「試驗 α 的基本事件機率 $\times$ 試驗 β 的基本事

件機率」。換言之，

$$\frac{1}{2} \times \frac{1}{6} = \frac{1}{12}$$

此時，兩試驗 α 和 β 組合後，也不會有哪個基本事件特別容易發生，或特別不容易發生。換句話說，我們可認為兩試驗 α 和 β 互相獨立。

(注) 此處假設 U_α 和 U_β 所有基本事件的機率相等。

	1	2	3	4	5	6
正	$\frac{1}{12}$	$\frac{1}{12}$	$\frac{1}{12}$	$\frac{1}{12}$	$\frac{1}{12}$	$\frac{1}{12}$
反	$\frac{1}{12}$	$\frac{1}{12}$	$\frac{1}{12}$	$\frac{1}{12}$	$\frac{1}{12}$	$\frac{1}{12}$

●若試驗會互相影響……

如果，試驗 α 和 β 組合後，結果如下表所示，擲出硬幣正面和骰子1點的事件比其他事件更容易出現的話呢？例如 $U_\alpha \times U_\beta$ 的各個基本事件的機率如下表所示，又會怎麼樣呢？此時，$U_\alpha \times U_\beta$ 的各個基本事件的機率就不等於「試驗 α 的基本事件機率×試驗 β 的基本事件機率」。

換言之，硬幣擲出正面且骰子出現1點的機率為 $\frac{2}{3}$，而 $\frac{1}{2} \times \frac{1}{6} \neq \frac{2}{3}$。由此我們可推斷試驗 α 和試驗 β 組合之後，產生了某種影響，使得硬幣擲出正面且骰子出現1點的情況特別容易發生。因此，此時兩試驗 α 和 β 不獨立。

	1	2	3	4	5	6
正	$\frac{2}{3}$	$\frac{1}{33}$	$\frac{1}{33}$	$\frac{1}{33}$	$\frac{1}{33}$	$\frac{1}{33}$
反	$\frac{1}{33}$	$\frac{1}{33}$	$\frac{1}{33}$	$\frac{1}{33}$	$\frac{1}{33}$	$\frac{1}{33}$

●用數學式定義試驗的獨立

綜合以上的結論，在機率的世界中，兩試驗 α 和 β 的「獨立」可定義如下。

以試驗 α 的樣本空間為 $U_\alpha=\{e_1 \cdot e_2 \cdot \cdots \cdot e_i \cdot \cdots \cdot e_n\}$

以試驗 β 的樣本空間為 $U_\beta=\{f_1 \cdot f_2 \cdot \cdots \cdot f_j \cdot \cdots \cdot f_m\}$

以基本事件為 $\{e_1\} \cdot \{e_2\} \cdot \cdots \cdot \{e_n\} \cdot \{f_1\} \cdot \{f_2\} \cdot \cdots \cdot \{f_m\}$

此時，對於兩試驗 α 和 β 的綜合試驗的樣本空間

$U_\gamma=U_\alpha \times U_\beta$ 的各個基本事件 $\{(e_i \cdot f_j)\}$

$$P(\{(e_i \cdot f_j)\})=P(\{e_i\}) \times P(\{f_j\}) \quad \cdots\cdots ②$$

$$i=1 \cdot 2 \cdot \cdots \cdot n \quad j=1 \cdot 2 \cdot \cdots \cdot m$$

成立時，可說兩試驗 α 和 β **互相獨立**。

	f_1	f_2	$\cdots$	f_j	$\cdots$	$\cdots$	f_m
e_1	(e_1, f_1)	(e_1, f_2)	$\cdots$	(e_1, f_j)	$\cdots$	$\cdots$	(e_1, f_m)
e_2	(e_2, f_1)	(e_2, f_2)	$\cdots$	(e_2, f_j)	$\cdots$	$\cdots$	(e_2, f_m)
$\cdots$	$\cdots$	$\cdots$	$\cdots$	$\cdots$	$\cdots$	$\cdots$	$\cdots$
$\cdots$	$\cdots$	$\cdots$	$\cdots$	$\cdots$	$\cdots$	$\cdots$	$\cdots$
e_i	(e_i, f_1)	(e_i, f_2)	$\cdots$	(e_i, f_j)	$\cdots$	$\cdots$	(e_i, f_m)
$\cdots$	$\cdots$	$\cdots$	$\cdots$	$\cdots$	$\cdots$	$\cdots$	$\cdots$
$\cdots$	$\cdots$	$\cdots$	$\cdots$	$\cdots$	$\cdots$	$\cdots$	$\cdots$
e_n	(e_n, f_1)	(e_n, f_2)	$\cdots$	(e_n, f_j)	$\cdots$	$\cdots$	(e_n, f_m)

換句話說，樣本空間 $U_\gamma=U_\alpha \times U_\beta$ 中各個基本事件的機率，全都等於「試驗 α 的基本事件機率×試驗 β 的基本事件機率」。這個敘述很好地表現了「不受影響」的概念。

推導獨立試驗的定理

基於上述的定義，就能推導出開頭的獨立試驗定理。

例如，若以上述的樣本空間 $A=\{e_1 \cdot e_2\}$、$B=\{f_1 \cdot f_2\}$，則

$A \times B=\{(e_1 \cdot f_1) \cdot (e_1 \cdot f_2) \cdot (e_2 \cdot f_1) \cdot (e_2 \cdot f_2)\}$。故

$P(A \times B)$

$\quad =P(\{(e_1 \cdot f_1)\})+P(\{(e_1 \cdot f_2)\})+P(\{(e_2 \cdot f_1)\})+P(\{(e_2 \cdot f_2)\})$

$P(A) \times P(B)$

$\quad =P(\{e_1 \cdot e_2\}) \times P(\{f_1 \cdot f_2\})$

$$=\{P(\{e_1\})+P(\{e_2\})\}\times\{P(\{f_1\})+P(\{f_2\})\}$$
$$=P(\{e_1\})P(\{f_1\})+P(\{(e_1)\}P(\{f_2\})$$
$$+P(\{e_2\})P(\{f_1\})+P(\{e_2\})P(\{f_2\})$$

由前頁的定義公式②，可知 $P(A\times B)=P(A)\times P(B)$ ……①成立。同樣地，可知即使 A、B 為其他事件，①也同樣成立。

另外，也可以用下面的方式定義試驗的獨立。

以試驗 α 的樣本空間為 U_α，其中的任意事件為 A

以試驗 β 的樣本空間為 U_β，其中的任意事件為 B

此時，對於兩試驗 α、β 的綜合試驗的樣本空間中的事件 $A\times B$

$$P(A\times B)=P(A)\times P(B)$$

成立時，可說兩試驗 α 和 β **互相獨立**。

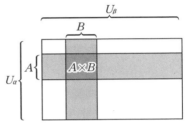

此時，開頭的定理也就是獨立的定義。

算算看就懂了！

「獨立試驗」的定理，在解釋推測不互相影響的複數試驗綜合而成的機率時非常有效。

例如，同時進行扔一個骰子的試驗，以及從沒有鬼牌的 52 張撲克牌中抽一張牌的試驗時，骰子為偶數，且抽到的牌為紅心的機率，根據獨立試驗的定理，可知為

$$\frac{3}{6}\times\frac{13}{52}=\frac{1}{8}$$

重複試驗的定理

> 　　某試驗中事件 A 發生的機率為 p。此試驗獨立重複 n 次的重複試驗中，事件 A 發生 r 次的機率為
>
> $$_n\mathrm{C}_r\, p^r q^{n-r} \cdots\cdots ① \quad (r=0\,、1\,、2\,、3\,、\cdots\cdots、n) \quad \text{其中，} q=1-p$$

解說！有點複雜的重複試驗定理

　　重複試驗定理，是前一節介紹的「獨立試驗定理」的特殊形態。換言之，就是「試驗 α 和 β 獨立」敘述中的 β 和 α 相同。然後，由於重複進行 n 次試驗 α，所以也可想成「n 個獨立試驗」。因此，根據獨立試驗的定理，可知重複發生的機率就等於每次試驗之機率的乘積。而這就是①的 $p^r q^{n-r}$。不過，雖說 n 次中發生 r 次，但還需調查這 r 次發生在哪幾次試驗，所以會牽扯到①的 $_n\mathrm{C}_r$，讓計算變得稍微複雜了些。

用具體範例來確認

　　因為用一般性的論述不容易解釋，所以下面我們用扔五次骰子的重複試驗中，扔出三次1點的機率來看。只要能理解這個例子，就能更好地理解開頭的「重複試驗定理」成立的原因。

●扔五次骰子，扔出三次1點的機率

　　以扔一次骰子扔出1點的事件為 A，除此以外的事件為 $\overline{A}$。扔五次骰子時，其中三次扔出1點的事件，有各種不同的模式。因此，我們先來計算其中一種結果（$A\,、\overline{A}\,、A\,、A\,、\overline{A}$）出現的機率。根據獨立試驗的定理，該事件的出現機率如下。

$$P(A)\times P(\overline{A})\times P(A)\times P(A)\times P(\overline{A}) = \frac{1}{6}\times\frac{5}{6}\times\frac{1}{6}\times\frac{1}{6}\times\frac{5}{6}$$
$$= \left(\frac{1}{6}\right)^3\left(\frac{5}{6}\right)^2$$

接著，我們再來看看五次中三次扔出1點的情況總共有幾種。這就相當於從第一次到第五次，任選三次扔出1點，故總計有 $_5C_3 = 10$ 種。而每種情況出現的機率都是 $\left(\dfrac{1}{6}\right)^3\left(\dfrac{5}{6}\right)^2$。

$$
\left.
\begin{array}{l}
(A \cdot A \cdot A \cdot \overline{A} \cdot \overline{A}) \\
(A \cdot A \cdot \overline{A} \cdot A \cdot \overline{A}) \\
\cdots\cdots \\
(A \cdot \overline{A} \cdot A \cdot A \cdot \overline{A}) \\
\cdots\cdots \\
(\overline{A} \cdot \overline{A} \cdot A \cdot A \cdot A)
\end{array}
\right\}
$$

$_5C_3 = 10$ 種結果，每一種的機率都是 $\left(\dfrac{1}{6}\right)^3\left(\dfrac{5}{6}\right)^2$

而且這10種事件，當其中一者發生時，其餘九個事件就不會發生，具有互斥關係。所以，由機率的加法法則可得 $\left(\dfrac{1}{6}\right)^3\left(\dfrac{5}{6}\right)^2$ 相加 $_5C_3$ 次的值，也就是 $\left(\dfrac{1}{6}\right)^3\left(\dfrac{5}{6}\right)^2$ 的 $_5C_3$ 倍，結果如下。

$$
_5C_3\left(\dfrac{1}{6}\right)^3\left(\dfrac{5}{6}\right)^2 = 10\times\left(\dfrac{1}{6}\right)^3\left(\dfrac{5}{6}\right)^2 = \dfrac{250}{7776} = \dfrac{125}{3888}
$$

〔例題1〕假設有一名射手，一槍命中靶心的機率為 $\dfrac{1}{10}$。請問這名射手連續發射7槍時，至少有一發命中靶心的機率是多少？

[解答] 實際射擊中，當發是否命中目標，會影響到下一發的命中率，但這裡我們採用「每次射擊都是獨立」的數學模型來思考。所以，根據重複試驗的定理，這名射手連開7槍時，打中1～7槍的機率分別如下。

7槍中命中1發的機率　　　$_7C_1\left(\dfrac{1}{10}\right)^1\left(\dfrac{9}{10}\right)^6$

7槍中命中2發的機率　　　$_7C_2\left(\dfrac{1}{10}\right)^2\left(\dfrac{9}{10}\right)^5$

7槍中命中3發的機率　　　$_7C_3\left(\dfrac{1}{10}\right)^3\left(\dfrac{9}{10}\right)^4$

....

....

7槍中命中7發的機率　　　$_7C_7\left(\dfrac{1}{10}\right)^7\left(\dfrac{9}{10}\right)^0$

而因為這些事件都是互斥的，所以我們要求的機率如下。

$$_7C_1\left(\dfrac{1}{10}\right)^1\left(\dfrac{9}{10}\right)^6 + {_7C_2}\left(\dfrac{1}{10}\right)^2\left(\dfrac{9}{10}\right)^5 + {_7C_3}\left(\dfrac{1}{10}\right)^3\left(\dfrac{9}{10}\right)^4 + \cdots$$
$$\cdots + {_7C_7}\left(\dfrac{1}{10}\right)^7\left(\dfrac{9}{10}\right)^0$$

$$= 0.5217$$

然而，這個方法實在太過沒效率。7槍中，至少打中一發的意思，就等於「7發都落空的餘事件」，所以我們可運用「餘事件定理」和「重複試驗定理」，

$$1-\text{全部落空的機率} = 1 - {_7C_0}\left(\dfrac{1}{10}\right)^0\left(\dfrac{9}{10}\right)^7$$
$$= 1 - \left(\dfrac{9}{10}\right)^7 = 0.5217$$

如果，這名射手挑戰了100發，那麼至少命中一發的機率如下。

$$1 - \left(\dfrac{9}{10}\right)^{100} = 0.99997$$

完全應驗了日本的俗話，**「槍再爛，子彈多就打得中」**。

(注) 若以一發命中的機率為 p，則打 n 發至少命中1發的機率如下。
$$1-(1-p)^n$$

〔例題2〕某張考卷上有10題是非題。請問隨便亂猜答案時，平均會答對幾題。

[解答] 是非題隨便亂猜時，每題答對的機率為 $\frac{1}{2}$。因此，10題中答對 k 題的機率 P_k，根據重複試驗的定理，

$$P_k = {}_{10}C_k \left(\frac{1}{2}\right)^k \left(\frac{1}{2}\right)^{10-k} = {}_{10}C_k \left(\frac{1}{2}\right)^{10}$$

$$k = 0 \cdot 1 \cdot 2 \cdot 3 \cdot 4 \cdot 5 \cdot 6 \cdot 7 \cdot 8 \cdot 9 \cdot 10$$

因此，正確答案的期望值（平均值§110）為

$$0 \times P_0 + 1 \times P_1 + 2 \times P_2 + 3 \times P_3 + \cdots\cdots + 10 \times P_{10} = 5$$

換句話說，答對的期望值是全部的一半。對於討厭是非題的學生而言，是非常有利的結果。另外，如果換成三選題的話，猜對數是全部的 $\frac{1}{3}$；四選題的話則是 $\frac{1}{4}$。

機率的歷史——白努利試驗

　　本節提到的試驗，也就是著眼於「單次試驗中事件 A 是否發生」，獨立進行 n 次的重複試驗，又稱為**白努利試驗**。這個名字來自先前已介紹過許多次的瑞士數學家，雅各布・白努利（1654～1705）。

§109

大數法則

> 一次試驗中事件A發生的機率為p，獨立且重複進行此試驗n次時，事件A發生的相對次數為$\dfrac{r}{n}$。此時，試驗次數n愈大，相對次數$\dfrac{r}{n}$會無限接近機率p。

解說！大數法則

上述的「**大數法則**」又叫「**白努利定律**」。這個定理，就是我們日常經驗中「相對次數穩定性」背後的數學依據。另外，大數法則可以利用「切比雪夫不等式」和「二項分布」的機率分布性質來證明，但本書不會介紹。

●何謂相對次數的穩定性

即使個別的結果會受偶然因素影響，但只要進行足夠多次的試驗，結果將會呈現一定的規律。尤其是關注在相對次數上時，隨著試驗次數愈多，特定事件發生的相對次數就會愈來愈接近某個值。這個性質就叫**相對次數的穩定性**。

●扔一枚10元硬幣

讓我們用扔10元硬幣的情況來思考。若我們一直扔下去，並不斷記錄扔出正面的相對次數，那麼這個值會愈來接近$\dfrac{1}{2}$。如果不相信的話，你可以自己扔個100次、200次看看。一開始可能會正面比較多，或是反面比較多，相對次數不斷搖擺，但隨著你扔的總次數愈多，便會發現相對次數逐漸穩定。

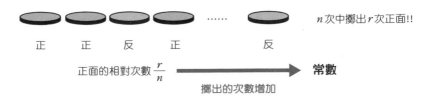

| 正 | 正 | 反 | 正 | | 反 | *n*次中擲出*r*次正面!! |

正面的相對次數$\dfrac{r}{n}$ ⟶ **常數**

擲出的次數增加

●擲骰子

接著再來看看擲一個骰子時的情況。同樣地，如果你找一個骰子，實際擲個幾百幾千次，再記錄擲出1點的相對次數，也會發現逐漸趨於特定的值。如果懷疑的話，跟前面的扔硬幣一樣，可以自己實驗看看。這就是「**相對次數的穩定性**」。當然，這個值不見得是

$$\frac{1}{6} = 0.16666\cdots\cdots$$

因為 $\frac{1}{6}$ 是基於所有點數出現的機率都相同的理想數學假設。

另外，如果是很懂電腦的人，也可以用模擬軟體來體驗「相對次數的穩定性」。要進行這項實驗，你需要用電腦產生0以上、1以下的**均勻隨機數**。換言之，當產生的隨機數「小於 $\frac{1}{6}$ 等於擲出1點，大於 $\frac{1}{6}$ 等於擲出2～6點」。

然後，每產生一次隨機數，就用目前出現1點的次數除以總產生次數，將出現1點的相對次數畫成右邊的線圖。圖中的縱軸為出現1點的相對次數，橫軸為擲骰子的總次數（也就是產生隨機數的次數）。

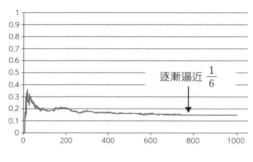

逐漸逼近 $\frac{1}{6}$

隨著擲骰子的總次數慢慢增加，一開始相對次數會微幅波動，然後徐徐逼近特定的值。本例中則是逐漸逼近 $\frac{1}{6}$。

而**統計機率**的概念正是源自「相對次數的穩定性」（參照第326頁的＜參考＞）。

機率的歷史・兩種大數法則

通常，我們將機率論的創始者定為帕斯卡（1623～1662），但首先關注隨機現象，建立機率理論的人卻是雅各布・白努利。因為白努利發現的「大數法則」，數學家們才對身邊的偶然現象有了更深的理解。

另外，白努利發現的大數法則，嚴格來說應叫「**弱大數法則**」；而與之相對的則是由俄羅斯的柯爾莫哥洛夫（1903～1987）建立的「**強大數法**

則」。

參考

數學機率和統計機率

　　扔硬幣的情況，結果只有正反兩種，而若假設「兩種結果出現的機率相等」，那麼扔出正面的機率為 $\frac{1}{2}$。這種只從理論推導的機率就叫**數學機率**。

　　與此相對的，實際扔出幾百次或幾萬次硬幣，調查實際出現正面的相對次數，以相對次數的穩定值為扔出正面的機率，這種概念的機率就叫**統計機率**。

　　例如，對於圖釘這種形狀的物體，要計算「扔出針頭在上的數學機率」會非常困難。然而，統計機率只需要實際丟丟看，就能求出近似值。

〔例題〕扔一個圖釘，請問當它掉下來時，針頭朝上的機率是多少？

[解答] 實際拿一個圖釘丟丟看。答案不一定只有一個。

機率 p

（針頭朝上）

機率 $1-p$

（針頭朝下）

　　下圖是將市面上販售的圖釘實際丟丟看的結果，扔1000次時，針頭朝上的相對次數的變化情況。結果，相對次數的穩定值趨近0.6。因此，這個圖釘針頭朝上的機率，根據大數法則，大約是0.6。

　　當然，如果使用其他種類的圖釘，這個值也會不一樣，所以圖釘針頭朝上的機率並不一定總是0.6。

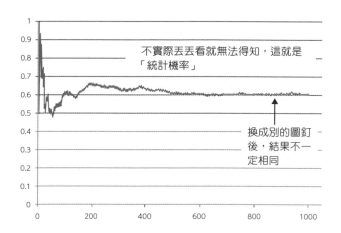

平均值與變異數

對於 n 個資料 $\{x_1, x_2, x_3, \cdots, x_n\}$，其平均值 $\bar{x}$、變異數 σ^2、標準差 σ 的關係如下。

$$\bar{x} = \frac{總和}{總次數} = \frac{x_1 + x_2 + x_3 + \cdots + x_n}{n}$$

$$\sigma^2 = \frac{變動}{資料數}$$

$$= \frac{(x_1 - \bar{x})^2 + (x_2 - \bar{x})^2 + (x_3 - \bar{x})^2 + \cdots + (x_n - \bar{x})^2}{n}$$

標準差 $\sigma = \sqrt{變異數}$

（注）σ 的讀音為 sigma。

個體名稱	變量 x
1	x_1
2	x_2
3	x_3
…	…
n	x_n
總次數	n

解說！平均值與變異數

統計學會用到很多種數值。其中最基本的就是**平均值**（期望值）和**變異數**。當然，標準差也很重要，不過因為「標準差＝變異數的正平方根」，所以兩者其實是一心同體的。另外，變異數的單位是資料單位的平方（例如資料單位為長度，變異數單位就是面積）；而標準差因為是變異數的平方根，所以單位又會變回資料單位（長度）。

●平均值代表整體，變異數表示離散程度

平均值就是用一個數值代表整體資料的特質。

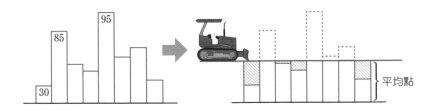

而變異數則用來表現個別資料相對於平均值的分布情況（離散程度）。變異數的算法是個別資料與平均值的差值平方，所以小的差值會被縮小，大的差值會被放大，而所有資料與平均值的離散程度之平均就是變異數。

統計學可說是以變異數為基礎來分析資料的學問。順帶一提，變異數為 0 的資料，完全沒有統計學可插手的空間。

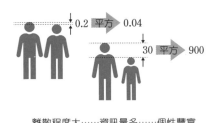

離散程度大……資訊量多……個性豐富

離散程度小……資訊量少……缺乏個性

● 由次數分配表計算時的情況

資料的次數分配表就如右表所示。右表的這組資料，其平均值 $\bar{x}$、變異數 σ^2、標準差 σ 分別如下。

變量 x	次數
x_1	f_1
x_2	f_2
x_3	f_3
…	…
x_N	f_N
總次數	n

$$\bar{x} = \frac{總和}{資料數} = \frac{x_1 f_1 + x_2 f_2 + x_3 f_3 + \cdots + x_N f_N}{n}$$

$$變異數\ \sigma^2 = \frac{變動}{資料數}$$

$$= \frac{(x_1 - \bar{x})^2 f_1 + (x_2 - \bar{x})^2 f_2 + (x_3 - \bar{x})^2 f_3 + \cdots + (x_N - \bar{x})^2 f_N}{n}$$

● 由機率分配表計算時的情況

變量 X 的機率分配表如右圖所示時，該組資料的平均值 $\bar{X}$、變異數 σ^2、標準差 σ 分別如下。

變量 X	機率
X_1	p_1
X_2	p_2
X_3	p_3
…	…
X_N	p_N
總和	1

$$平均值 = \bar{X} = X_1 p_1 + X_2 p_2 + X_3 p_3 + \cdots + X_N p_N$$

$$變異數\ \sigma^2 = (X_1 - \bar{X})^2 p_1 + (X_2 - \bar{X})^2 p_2$$
$$+ (X_3 - \bar{X})^2 p_3 + \cdots + (X_N - \bar{X})^2 p_N$$

$$標準差\ \sigma = \sqrt{變異數}$$

另外，如表中的變量 X，對於每個 X 的取值都有其對應機率的變量稱為**隨機變數**。

假設擲出一個骰子，得到的點數為 X，則變量 X 的平均值 $\overline{X}$、變異數 σ^2、標準差 σ 分別如下。

$$\overline{X} = 1 \times \frac{1}{6} + 2 \times \frac{1}{6} + 3 \times \frac{1}{6}$$
$$+ 4 \times \frac{1}{6} + 5 \times \frac{1}{6} + 6 \times \frac{1}{6} = 3.5$$
$$\sigma^2 = (1-3.5)^2 \times \frac{1}{6} + (2-3.5)^2 \times \frac{1}{6}$$
$$+ (3-3.5)^2 \times \frac{1}{6} + (4-3.5)^2 \times \frac{1}{6}$$
$$+ (5-3.5)^2 \times \frac{1}{6} + (6-3.5)^2 \times \frac{1}{6} \fallingdotseq 2.92$$

標準差 $\sigma = \sqrt{2.92} \fallingdotseq 1.71$

變量 X	機率
1	$\frac{1}{6}$
2	$\frac{1}{6}$
3	$\frac{1}{6}$
4	$\frac{1}{6}$
5	$\frac{1}{6}$
6	$\frac{1}{6}$
總和	1

參考

變量 X 取連續值時的平均值和變異數

當變量 X 為身高或體重這種連續的數值時，其機率分配會是像下圖的曲線。當這條曲線的函數式為 $p = f(x)$ 時，$f(x)$ 就叫**機率密度函數**。此時，隨機變數 X 取 a 以上 b 以下的值的機率 $P(a \leq X \leq b)$ 表示為圖中的藍色部分面積。

那麼，此時變量 X 的平均值和變異數又該如何定義呢？為此，我們需要將隨機變數 X 的取值範圍分成數個區塊，然後取其中一塊，例如中間區塊的值視作 X 來思考。

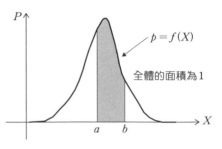

$p = f(X)$

全體的面積為 1

平均值與變異數

此時，機率就相當於中間區塊的面積。因為曲線圍成的面積非常難算，所以我們把這塊面積置換成長方形面積 p_i，則平均值和變異數依照第329頁的「由機率分配表計算時的情況」，可用下面的算式求出近似值。

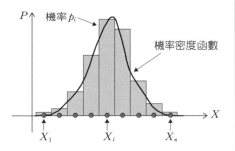

機率 p_i

機率密度函數

平均值 $m = X_1 p_1 + X_2 p_2 + X_3 p_3 + \cdots + X_i p_i + \cdots + X_n p_n$ ......①

變異數 $= (X_1 - m)^2 p_1 + (X_2 - m)^2 p_2 + (X_3 - m)^2 p_3 + \cdots$
$$+ (X_i - m)^2 p_i + \cdots + (X_n - m)^2 p_n \quad \cdots\cdots ②$$

此處，當我們繼續分割，切得愈來愈細時，①、②無限逼近的值，就分別定義為連續隨機變數 X 的平均值和變異數。所以此例中可寫成

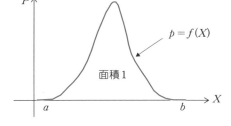

$p = f(X)$

面積1

$$p_i = f(X_i)\Delta X$$

（ΔX 為分割成數塊時的小區間寬度）
這正是積分的計算。

換言之，

平均值：$m = \displaystyle\int_a^b x f(x) dx$

變異數：$\sigma^2 = \displaystyle\int_a^b (x-m)^2 f(x) dx$

標準差：$\sigma = \sqrt{\sigma^2}$

其中積分範圍 a、b 就是機率密度函數定義的範圍。

中央極限定理

> 　　從母體抽出一個大小為 n 的樣本 $\{X_1 \cdot X_2 \cdot \cdots \cdot X_n\}$，假設該樣本的平均為 $\overline{X}$。換言之，$\overline{X} = \dfrac{X_1 + X_2 + \cdots + X_n}{n}$。此時，$\overline{X}$ 的分布情況成立以下關係。其中母體平均為 μ、母體變異數為 σ^2。
>
> (1)　$\overline{X}$ 平均值為 μ，變異數為 $\dfrac{\sigma^2}{n}$，標準差為 $\dfrac{\sigma}{\sqrt{n}}$
>
> (2)　n 的值愈大，無論母體的分布情況如何，$\overline{X}$ 的分布情形都接近常態分布。

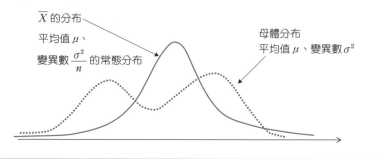

　$\overline{X}$ 的分布
　平均值 μ、
　變異數 $\dfrac{\sigma^2}{n}$ 的常態分布

母體分布
平均值 μ、變異數 σ^2

解說！什麼是中央極限定理？

　　中央極限定理是統計學中經常用到的重要定理。簡單來說，就是「**樣本平均的分布情形（無論母體的分布情形如何）必定趨近常態分布**」。可以說若沒有這項定理，那估計和檢定等統計學工具就毫無用處。雖然名字聽起來很艱澀，但中央極限定理的內容十分簡單明瞭。下面就讓我們舉幾個例子來看看。

● 從具體的例子認識

　　例如，假設某都市的居民平均身高為160公分（母體平均），變異數為400（母體變異數）。此時，從這座城市的居民隨機抽出100個人，求這

100人的平均身高 $\overline{X}$ 時，每次抽選所得到的值都會不一樣。然而，$\overline{X}$ 的分布情況，根據中央極限定理，會存在以下性質。

(1) $\overline{X}$ 的平均值為160，變異數為 $\dfrac{400}{100} = 4$ ，標準差為2。

(2) 由於 $n=100$，數量夠大，故 $\overline{X}$ 的分布情況，會跟平均值160、變異數4的常態分布相近。

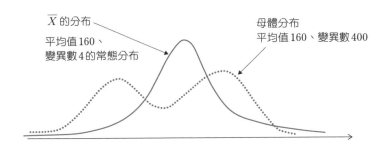

$\overline{X}$ 的分布
平均值160、
變異數4的常態分布

母體分布
平均值160、變異數400

● 「中央極限⋯」的意思是？

　　上面的例子中，我們抽取的樣本大小為 100。而右圖則列出了 n 取10、100、1000 時，樣本平均 $\overline{X}$ 的分布情形。由圖可見，樣本的大小愈大，$\overline{X}$ 的分布情況就愈集中在母體的平均值160 周圍。這就是「中央極限定理」一名的由來。

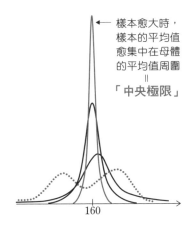

樣本愈大時，
樣本的平均值
愈集中在母體
的平均值周圍
＝
「中央極限」

160

這裡，我們不進行證明，而改用具體的例子來讓大家感受中央極限定理的成立原因。現在，我們以三張分別寫著「1、2、3」的卡片為母體。這個母體的分布情況是平均值為2，變異數為$\frac{2}{3}$的均勻分布（參照下頁注）。

從這個母體中，隨意抽出2張牌，計算其平均。因為是還原抽樣，所以實際上共有3×3＝9種抽法，且每種抽法的機率都相同，所以平均值$\overline{X}$的機率分配如右表。

從均勻分布的母體抽出大小為2的樣本，該樣本平均的分布情形，則如右表的結果所示，是個左右對稱的山型。同時，此分布的平均值為2，變異數為$\frac{1}{3}$，由此可知中央極限定理(1)是成立的。

同理，對於大小為3的樣本（3×3×3＝27種）、大小為4的樣本（3×3×3×3＝81種）……，樣本平均的分布情況，經實際測試後，也同樣趨近常態分布。

	抽出第1張、抽出第2張	樣本平均$\overline{X}$的值
①	(1, 1)	$\overline{X} = \frac{1+1}{2} = \frac{2}{2}$
②	(1, 2)	$\overline{X} = \frac{1+2}{2} = \frac{3}{2}$
③	(1, 3)	$\overline{X} = \frac{1+3}{2} = \frac{4}{2}$
④	(2, 1)	$\overline{X} = \frac{2+1}{2} = \frac{3}{2}$
⑤	(2, 2)	$\overline{X} = \frac{2+2}{2} = \frac{4}{2}$
⑥	(2, 3)	$\overline{X} = \frac{2+3}{2} = \frac{5}{2}$
⑦	(3, 1)	$\overline{X} = \frac{3+1}{2} = \frac{4}{2}$
⑧	(3, 2)	$\overline{X} = \frac{3+2}{2} = \frac{5}{2}$
⑨	(3, 3)	$\overline{X} = \frac{3+3}{2} = \frac{6}{2}$

$\overline{X}$的值	$\frac{2}{2}$	$\frac{3}{2}$	$\frac{4}{2}$	$\frac{5}{2}$	$\frac{6}{2}$	合計
$\overline{X}$的次數	1	2	3	2	1	9
$\overline{X}$的機率	$\frac{1}{9}$	$\frac{2}{9}$	$\frac{3}{9}$	$\frac{2}{9}$	$\frac{1}{9}$	1

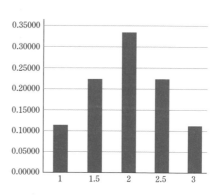

算算看就懂了！

對於統計學的估計和檢定等領域，中央極限定理是不可或缺的工具。

下面就讓我們用中央極限定理，以及電腦產生的**均勻隨機數**（0以上、不足1的範圍間，以等機率隨機產生的亂數）製作常態分布的隨機數，也就是**常態分配隨機數**吧。

根據中央極限定理，由 n 個均勻隨機數的值 $\{X_1 \cdot X_2 \cdot X_3 \cdot \cdots \cdot X_n\}$ 所得平均值 $\overline{X}$ 為常態分配的隨機數。

$$\overline{X} = \frac{X_1 + X_2 + X_3 + \cdots + X_n}{n} \quad \cdots\cdots ①$$

由電腦產生的均勻隨機數的平均值為 $\frac{1}{2}$，變異數為 $\frac{1}{12}$，故① 的分布情形幾乎等同平均值為 $\frac{1}{2}$，變異數為 $\frac{1}{12n}$ 的常態分布。

另外，中央極限定理的原型源自棣美弗（1667～1754）於1733年發表的論文，其後又經拉普拉斯（1749～1827）之手嚴謹化。故此定理又稱棣美弗–拉普拉斯定理。

（注）當隨機變數的所有取值機率皆相等時，其分布情況就稱為均勻分布。電腦產生的均勻隨機數，因為所有數的機率都相等，所以依照均勻分布，若其機率密度函數為 $f(x)$，則 $f(x) = 1$。因此，均勻隨機數的平均值和變異數根據第330頁的＜參考＞可知

$$平均值 = \int_0^1 x f(x) dx = \int_0^1 x dx = \frac{1}{2}$$

$$變異數 = \int_0^1 \left(x - \frac{1}{2}\right)^2 f(x) dx = \int_0^1 \left(x - \frac{1}{2}\right)^2 dx = \frac{1}{12}$$

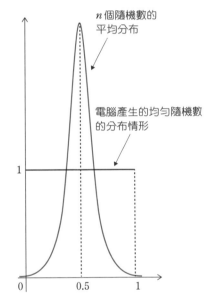

n 個隨機數的平均分布

電腦產生的均勻隨機數的分布情形

§112

母體均值的估計

> 從母體抽出樣本 $\{X_1 \cdot X_2 \cdot \cdots \cdot X_n\}$ 時，母體平均 μ 的估計區間如下。
>
> 信賴度95％時
>
> $$\overline{X} - 1.96 \times \frac{s}{\sqrt{n}} \leqq \mu \leqq \overline{X} + 1.96 \times \frac{s}{\sqrt{n}} \quad \cdots\cdots ①$$
>
> 信賴度99％時
>
> $$\overline{X} - 2.58 \times \frac{s}{\sqrt{n}} \leqq \mu \leqq \overline{X} + 2.58 \times \frac{s}{\sqrt{n}} \quad \cdots\cdots ②$$
>
> 此處的 $\overline{X}$ 為樣本平均值 $\overline{X} = \dfrac{X_1 + X_2 + \cdots + X_n}{n}$
>
> s 是由不偏變異數 $s^2 = \dfrac{(X_1 - \overline{X})^2 + (X_2 - \overline{X})^2 + \cdots + (X_n - \overline{X})^2}{n-1}$ 求得的
>
> 標準偏差 $s = \sqrt{s^2}$
>
> （注）假設樣本大小 n 至少 30 以上。

解說！母體均值的估計

　　統計學上的估計，就是以從母體隨機取得的樣本為基礎，逆向推算母體的平均值、比率、變異數（這些稱之為**母數**）等資訊。其中，估算母體在某值到某值之間的估計方法，又稱為**區間估計**。此時，用來評估估計結果的正確標準是**信賴度**，可表示為機率，故可放心使用。其中，母體均值（母體的平均值）的部分，因為已經像上面的①、②那樣公式化了，所以任何人都能輕鬆估計出母體均值。那麼，下面就來實際用用看吧。

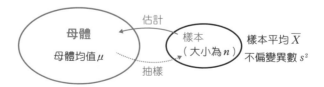

（注）對於區間估計，「當某班的平均分數是60分，故估計全年級的平均分數也為60分」的估計法，稱為**點估計**。這種方法比區間估計更簡單，所以經常被使用，但點估計無法像區間估計那樣推知「信賴度」，所以估計值的正確性並不明確。

● 由只有50人的樣本，估計日本人的睡眠時間

那麼，實際用用看母體均值的估計公式吧。假設從所有日本人中隨機（實際上很困難）抽出50人，得到大小為50的睡眠時間樣本為 $\{6.4, 8.2, \cdots, 7.4\}$，算出樣本平均 $\overline{X}$ 為6.8，不偏變異數 s^2 為6.25，以此求出標準差 s 為2.5。將以上三個值代入①，可得到以下的區間估計。

$$6.8 - 1.96 \times \frac{2.5}{\sqrt{50}} \leq \mu \leq 6.8 + 1.96 \times \frac{2.5}{\sqrt{50}}$$

因此，可得信賴度95%的母體均值的估計區間如下。

$$6.1 \leq \mu \leq 7.5$$

同理，信賴度99%的估計區間則為 $5.9 \leq \mu \leq 7.7$。比起信賴度95%的時候，所得的區間之所以更大，是因為答案包含的範圍愈廣，得到的結論愈不容易出錯。

另外，要求不偏變異數的時候（參照前頁的公式），注意分母不能用 n，而要用「$n-1$」。這與不偏性有關。

不容易命中

容易命中

99% 信賴區間
95% 信賴區間
標準差的 1.96×2 倍
標準差的 2.58×2 倍

母體均值的公式①、②，可由下面的定理導出。

＜中央極限定理＞

大小為 n 的樣本之樣本平均為 $\overline{X}$ 時，

(1) $\overline{X}$ 的平均值為 μ，變異數為 $\dfrac{\sigma^2}{n}$，標準差為 $\dfrac{\sigma}{\sqrt{n}}$

其中，μ 為母體均值，σ^2 為母體變異數。

(2) n 的值愈大，不論母體的分布情形如何，$\overline{X}$ 的分布都會趨近常態分布。

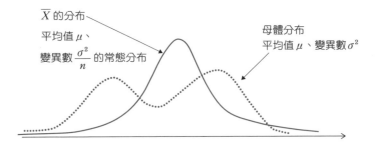

估計母體均值為 μ 的時候，通常，由於母體的變異數（母體變異數）σ^2 未知，所以若樣本的大小足夠大，我們會用樣本取得的不偏變異數 s^2 代替。所以，根據中央極限定理，樣本平均 $\overline{X}$ 的分布情形如下。

「平均為母體平均 μ，變異數為 $\dfrac{s^2}{n}$（標準差 $\dfrac{s}{\sqrt{n}}$）的常態分布」

另外，常態分布具有「**落在以平均值為中心，左右標準差1.96倍以內的機率為0.95**」的性質。畫成圖示的話，就如同下頁圖。

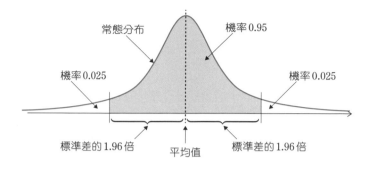

根據此性質，樣本平均 $\overline{X}$ 被包含在下列區間的機率為0.95。

$$\mu - 1.96\frac{s}{\sqrt{n}} \le \overline{X} \le \mu + 1.96\frac{s}{\sqrt{n}}$$

這個不等式變形後，將 μ 移到中間就是

$$\overline{X} - 1.96\frac{s}{\sqrt{n}} \le \mu \le \overline{X} + 1.96\frac{s}{\sqrt{n}}$$

這就是開頭的公式①了。另外，只要利用常態分布的性質「**落在以平均值為中心，左右標準差2.58倍以內的機率為0.99**」，就能導出開頭的公式②。

〔例題〕從所有日本的國二學生中抽出100人，算得的平均身高為163.5公分，由不偏變異數求得的標準差為6.5公分。請以運用此資料，估計信賴度95%的日本國二學生的平均身高 μ。

[解答] 要估計此值，只需將 $\overline{X}=163.5$、標準差 $s=6.5$、樣本大小 $n=100$ 代入公式①。然後，便可算出日本國二學生的平均身高 μ 的估計區間。

　　　信賴度95%　　　$162.2 \le \mu \le 164.8$

§113

比率的估計

> 由母體比率 R 的母體抽出大小為 n 的樣本，其樣本比率為 r 的時候，母體比率 R 可用以下公式算出區間估計值。
>
> 信賴度 95%
>
> $$r-1.96\sqrt{\frac{r(1-r)}{n}} \leqq R \leqq r+1.96\sqrt{\frac{r(1-r)}{n}} \quad \cdots\cdots ①$$
>
> 信賴度 99%
>
> $$r-2.58\sqrt{\frac{r(1-r)}{n}} \leqq R \leqq r+2.58\sqrt{\frac{r(1-r)}{n}} \quad \cdots\cdots ②$$

解說！比率的估計

最近，新聞和報章雜誌上常常出現一種名為**RDD**（Random Digit Dialing：**隨機撥號法**）的分析結果。例如「用電腦隨機產生的電話號碼進行民調的結果，1580 人中有 1034 人回答，得到現內閣的支持率為 52%」等。

●大部分的民調都只描述資料的比率

上面的例子中，該民調雖主張現任內閣的支持率有52%，但這只說明了 1034 人中，有 $1034 \times 0.52 = 538$ 人支持現任內閣。因為這只是一種點估計，所以要以此樣本反推52%的日本人支持現任內閣，在統計上是有點站不住腳的。因此，下面就讓我們更進一步，運用比率的區間估計公式①、②，以此民調為基礎，計算現任內閣真正的支持率 R 的區間估計值吧。

●使用調查資料實際估計區間

因為樣本比率為52%，所以 $r = 0.52$；樣本大小為1034，故 $n = 1034$。將前述二值代入①，則信賴度95%的母體比率 R 的信賴區間如下。

$$0.49 \leqq R \leqq 0.55$$

換言之,「實際的支持率在49%到55%之間,且此估計的正確率為0.95」。如果再代入公式②的話,則可進一步取得信賴度99%的信賴區間。

$$0.48 \leq R \leq 0.56$$

換言之,「實際支持率在48%到56%之間,且此估計的正確率為0.99」。所以實際支持率有充分的可能性低於50%。此外,比起信賴度95%,信賴度99%的估計區間範圍更大的原因,就跟母體均值的估計(§112)一樣。

為何比率估計成立?

首先,我們要確認具有某種特性的母體的母體比率R,以及樣本比率r。

若帶有該特性為1,不帶有該特性則為0,且母體為全體N個的數值集合,則這N個1與0的總和除以N,就是帶有該特性的母體比率R。如果,在這N個數值中,有m個1與$N-m$個0,則此母體的平均值μ為m/N,與母體比率R一致。同時,此母體的變異數σ^2為

$$\sigma^2 = \frac{m(1-R)^2 + (N-m)(0-R)^2}{N} = \frac{m(1-2R)+NR^2}{N} = R(1-R)$$

而從此母體抽出大小為n的樣本之樣本比率r,就是由1和0組成的n個資料的平均值,所以就等於樣本平均$\overline{X}$。

$$r = \frac{1+0+1+\cdots+0+1}{n} = \overline{X}$$

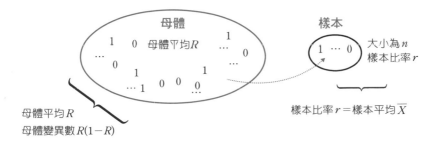

因此，根據中央極限定理（§111），可得到以下結論。

「當 n 愈大時，樣本比率 r 愈趨近母體比率 R、變異數 $\dfrac{R(1-R)}{n}$ 的常態分布」

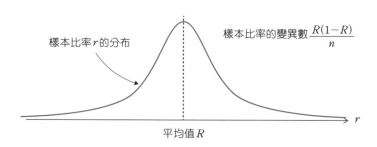

然後再運用常態分布的性質，也就是「在此機率分布中，落在以平均值為中心，左右標準差 1.96 倍以內的機率為 0.95」。

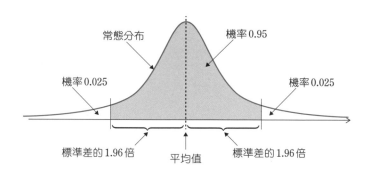

於是，便可得到樣本比率 r 被包含在以下區間內的機率為 0.95 的結果。

$$R-1.96\sqrt{\frac{R(1-R)}{n}} \le r \le R+1.96\sqrt{\frac{R(1-R)}{n}}$$

比率的估計

對此式進行近似計算，並把 R 移動到不等式的中央，就會變成下面的數學式。

$$r-1.96\sqrt{\frac{r(1-r)}{n}} \leqq R \leqq r+1.96\sqrt{\frac{r(1-r)}{n}}$$

這就是開頭的公式①。信賴度99％的母體比率的信賴區間②也可用相同方法導出。

試試看！樣本比率

統計學中最困難的，就是如何取得分析資料。但多虧了公開的RDD資料，我們可以直接用它來計算比率的區間估計值。因為新聞和報章雜誌通常只會公布樣本比率，所以這些資料都還有進一步分析的空間。

（例）根據對日本全國的30歲男性隨機電訪的調查，由1000名男性的回答得到的單身比率為0.48。而以此資料反推30歲日本男性實際的單身率 R，其估計區間如下。

將 $n=1000$、$r=0.48$ 代入開頭的區間估計公式，

信賴度95％時　　$0.45 \leqq R \leqq 0.51$

信賴度99％時　　$0.44 \leqq R \leqq 0.52$

參考

什麼是 RDD ？

電視台或報社在進行民調時經常使用的**RDD法**（Random Digit Dialing＝**隨機撥號法**），是種連沒有登記在電話簿上的號碼也包含在內，從所有固定市話中隨機抽出特定組號碼撥打，進行問答的調查方式。從樣本應盡可能從母體隨機（隨機抽樣）抽出這點來看，RDD法存在著容易排除掉習慣不接陌生電話或沒有市話的群體等問題。

貝氏定理

$$P(A \mid B) = \frac{P(B \mid A)}{P(B)} P(A) \quad \cdots \cdots ①$$

解說！貝氏定理

貝氏定理本身一如上記，只是個用了「**條件機率**」（§106），一行就能表達的單純數學式。然而，建立在貝氏定理上的貝茲理論，近年運用於人工智慧、資訊理論、心理學、經濟學、行為科學等各個分野，是個非常活躍的理論。

●用撲克牌認識貝氏定理

例如，準備一副拿掉鬼牌，總數 52 張的撲克牌，並從中隨機抽出一張牌時，假設抽到「人頭」的事件為 A，抽到「紅心」的事件為 B。

其中，$P(A \mid B)$ 代表已知抽到的牌為紅心時，抽到人頭牌的機率。此時，因為事件 B 可以視為全集，所以這 13 張紅心就是新的樣本空間。

而紅心中有三張人頭，故 $P(A \mid B) = \dfrac{3}{13}$

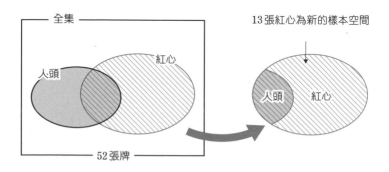

全集

13 張紅心為新的樣本空間

人頭　紅心

人頭　紅心

52 張牌

同理，$P(B \mid A) = \dfrac{3}{12}$。所以，貝氏定理主張，已知為紅心時抽到人頭的機率 $\dfrac{3}{13}$，就等於「已知為人頭時抽到紅心的機率 $\dfrac{3}{12}$」乘上「抽到人頭的機率 $\dfrac{12}{52}$」再除以「抽到紅心的機率 $\dfrac{13}{52}$」。

$$\frac{3}{13} = \frac{\dfrac{3}{12}}{\dfrac{13}{52}} \times \frac{12}{52}$$

為何會如此？

根據機率的乘法法則（§106），

$$P(A \cap B) = P(A)P(B \mid A) \quad \cdots\cdots②$$
$$P(B \cap A) = P(B)P(A \mid B) \quad \cdots\cdots③$$

成立。

根據②、③和 $P(A \cap B) = P(B \cap A)$ 可知

$$P(A)P(B \mid A) = P(B)P(A \mid B)$$

兩邊同除以 $P(B)$ 後左右換位，即可得到以下數學式。

$$P(A \mid B) = \frac{P(B \mid A)}{P(B)} P(A) \quad \cdots\cdots④$$

試試看！貝氏定理

這裡，讓我們把貝氏定理改寫成以下形式。

$$P(\theta \mid D) = \frac{P(D \mid \theta)}{P(D)} P(\theta) \quad \cdots\cdots④$$

此時，θ 可解釋成假設，D 可解釋成資料。

$P(\theta)$ ······ **事前機率**（取得資料D前θ的機率分布）

$P(\theta\,|\,D)$ ······ **事後機率**（取得資料D後θ的機率分布）

$P(D\,|\,\theta)$ ······ **似然性**（在假設θ下D發生的次數）

$P(D)$ ······ D發生的機率

（注）所謂的機率分布，就是用以表示總量1的機率如何分配到隨機變量的值。

利用此定理，試著解看看下面的問題。

〔例題1〕扔5次硬幣，有3次出現正面。請根據這組資料，分析這枚硬幣扔出正面的機率θ的機率分布。

［解答］首先，在開始扔硬幣前，扔出正面的機率θ因為資料不足，所以無從得知（因為連「假設正反面機率相同⋯⋯」的敘述都沒有，故θ不一定等於0.5）。

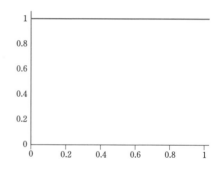

因此，我們可認為「θ為任意值的機率都相同」（**不充分理由原則**）。因此，在實際扔出硬幣前，假定θ的分布為下面的均勻分布。

$\qquad P(\theta)=1$ ······⑤

然後，我們取得「扔5次硬幣中有3次為正面」的資料，所以可用資料D和貝氏定理計算θ的機率分布。此時，

$\qquad P(\theta)=1$

$\qquad P(D)=$ 5次中3次出現正面的機率$=k_1$ （因為已經確定了，故k_1為常數）

$\qquad P(D\,|\,\theta)=$ 扔出正面的機率為θ的硬幣，5次中出現3次正面的機率$={}_5\mathrm{C}_3\,\theta^3(1-\theta)^2=k_2\,\theta^3(1-\theta)^2$ （k_2為常數）

將其代入貝氏定理④，可得以下數學式。

$$P(\theta \mid D) = \frac{P(D \mid \theta)}{P(D)} P(\theta) = \frac{k_2 \theta^3 (1-\theta)^2}{k_1} \times 1 = k_3 \theta^3 (1-\theta)^2 \qquad (k_3 為常數)$$

因為是機率分布，所以這個圖形跟 θ 軸圍成的面積為 1，由此可得到 $k_3 = 60$（積分計算）。故可得出下列的機率分布，也就是答案。

$$P(\theta \mid D) = 60\theta^3 (1-\theta)^2 \quad \cdots\cdots⑥$$

〔例題 2〕在先前的〔例題 1〕後，又繼續扔了 5 次硬幣，結果扔出 2 次正面。請計算此硬幣扔出正面的機率 θ 的機率分布。

[解答] 因為我們已經有過〔例題 1〕的經驗，故 θ 的機率分布 $P(\theta)$ 為⑥。換言之，

$$P(\theta) = 60\theta^3 (1-\theta)^2$$

然後，因為又「扔出了 2 次正面」，

$P(D) = 5$ 次中扔出 2 次正面的機率 $= k_5$（因為已經確定了，故 k_5 為常數）

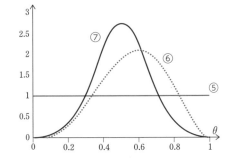

$P(D \mid \theta) =$ 扔出正面的機率為 θ 的硬幣，5 次中出現 2 次正面的機率 $= {}_5C_2 \theta^2 (1-\theta)^3 = k_4 \theta^2 (1-\theta)^3$ （k_4 為常數）

將其代入貝氏定理④可得到以下數學式。

$$P(\theta \mid D) = \frac{P(D \mid \theta)}{P(D)} P(\theta) = \frac{k_4 \theta^2 (1-\theta)^3}{k_5} \times 60\theta^3 (1-\theta)^2$$

$$= k_6 \theta^5 (1-\theta)^5 \quad \cdots\cdots⑦$$

跟〔例題 1〕一樣面積為 1，所以

$$P(\theta \mid D) = 2772\theta^5 (1-\theta)^5$$

如此，隨著資料增加，θ的機率分布也會由⑤→⑥→⑦……不斷出現變化（**貝茲更新**）。這也是為什麼我們說「**貝茲理論是以經驗為基礎的理論**」。

統計的歷史與貝茲定理的復活

貝茲定理是距今約200年前，由英國牧師湯瑪士・貝茲（1702～1761）發現的。然而，一直到近年，貝茲定理才開始出現在統計學中。這是因為，一如前面的「不充分理由」的例子（第346頁）可見，貝茲定理含有太多隨意性，所以長年以來一直被講究嚴謹性的數學界敬而遠之。

然而，在現代的複雜社會，這個隨意性反而派上了用場。再加上不斷採納新的經驗（資料）這項特性，更是過去的統計學難以想像的。

索　引

（著者簡介）

涌井良幸（Wakui Yoshiyuki）

1950年生於東京。於東京教育大學（現筑波大學）理學院數學系畢業後擔任教職。目前任教於高中教授數學之餘，也運用電腦研究教育法和統計學。

著有《3小時掌握速算》（世茂出版）、《統計力クイズ》（實務教育出版），並合著有《道具としてのフーリエ解析》、《道具としてのベイズ統計》（皆為日本實業出版社）、《誰都看得懂的統計學超圖解》（楓葉社文化）等書。

大人的數學教室
透過114項定律奠立數學基礎

2019年5月15日初版第一刷發行
2024年3月15日初版第七刷發行

著　　　者	涌井良幸	
譯　　　者	陳識中	
編　　　輯	劉皓如	
美 術 編 輯	黃盈捷	
發 行 人	若森稔雄	
發 行 所	台灣東販股份有限公司	

　　　　　　　＜地址＞台北市南京東路4段130號2F-1
　　　　　　　＜電話＞（02）2577-8878
　　　　　　　＜傳真＞（02）2577-8896
　　　　　　　＜網址＞http://www.tohan.com.tw

郵 撥 帳 號　1405049-4
法 律 顧 問　蕭雄淋律師
總 經 銷　聯合發行股份有限公司
　　　　　　　＜電話＞（02）2917-8022

國家圖書館出版品預行編目資料

大人的數學教室：透過114項定律奠立數學基礎 / 涌井良幸著；陳識中譯. -- 初版. -- 臺北市：臺灣東販, 2019.05
352面；14.7×21公分
譯自：「数学」の公式・定理・決まりごとがまとめてわかる事典
ISBN 978-986-475-991-0（平裝）

1.數學

310　　　　　　　　　　108004726

SUUGAKU NO KOUSHIKI・
TEIRI・KIMARIGOTO GA
MATOMETEWAKARU JITEN
© 2015 YOSHIYUKI WAKUI
Originally published in Japan in 2015 by
BERET PUBLISHING CO., LTD.
Chinese translation rights arranged through
TOHAN CORPORATION, TOKYO.

TOHAN